S . 797
X.

MANUEL

D'HISTOIRE NATURELLE.

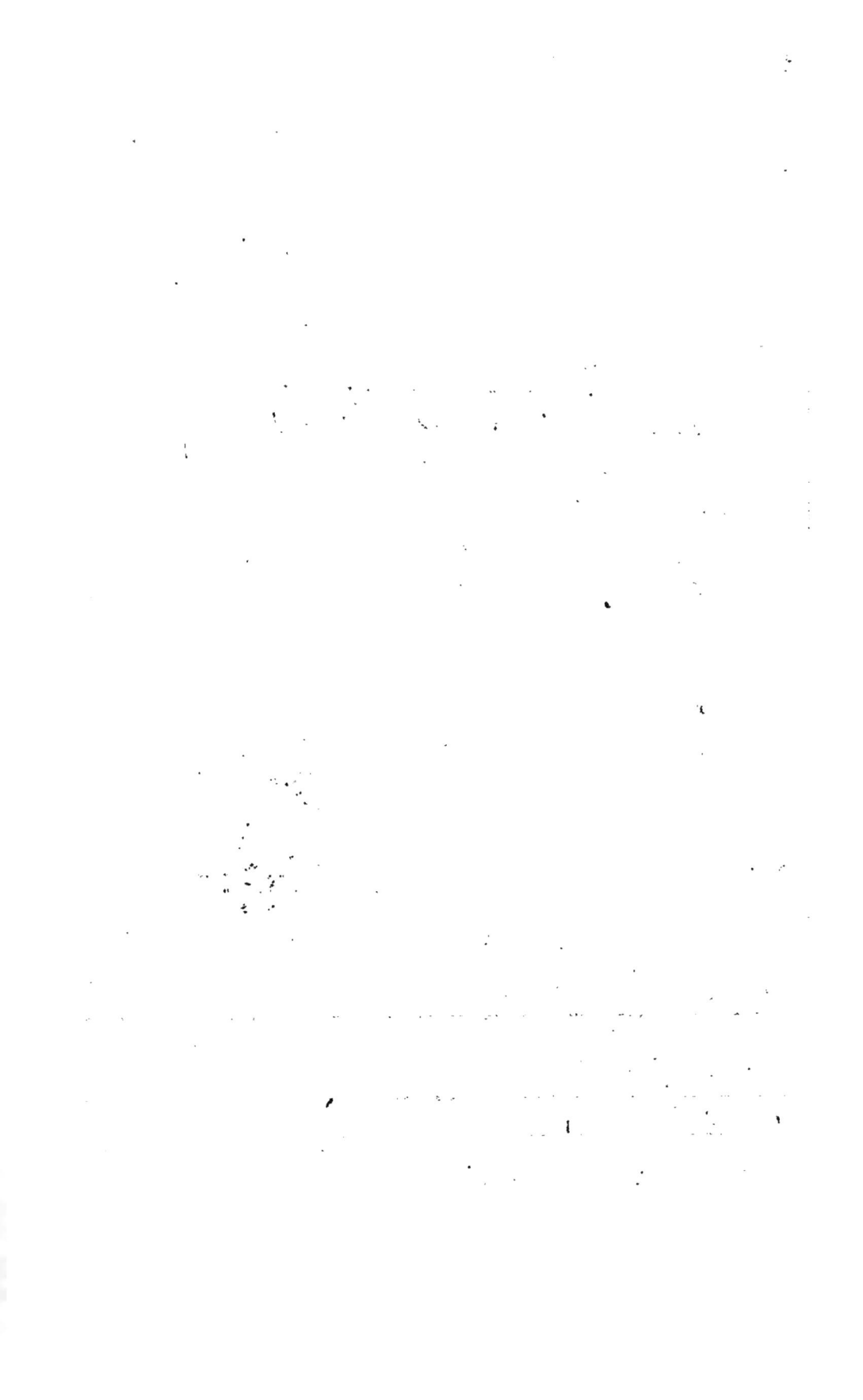

MANUEL

POUR SERVIR

A L'HISTOIRE NATURELLE

DES OISEAUX,

DES POISSONS, DES INSECTES

ET DES PLANTES;

Où sont expliqués les termes employés dans leurs descriptions, et suivant la méthode de Linné;

traduit du latin de J. REINHOLD FORSTER :

Augmenté d'un Mémoire de *Murray* sur la CONCHYLIOLOGIE, traduit de la même langue, et de plusieurs additions considérables extraites des ouvrages des Cit. *Lacépède, Jussieu, Lamarck, Cuvier,* etc.

Par J. B. F. LÉVEILLÉ, Médecin de l'Ecole de Paris, etc.

In tenui labor. — VIRG.

DE L'IMPRIMERIE DE CRAPELET.

A PARIS,

Chez VILLIER, Libraire, rue des Mathurins, n° 596.

AN VII.

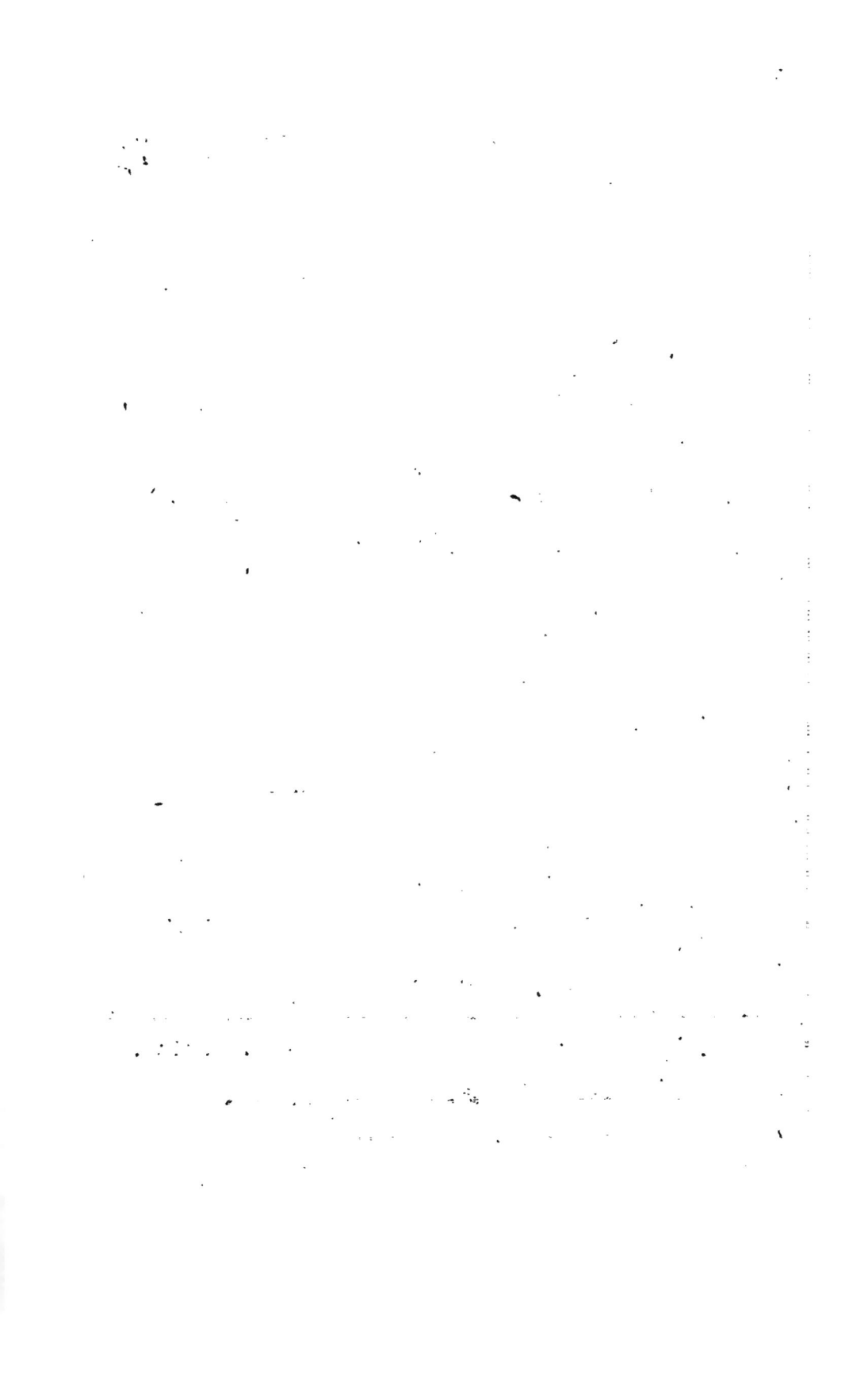

AVERTISSEMENT

SUR CETTE TRADUCTION.

Nous desirons depuis long-temps *une exposition* générale des termes de la langue de l'Histoire naturelle, qu'ont employés Linné et ceux qui ont marché sur ses traces. L'ouvrage de J. Reinhold Forster, ayant pour titre, *Enchiridion Historiæ naturali inserviens*, est le seul qui puisse, à notre connoissance, remplir, du moins en partie, notre attente. Il nous offre une série explicative de tous les termes dont le Pline du Nord s'est servi, en décrivant les oiseaux, les poissons, les insectes et les plantes. Un tableau des genres des animaux précédens suit leur terminologie.

Il nous a paru qu'une traduction d'un

ouvrage aussi essentiel seroit infiniment utile, dans un moment où l'Histoire naturelle, faisant partie des études nationales, prend l'élan le plus rapide, et lorsque nous la voyons cultivée par une foule de personnes peu ou point familiarisées avec la langue latine.

Vingt années, et toutes consacrées à des recherches continuelles, s'étant écoulées depuis la publication du Manuel de l'illustre compagnon du célèbre voyageur Cook, cet ouvrage avoit besoin d'être remis au niveau de nos connoissances actuelles. Nous avons accompagné la terminologie de chaque branche d'Histoire naturelle que nous traitons, d'un extrait des découvertes et des observations les plus récentes sur cette partie. Les citoyens Lacépède, Jussieu, Lamarck, Cuvier, &c. nous ont fourni les matériaux de ces additions.

Il est une classe de la Zoologie, moins

connue, mais bien intéressante, dont Forster n'a point parlé, la Conchyliologie ou la Testacéologie. Nous avons jugé que notre travail acquerroit un nouveau degré de perfection, en joignant à la traduction du Manuel de Forster celle d'un Mémoire de Murray sur la Testacéologie, inséré dans les Aménités académiques. Ici, comme dans les articles précédens, nous rendons compte des changemens qu'ont opérés dans la division des mollusques et des testacés les citoyens Lamarck, Cuvier.

Les savans ont émis une opinion très-favorable sur l'ouvrage de Forster, peu connu en France. Nous osons présumer que sa traduction rendue aussi fidèlement qu'il nous a été possible, étant enrichie de plusieurs supplémens considérables et très-importans, inspirera encore plus d'intérêt que l'ouvrage original. Les personnes qui se livrent spécialement à l'étude de la Zoologie et de la Botanique pourront, avec ce Manuel ainsi traduit et augmenté, suivre, d'une manière commode et avantageuse, les différens cours sur les classes de l'Histoire naturelle. Ils auront sous les yeux l'analyse des méthodes des hommes célèbres qui professent cette science.

J. REINHOLD FORSTER,

A GEORGES FORSTER,

son fils bien-aimé.

KAIPEIN KAI ETΠPATTEIN.

———

VOUS savez, mon cher fils, combien, dès votre plus tendre enfance, le soin de votre éducation m'a été précieux. Pour moi, je vous prie de ne pas regarder comme reproches ce que je vais vous dire; croyez plutôt que je veux que personne n'ignore la part active que vous avez prise à mes travaux, et que nos obligations mutuelles sont infinies. En effet, nous touchons à des temps d'iniquité : la vertu, la piété filiale, la religion sont dans la bouche de tous les hommes instruits, et aucun ne s'efforce de les mettre en pratique, et de resserrer, par ce moyen, ces premiers liens de la vie humaine et sociale que le vulgaire ne cesse de blâmer: sous les dehors trompeurs d'une austère vertu, on ne s'occupe plus qu'à s'acquérir du crédit et des richesses; à opprimer les hommes de bien, qui résistent avec courage au règne impuissant des nouveaux

parvenus, et emploient tous leurs efforts pour
faire prospérer la chose publique, ressusciter
l'amour de la vertu, et ranimer le zèle pour
l'étude approfondie des sciences et des lettres.

Vous aviez à peine appris à prononcer dis-
tinctement ces premières paroles qui attachent
si vivement les pères à leurs enfans, que, cédant
à un excès inné de curiosité, vous desiriez ar-
demment connoître les premiers objets de la nature qui nous environnent ; aussi ne rencon-
triez-vous pas de fleurs, d'oiseaux, de poissons
et même d'insectes, que votre premier mouvement étoit de m'en demander le nom : je ne vous
avois pas plutôt satisfait, que vous me faisiez
d'autres questions sur le genre de nourriture de
différens animaux, et sur l'utilité de tout ce qui
se présentoit à notre vue: alors je ne savois trop
que vous répondre. Mais, pour ne pas anéantir
dans son berceau, et dans un âge aussi tendre
que le vôtre, cette curiosité dont la Divinité ne
fait pas en vain présent à l'esprit humain, je me
suis empressé de me rendre à Dantzick; d'acheter
la onzième édition du systême de Linné, et les
définitions des genres des plantes par Ludwig
(ces deux ouvrages parurent en 1760), et je me
suis livré sans relâche à l'étude de la nature, afin
que je fusse toujours à vous. A l'aide de cet ouvrage de Linné, et de ceux que je m'étois pro-
curés, soit de mon propre argent, soit par l'as-

sistance de quelques amis, j'appris enfin à connoître, dans tous leurs détails, les plantes, les
oiseaux et les autres animaux qui se rencontrent
dans les environs de Dantzick. Je m'occupai de
nouveau à vous graver dans la mémoire ce que
j'avois appris; et ma satisfaction étoit à son
comble, lorsque vos réponses m'attestoient de
jour en jour que vous étiez bien pénétré des
merveilles de la nature, et que vous faisiez des
progrès rapides dans la connoissance de son histoire, et dans les premiers rudimens de tout ce
qui tient à l'érudition.

Vous aviez enfin atteint la dixième année de
votre âge, et vous entreprîtes avec moi le
voyage de Russie. Chaque jour, dans ce voyage
s'il se présentoit quelque nouveauté, mes entre-
tiens familiers consistoient à vous développer
les beautés de la nature. Je n'eus pas à me repentir de ce travail; car j'ai éprouvé combien il
vous étoit facile de reconnoître à dix ans, sans
aucun secours, et à l'aide seulement des descriptions de Linné, toutes les plantes que vous
pouviez recueillir : ma joie en étoit même si
vive, que je ne pouvois modérer les flots de
larmes qui couloient abondamment de mes
yeux. En 1766, nous passâmes en Angleterre,
la langue de ce pays vous devint familière; son
élégance ne vous échappa pas; et pour varier et
affermir les connoissances que vous vous étiez

rendu propriétaires, les Élémens de Mathéma-
tiques et de Physique firent un nouvel objet de
vos études. Vous m'aidâtes à traduire les Elémens de la langue française, et à faire passer dans
l'idiome anglais tous les ouvrages des disciples
de Linné; savoir, ceux de *Kalm*, d'*Osbeck*, de
Torreen et de *Loëflingius*; enfin, les Voyages
de *Bougainville*, de *Bossu*, *Granger* et *Rie-
desel*.

Votre esprit, ainsi orné, vous rendoit alors
capable d'entreprendre avec fruit le voyage que
nous fîmes dans la mer du Sud avec l'illustre
capitaine Cook, notre ami. Pendant tout le trajet, loin de nous borner à observer les objets
variés et nouveaux d'Histoire naturelle, nous
les avons encore décrits et dessinés. Notre meilleur ami SPARMANN, nous a sur-tout beaucoup
aidés dans la première description des plantes.
Vous étiez chargé de mettre ses travaux en ordre, en même temps que vous dessiniez toutes
les plantes. Mon emploi consistoit à revoir tout;
à faire rarement quelques corrections çà et là; à
décrire tous les animaux; à me procurer quelques instructions sur les moeurs, les habitudes,
les cérémonies, le culte religieux, le genre de
vivre, l'habillement, l'agriculture, le commerce,
les arts, les armes, l'appareil militaire; enfin,
j'avois à faire de très-grandes recherches sur la
politique et le langage des différentes nations

que nous allions visiter. En outre, je ne pouvois négliger de consigner sur mes tablettes les changemens journaliers de l'air, des vents, de la chaleur; en un mot, tout ce qui se présentoit digne d'être noté. Mes instans de repos, pendant la navigation, furent employés à recueillir des matériaux pour ce Manuel. Tout notre travail fut achevé dans l'espace de trois ans. En effet, vous avez dessiné, avec le plus grand soin, environ cinq cents plantes nouvelles et trois cents animaux. Qui ne s'étonnera pas qu'un jeune homme, qui n'a pas encore parcouru ses quatre lustres, ait pu, seul avec son père et un ami, mettre la dernière main à un ouvrage aussi étendu? Je me plais donc à convenir, qu'en homme parfait, vous avez employé la plus belle fleur de votre jeunesse, non comme beaucoup d'autres, aux plaisirs de la chasse, de l'équitation, de la table et de l'amour; mais bien à unir vos efforts aux miens pour soutenir et élever une nombreuse famille, et à me prouver par des faits que vous aviez moins à cœur vos intérêts que les miens propres.

La divine Providence a pris soin de récompenser tant de vertus, une piété filiale aussi extraordinaire. Vous êtes déjà couvert de gloire, et vous avez l'avantage de jouir de tous les honneurs que peuvent à peine se promettre des vieillards qui sont sur le point de toucher au bout de leur carrière dans l'étude pénible des lettres. Vous jouirez de l'estime la mieux méritée, et de la considération la plus justement acquise ; et cet avantage n'est pas à dédaigner dans ces temps d'iniquités où la véritable érudition est moins recherchée que l'algue la plus vile ; et nous avons lieu d'espérer que vos intérêts particuliers seront tels qu'il ne vous échappera pas le moindre repentir. Maintenant des juges intègres verront combien vous m'êtes redevable, et combien aussi je vous dois ; que notre amour est mutuel, notre piété filiale la même, et qu'elle est le fruit de la sincérité, de l'identité et de l'effusion de nos deux cœurs.

Après avoir exposé publiquement le projet que j'avois formé, je reviens aux motifs qui m'ont déterminé à vous inscrire en tête de ce Manuel. Vous vous rappelez sans doute, mon cher fils, que, depuis plusieurs années, vous vous êtes proposé d'ajouter à cet opuscule les connoissances propres à faciliter l'étude des mammaux et des autres amphibies, des vers, des testacés, enfin des pierres et des métaux : et après vous avoir fait part de mon projet sur la publication de ce Manuel, vous m'avez, de nouveau, confirmé votre volonté de travailler à compléter ce Manuel d'Histoire naturelle universelle. C'est donc pour vous engager à terminer cet ouvrage, que je vous adresse aujourd'hui ce livre que vous connoissez bien , et dont vous avez éprouvé toute l'utilité depuis plusieurs années. Pour terminer cette lettre, qui est déjà beaucoup trop longue , recevez les marques de cette pure et tendre amitié qui m'attache à vous depuis votre enfance ; les vœux les plus ardens que je fais à la Providence pour votre prospérité et celle de votre chère famille, pour que vous *trouviez des éloges sans jalousie et des amis comme moi ;* enfin, fasse le ciel que vous jouissiez de ces biens qui rendent la vie heureuse ! Adieu, mon cher Georges, adieu : recevez mes plus tendres embrassemens.

Hales, ce 15 février 1788.

J. REINHOLD FORSTER,

AUX LECTEURS PHYSIOPHILES.

Quinze années se sont déjà écoulées depuis que j'ai eu l'avantage d'accompagner le célèbre capitaine Cook; ce marin, dont le génie vif et pénétrant, l'ardeur infatigable pour le travail, l'habileté et la sagacité à découvrir la situation des terres et des mers qui composent notre globe, lui firent parcourir, avec un étonnant succès, la mer Australe et les terres qui l'environnent. Pendant ce long voyage, auquel furent employées les années 1772, 1773, 1774 et 1775, je me suis constamment occupé de l'étude de toutes les productions de la nature. Ainsi les terres, les pierres, les métaux, les eaux de source et les mers, les volcans, la météorologie, les plantes et tous les animaux ont toujours été, suivant l'occasion, l'objet non interrompu de mes recherches. J'ai tout examiné scrupuleusement ; j'ai tout décrit avec la plus parfaite exactitude, et je n'ai pas moins été soigné dans les dessins qu'il m'a fallu nécessairement faire.

A peine livré à cet important travail, l'expérience n'a pas tardé à m'instruire de l'énorme difficulté

difficulté que l'on rencontre à décrire les plantes , et à dessiner les autres objets d'Histoire naturelle , de manière à ne rien laisser à desirer de
tout ce qui mérite d'être observé , ou de tout ce
qui est propre à déterminer les espèces d'une
manière absolument invariable : cette difficulté
étoit sur-tout remarquable , lorsqu'après un
séjour de deux ou de trois jours , et même de
quelques heures , dans un seul endroit, je me
trouvois richement pourvu , soit d'une multi-
tude d'objets qui avoient jusqu'alors échappé à
l'œil avide et occupé des Naturalistes voyageurs,
soit d'une infinité d'autres qui avoient un besoin
pressant d'être revus et observés avec une attention toute autre que celle qu'ils pouvoient avoir
primitivement fixée. J'ai cru que, dans des cir-
constances aussi embarrassantes, il étoit de mon
devoir de me hâter dans les descriptions avant
la marcescence des feuilles ou la chute des fleurs,
ou avant la prompte disparition des couleurs
souvent fugaces dans les poissons, et qui dispa-
roissent en entier après la mort. Ces circons-
tances devenoient encore plus fâcheuses, si l'on
considère que la petite quantité d'alimens, ou
leur qualité peu nutritive, détruisoit toute la
vigueur et toutes les forces de l'équipage. Des-
cendions-nous à terre? notre desir le plus ardent
étoit de faire de très-longues excursions dans les
îles et dans les terres. Cependant nos forces ,

b

d'abord épuisées, étoient loin de seconder notre
zèle ; car errant tous çà et là sous un soleil brû-
lant, n'ayant que peu ou point de nourriture,
et souvent sans eau, nous avons été, plus d'une
fois, forcés de rechercher l'ombre bienfaisante
d'un arbuste, d'une misérable cabane, où, cou-
chés sur la terre, nous livrions à un repos souvent illusoire nos membres excédés de fatigues.
En effet, nous étions continuellement obsédés
par un concours immense d'habitans, d'une nation toujours très-avide, et sur-tout très-occu-
pée à manier nos armes et tous nos instrumens
de fer. Des hommes très-agiles, non moins rusés,
toujours en mouvement, nous environnoient de
toutes parts : ils nous offroient leur amitié, leurs
bons offices ; et, de cette manière, ils usoient
avec nous de la plus grande familiarité. Le plus
souvent, mon fils, notre bon ami Sparmann et
moi, un domestique, et un ou deux soldats ou
marins, étions environnés de plus d'une cen-
taine d'hommes dont nous n'entendions nullement le langage; ou, s'il nous arrivoit de deviner
quelques mots, ce n'étoit que lorsqu'ils les
avoient tracés sur leur main qui leur servoit de
tablettes. Ces habitans admiroient avec une extrême curiosité l'usage que nous faisions d'un
couteau, d'un papier, d'une plume à écrire, de
l'encre ou du crayon. On les voyoit bientôt diminuer leurs caresses, devenir moins officieux,

chercher à nous distraire, pour que nous fussions moins attentifs à leurs ruses et à leurs artifices, afin de voler plus sûrement tout ce que nous pouvions posséder.

Non-seulement mes instructions m'ordonnoient d'apprendre la langue de ces nations, mais aussi je devois acquérir quelques notions sur ses rites, les cérémonies et le culte religieux, leurs fables et leurs traditions: il entroit aussi dans le plan que j'avois à suivre d'observer les mœurs, le genre de vivre de ces habitans, celui de se vêtir et de s'armer; leur commerce, leur agriculture; en un mot, tout ce qui tient à leur vie privée et publique. Une aussi grande occupation exigeoit nécessairement l'emploi de beaucoup de temps; et, après nous être traînés longuement dans une grande partie de l'île, le soir, de retour au vaisseau, et courbés sous le poids des plantes que nous avions recueillies, des oiseaux, des poissons, des coquilles et des lithophytes que nous avions pu trouver, il nous restoit à peine le temps de prendre de la mauvaise nourriture et de refaire nos forces; il nous arrivoit même fréquemment de passer une grande partie de la nuit à écrire nos observations les plus précieuses, tant nous redoutions l'oubli d'une infinité d'objets que nous avions présens à la mémoire, et qui pouvoient nous échapper, eu égard à l'agitation de nos ames.

C'étoit encore, pour nous, une tâche bien difficile à remplir, que celle qui nous obligeoit im-
périeusement à ne choisir que les caractères
uniquement nécessaires, et seuls propres à faire
distinguer les plantes et les animaux; car nos
membres fatigués, notre esprit atténué par le
travail, nos forces totalement épuisées, forçoient
le sommeil à prévenir nos desirs, et à s'emparer
de nous qui nous refusions encore à ce bienfait
de la nature. Aussi m'est-il plus d'une fois arrivé
de résister, en me baignant les yeux avec l'eau
froide. J'ai même été jusqu'à me plonger la tête
et tout le corps dans un tonneau rempli d'eau de
mer. De cette manière, mes forces épuisées
sembloient se ranimer, et m'invitoient à pro-
longer mon travail, et à rédiger toutes les observations que je ne pouvois remettre au lende-
main. Ainsi, pour décrire à la hâte tout ce qui
méritoit d'être remarqué, je formai le projet de
tracer sur le papier, lorsque l'occasion s'en pré-
senteroit, ou lorsque mes momens de loisir me
le permettroient, un type ou une manière d'être
pour dessiner les oiseaux, les plantes, les poissons et les insectes; afin que, n'ayant pas présente à l'esprit l'expression propre à rendre une
figure, une partie ou une qualité de la plante ou
de l'animal que j'observois, je pusse, sans perte
de temps, me rappeler ce que mes forces épuisées me refusoient le plus souvent.

J'exécutai ce projet, lorsqu'au mois de juillet et d'août de 1773, je quittai la Nouvelle-Zélande pour parcourir la mer Australe entre la Nouvelle-Zélande et les îles de la Société. Pour exprimer ces sortes d'esquisses d'oiseaux, de poissons et de plantes, je me suis servi d'un grand nombre de mots tirés des écrits de Linné, et je les ai disposés de manière à pouvoir décrire d'un seul trait ce qu'il étoit d'abord essentiel d'observer dans une plante ou dans un oiseau; j'avois, en outre, ajouté dans quel sens on devoit prendre chaque mot, pour ne pas trop arrêter ceux qui ne sont pas encore assez versés dans ce genre d'étude : et au mois de mars 1774, j'avois déjà achevé tout ce qui m'étoit nécessaire pour les insectes.

Les mêmes moyens m'ont aussi servi pour décrire artificiellement les plantes et les animaux ; et j'ai bientôt éprouvé combien ce *compendium* m'a épargné de travail et de temps, sur-tout pour l'étude des animaux. De retour en Europe, je communiquai ce petit ouvrage à mes amis et à beaucoup d'élèves; tous me pressèrent de le publier, comme infiniment propre à provoquer l'étude de l'Histoire naturelle. Je communiquai mon projet à un Libraire, qui s'empressa de le mettre à exécution. Tout ce que j'ai dit sur l'origine de cet opuscule, et sur les motifs qui me l'ont fait entreprendre, n'étoit

que pour mettre les lecteurs judicieux à même
d'approuver son utilité, et à se convaincre par
l'expérience combien il facilite l'étude de l'Histoire naturelle.

Je prévois bien qu'il s'en trouvera qui n'ap-
plandiront pas à cette manière d'écrire, soit
parce que j'ai fait usage de mots barbares, soit
aussi parce que j'ai eu recours à la langue latine.
Je leur répondrai que les écrits du célèbre Linné
ne peuvent être entendus sans un semblable
Manuel, ou sans qu'un maître ne les développe
de vive voix, et que ce grand homme s'étoit
constamment appliqué à n'exprimer qu'avec le
moins de mots possible les caractères des choses
naturelles, et qu'il s'étoit toujours servi d'expressions auxquelles il avoit coutume d'assigner
un même sens. Il a écrit en latin pour se faire
comprendre de toute l'Europe; et son but principal n'étoit pas de fournir des modèles de la plus
élégante latinité, mais bien d'être clair et court
en même temps. Ainsi, ceux qui veulent marcher sur les traces de cet homme immortel, ne
doivent avoir d'autre but que de suivre sa méthode, et d'étudier la langue qu'il a créée : et
comme dans cette partie d'érudition, chaque jour
fait observer du nouveau que les Romains n'ont
jamais vu, et dont ils n'ont pas même entendu
parler, il falloit donc des mots nouveaux, dont
la plus grande partie ne se trouve jamais dans

les meilleurs auteurs latins ; les juges intègres pardonneront donc à Linné, à cet homme qui a si bien mérité de l'Histoire naturelle, à ses disciples et à tant d'autres grands hommes, d'avoir reconnu la nécessité indispensable d'écrire en latin. C'est aussi à ce titre que l'on m'excusera, si j'ai imité des modèles si parfaits.

Quant à ceux qui, par plus d'un motif d'ignorance, n'approuveront pas l'usage que j'ai fait de la langue latine, je ne pense pas qu'ils méritent la peine qu'on leur réponde. Je me tairai donc auprès d'eux. Les écrits de Linné nous ont été ainsi donnés, à cause du laconisme qu'exige une si grande entreprise, et pour l'utilité dont ils sont à tout l'univers lettré. J'ai dû marcher sur ses traces dans tout ce que j'ai ajouté à ce qu'il a fait, pour bien faire comprendre tous les écrits de cet auteur illustre et ceux de tous ses élèves. Ainsi ceux à qui ces Manuels latins déplaisent, peuvent prendre du courage : dans peu de mois, ils se convaincront de leur utilité, même pour l'intelligence de leur langue propre.

On dira peut-être que le célèbre Fabricius a déjà publié une *Entomologie philosophique*, et que ce livre rend moins nécessaire cette partie de notre travail qui traite des insectes. Mais ceux qui réfléchissent sauront que ce Naturaliste s'est ouvert une nouvelle route, autre que celle de Linné, et que si je puis être moins utile à ses

sectateurs, je le serai toujours à ceux qui n'auront que Linné pour guide. Mon illustre ami
Fabricius sera de mon avis; il est celui de tous
les gens de bien, des savans et des littérateurs.
Les lecteurs pourront juger de tous nos ouvrages, qui n'ont rien de commun, et qui ont
pour but l'utilité publique.

Halos, ce 15 février 1788.

MANUEL

MANUEL

D'HISTOIRE NATURELLE.

PREMIÈRE PARTIE.

ORNITHOLOGIE.

ESQUISSE DE L'OISEAU.

I. THÉORIE.

A. GENRE, *nom très-choisi.*

Le caractère générique naturel et essentiel doit être seulement emprunté des parties considérées à nu.

La classe et l'ordre *du systéme le plus estimé.*

Il faut démontrer un ordre naturel, ainsi que la connexion des genres entr'eux.

B. ESPÈCE, nom *trivial.*

Que la différence spécifique à indiquer soit très-*sûre*, très-courte; qu'elle vienne sur-tout des

A

rames ou d'autres instrumens dont se sert l'animal pour se diriger.

La synonymie exige une description, ou le choix d'une bonne *figure*.

C. CRITIQUE. Etymologie du nom *générique*, *spécifique*.

L'inventeur avec son époque.

Erudition historique, critique, ancienne.

II. DESCRIPTION.

Dans l'oiseau, on doit considérer, examiner, décrire,

A. LES PARTIES EXTERNES du corps, sans les diviser.

I. NUES, déplumées, seulement recouvertes de la peau, ou d'une substance cornée.

Bec. Partie du corps dénudée, cornée, alongée, formant les parois de la bouche dans laquelle la langue est contenue, et percée de deux ouvertures qui sont les narines.

En considérant la *direction* de cet organe, on le trouve :

1. Droit, *rostrum rectum*, sans courbure.

2. Rectiuscule, *rectiusculum*, presque droit.

3. Tendu, *porrectum*, prolongé en ligne droite depuis la tête.

4. Arqué, *arcuatum*, courbé en arc.

5. Sous-arqué, *subarcuatum*, peu arqué.

6. Courbe, *curvatum*, fléchi à son sommet.

7. Incurvé, *incurvum*, courbé en-dedans.

8. Recourbé, *recurvatum*, fléchi en haut, de manière que l'arc regarde la région supérieure.

9. Ascendant, *ascendens*, courbure dirigée en haut.

10. Sous-ascendant, *subascendens*, montant peu à peu dans le même sens que dans l'article précédent.

11. Brisé, *infractum*, courbé, comme par violence.

12. .... *Infracto-curvatum*, courbé en-dehors et comme avec force.

13. Lisse, *teres*, sans angles. Térétiuscule, presque sans angles.

14. Cylindrique, *cylindricum*, forme de cylindre.

15. Sémi-cylindrique, *semi-cylindricum*, surface plane d'un côté, cylindrique de l'autre.

16. Filiforme, *filiforme*, mince, épaisseur égale par-tout.

17. Anguleux, *angulatum*, excavé de plus de deux angles longitudinaux.

18. Polyèdre, *polyedrum*, plusieurs côtés plans.

19. Triquètre, *triquetrum*, trois côtés exactement plans.

Figure.

20. Trigône, *trigonum*, trois angles longitudinaux, saillans.

21. Sous-quadrangulaire, *subquadrangulare*,
quatre angles saillans mal prononcés, longitudinaux.

22. Conique, *conicum*, se terminant en pointe.

23. En serpe, *cultratum*, dos arrondi, épais,
sous-carené en-dessous.

Bord. 24. Entier, *integrum*, bord de la mandibule à
peine divisé.

25. Très-entier, *integerrimum*, bord linéaire,
nullement découpé.

26. Serreté, *serratum*, bord dont toutes les dentelures regardent le sommet.

27. Serreté en dehors, *extrorsum serratum*, dentelures non aiguës, mais obtuses en devant
vers le sommet.

28. Denté, *dentatum*, bord de la mandibule armé de pointes saillantes écartées.

29. Denticulé, à très-petites dents.

30. — de tous côtés, *dente utrimque*, bord des
deux mandibules, denté de toutes parts.

31. Édenté, *edentulum*, sans dents.

32. Émarginé, bord de la mandibule présentant
de part et d'autre une section flexueuse vers
le sommet.

33. Usé, *obsolete emarginatum*, section à peine
flexueuse et différente de la ligne droite.

34. Tout émarginé, *emarginatum utrimque*, les deux mandibules émarginées sur leurs deux bords.

35. Obtus, *obtusum*, terminé entre un segment *Sommet.* de cercle.

36. Obtusiuscule, *obtusiusculum*, se rapprochant davantage de l'aigu.

37. Aigu, *acutum*, terminé à angle aigu.

38. Très-aigu, *acutissimum*, terminé à angle très-aigu.

39. Acuminé, *acuminatum*, pointe subulée.

40. Crochu, *aduncum*, en crochet recourbé en dedans.

41. Tronqué, *truncatum*, ligne transversale terminale.

42. Descendant, *descendens*, arqué en en-bas.

43. Détourné, *deflexum*, arc incliné en bas.

44. Déclive, *declive*, descendant insensiblement.

45. Cunéiforme, *cuneatum*, faces latérales insensiblement rétrécies vers le sommet.

46. Tubulé, *tubulatum*, tube compris entre deux demi-cylindres.

47. Unguiculé, *unguiculatum*, sommet du bec muni d'un lobe figuré comme un ongle.

48. Dilaté, *dilatatum*, sommet plus large que la base.

49. Orbiculé, *orbiculatum*, partie dilatée, périphérie arrondie.

50. Applati, *planum*, superficie égale.

51. A mandibules égales, *mandibulis æquali-bus*, l'une et l'autre d'égale longueur.

52. Mandibule supérieure plus longue, *mandi-bulâ superiore longiore*, surpassant l'infé-rieure en longueur ; *et vice versâ*.

53. Flexible, *flexile*, pouvant être fléchi.

54. ..... côtés du sommet dilatés, et munis d'une membrane noire et molle.

Base.   55. Ciré, *cerâ instructum*, recouvert d'une membrane (souvent coloriée).

56. Nu, *nudum*, sans cire, &c.

57. Épais, *crassum*, base dont l'épaisseur n'est pas égale à celle de la totalité du bec.

58. Déprimé, *depressum*, bec dont le diamètre transversal et horizontal est vers la base plus étendu que le perpendiculaire des deux man-dibules.

La base du front arrondie vers la tête par un segment sémi-circulaire vers le front.

59. Tuberculé, *tuberculatum*, cire formant une excroissance tuberculeuse et gibbeuse.

Surface. 60. Épidermidé, *epidermide tectum*, substance cornée enveloppée d'une membrane.

61. Dénudé, *denudatum*, c'est le contraire.

62. Sillonné, *sulcatum*, creusé de lignes pro-fondes.

63. Sillonné transversalement.

— *longitudinalement*, sillons dirigés de la base ou des narines vers le sommet.

— *obliquement en devant*, sillons dirigés depuis le dos du bec autour de sa base, vers le bord de la mandibule jusqu'au sommet, par une ligne qui s'écarte de la perpendiculaire.

— *obliquement en arrière*, sillons obliques dirigés de toute l'étendue du dos du bec autour du sommet, et sur le bord de la mandibule autour de la gorge.

64. Canaliculé, *canaliculatum*, sillon supérieur, creux et longitudinal.

65. *Rétréci par des rides transversales*. Diamètre mitoyen plus étroit qu'avant et après.

66. *Planum*, (5o).

67. Planiuscule, *planiusculum*, presque applati.

68. Convexe, *convexum*, dos élevé, côtés déprimés.

69. Déprimé, *depressum*, diamètre transverse horizontal et plus large que le perpendiculaire.

70. *Depressiusculum*, presque déprimé.

71. Caréné, *carinatum*, proéminence longitudinale et aiguë sur le corps.

72. Gibbeux, *gibbum*, convexité sur les deux surfaces latérales du bec.

Expansion et substance.

73. Dos aminci, *dorso attenuatum*, dos devenu plus étroit vers la pointe.

74. Subulé, *subulatum*, linéaire à sa base, rétréci vers le bec.

75. Vide, *inane*, dont la substance est cellu-leuse, et recouvert d'une enveloppe mince et cornée.

76. Comprimé latéralement, *compressum late-raliter*, diamètre horizontal transversal, moindre que le perpendiculaire.

77. Sous - comprimé, *subcompressum*, très-voisin du comprimé.

78. *Mandibule supérieure figurée comme une nacelle renversée*, dos caréné, sommet re-courbé.

79. *Mandibule supérieure invaginant l'infé-rieure*, celle-ci tellement cachée par la supé-rieure, que leur réunion représente un tube cylindrique.

80. *Mandibule supérieure voûtée au-dessus de l'inférieure*, qui est tellement renfermée dans la première, que le tout représente une voûte.

81. *Mandibule à bords écartés*, mandibule supérieure excédant l'inférieure à angle aigu.

82. Mandibule inférieure, dont le bord latéral est recourbé en dedans vers la bouche.

83. Mandibule inférieure recourbée en dedans, et rétrécie sur les côtés.

84. Long, *longum*, plus long que la tête. *Étendue.*
85. Court, *breve*, plus court.
86. De la longueur de la tête.
87. Très-long, *longissimum*, cinq fois plus long que la tête.
88. Très-court, *brevissimum*, cinq fois plus court que la tête.
89. Très-grand, *maximum*, plus long que la latitude et la profondeur de la tête.
90. Grand, *magnum*.
91. Épais, *crassum*, de la largeur horizontale de la tête.
92. Mince, *tenue*, n'égalant pas la largeur horizontale de la tête.

CIRE, *CERA*, membrane (souvent coloriée) qui recouvre la base du bec.

93. Mamelonnée, *papillosa*, hérissée de points charnus et élevés.
94. Caronculée, *carunculata*, recouverte de rides et de tubercules charnus.
95. Furfuracée, *furfuracea*, enveloppée de petites écailles blanches, caduques.
96. Tuberculée, *tuberculata*, s. *gibba*, s'élevant en un tubercule gibbeux.
97. Nue, *nuda*, ni écailleuse, ni mamelonnée, &c.

98. NARINES, *NARES*, ouvertures situées à la partie supérieure, et vers la base du bec, nécessaires à la respiration, et dans lesquelles les nerfs olfactifs viennent s'épanouir.

Figure. 99. Ovées, *ovatæ*, diamètre longitudinal plus long que le transversal, sommet plus étroit que la base conscrite par un segment de cercle.

100. Obovées, *obovatæ*, ovées de manière que la partie plus étroite regarde la base du bec.

101. *Subrotundæ*, presque rondes.

102. Orbiculées, *orbiculatæ*, périphérie arrondie.

103. Oblongues, *oblongæ*, diamètre transversal quelquefois moins long que le longitudinal.

104. Linéaires, *lineares*, largeur égale partout.

Structure. 105. Concaves, *concavæ*, situées entre le scrobicule ou la fossette du bec.

106. Marginées, *marginatæ*, environnées d'un rebord légèrement saillant.

107. *Membranulâ semitectæ*, à moitié recouvertes d'une membrane; membranes en voûte, convexes, à moitié recouvertes au-dessus des narines par le dos du bec.

108. Ouvertes, *patulæ*, entièrement écartées, sans écaille, ou autre opercule.

109. Saillantes, *prominulæ*, élevées au-dessus du plan ou de la surface du bec.

110. *Perviæ*, les deux ouvertures communicantes dans une autre.

111. Distinctes, *septo distinctæ*, membranule séparant les deux narines.

112. *Septo lineari semi-divisæ*, cloison linéaire épaisse, son sommet s'avançant dans le milieu de chaque narine. (Ex. quelques Faucons.)

113. Coniques, *conicæ*, représentant un tube conique fixé de chaque côté du bec.

114. Cylindriques, *cylindricæ*, tube cylindrique tronqué, tombant sur la base du bec.

115. Narines *recouvertes par des pennes soyeuses et tombantes*. Recouvertes de pennules soyeuses à leur sommet; implantées par leur base au front, et dont le sommet retombe sur le bec.

116. Narines recouvertes de *vibrisses* qui sont des poils roides et tombans.

117. Dénudées, *denudatæ*, sans pennes, sans vibrisses.

118. Nues, *nudæ*, ni concaves, ni saillantes.

119. Narines à *la base du bec*, proche son in-*Situation.* sertion à la tête.

120. — *entre la cire*, sur la partie du bec recouverte par la cire.

121. Narines *proche le bec*, au front proche l'insertion du bec à la tête.

122. — *au milieu du bec*, entre la base et la pointe.

123. — *presqu'au milieu*, situées avant le milieu du bec.

124. Supères, *superæ*, sur le dos du bec.

125. Latérales, *laterales*, insérées sur les côtés.

126. Parallèles, *parallelæ*, linéaires, parallèles au dos du bec.

127. Obliques, *obliquæ*, situées dans une direction différente de celle du dos du bec.

128. *Fente oblitérée, rimâ obliteratâ*, à peine visible dans le sillon du bec.

129. LANGUE, *LINGUA*, organe principal du goût, nécessaire pour la déglutition, et renfermé dans le bec.

Structure. 130. Charnue, *carnosa*, d'une consistance musculaire.

131. Cartilagineuse, *cartilaginea*, substance du cartilage, bord presqu'osseux.

132. Lisse, *térète, teres*, presque cylindrique.

133. Lombriciforme, *lumbriciformis*, térète, flexible.

134. Filiforme, *filiformis*, d'une épaisseur égale.

135. Tubuleuse, *tubulosa*, deux fils sémi-cylindriques réunis.

136. Triquètre, *triquetra*, trois côtés plans.

137. Plane, *plana*, (60).

138. Entière, *integra*, rebord à peine divisé. *Bord.*

139. Très-entière, *integerrima*, bord linéaire, nullement divisé.

140. Déchirée, *lacera*, bord diversement divisé, segmens difformes.

141. Ciliée, *ciliata*, bord dont les soies parallèles sont disposées longitudinalement.

142. Obtuse, *obtusa*, terminée entre un segment *Sommet.* de cercle.

143. Émarginée, *emarginata*, terminée par une crénelure.

144. Tronquée, *truncata*, terminée par une ligne transversale.

145. Aiguë, *acuta*, en angle aigu.

146. *Acutiuscula*, à angle presqu'aigu.

147. Mucronée, *mucronata*, terminée par une pointe.

148. Soyeuse, *setis terminata*, poils un peu roides.

149. Pénicilliforme, *penicilliformis*, terminée par un faisceau soyeux.

150. *Apice laciniata*, divisée en diverses parties indéterminées.

151. *Apice pennacea*, soies parallèles, öppo-
sées et obliques en devant.

152. Sagittée, *sagittata*, triangulaire, angles
postérieurs aigus, divisés par une sinuosité.

153. Bifide, *bifida*, divisée par un seul sinus
linéaire, bord droit.

Surface. 154. Mamelonnée, *papillosa* (93).

155. Nerveuse, *nervosa*, vasculaire de la base
au sommet.

156. Nue, *nuda*, ni nerveuse, ni papilleuse.

Etendue. 157. Très-courte, *brevissima*, quelquefois
n'atteignant pas la longueur du bec.

158. Courte, *brevis*, n'atteignant pas encore la
longueur du bec.

159. *De la longueur du bec*, ou *médiocre*.

160. Longue, *longa*, surpassant la longueur
du bec.

161. Très-longue, *longissima*, surpassant quelquefois la longueur du bec.

162. Large, *lata*, du diamètre du bec.

163. Nulle, *nulla*, non distincte.

164. FRONT, *FRONS*. C'est cette partie
supérieure de la tête contiguë au bec.

Nu, *NUDA*, sans plumes aucunes.

165. Ostéo-gibbeux, *osseo-gibbosa*, surface
convexe et munie d'un os.

166. Carnoso-gibbeux, *carnoso-gibbosa*, caroncule convexe à sa surface.

167. Chauve, *calva*, sans plumes, membrane souvent colorée.

168. Caronculé, *carunculata*, recouvert d'une membrane spongieuse saillante.

169. Globeux, *globosa*, caroncule arrondie de toutes parts.

170. Aigretté, *cristata*, caroncule longitudinale comprimée.

171. Cornu, *cornuta*, épine cornue, alongée.

172. Recouvert de poils et de pennes, *vestita pilis et pennis*. Nous en parlerons dans la suite.

173. FACE, *FACIES*. C'est cette partie de la tête qui comprend la région des yeux avec les joues et les tempes. (Souvent on y comprend le front et le vertex.)

174. Les joues, *genæ*, région entre les yeux et le gosier.

175. Tempes, *tempora*, région entre les yeux et les oreilles.

176. *Face nue*, sans plumes, mais souvent recouverte d'une membrane colorée.

177. Mamelonnée, *papillosa* (93).

178. LES FANONS, *PALEARIA*, sont deux caroncules situées sur les côtés de la mandibule inférieure, proche le gosier.

179. LA CARONCULE, *CARUNCULA*, est une excroissance charnue, nue, molle, qui sert d'ornement à la tête et à ses parties, telles que le front, le vertex, la nuque, les sourcils, la gorge et le gosier.

180. Comprimée, *compressa*, applatie sur les côtés.

181. Rétractile, *retractilis*, qui, relâchée, devient longue, pendante, quelquefois courte, droite, lâche.

182. Lâche, *laxa*, très-flexible.

183. Spongieuse, *spongiosa*, substance molle, papilleuse, celluleuse.

184. Bipartie, *bipartita*, divisée en deux parties presque jusqu'à la base.

185. Laciniée, *laciniata*, à divisions indéterminées.

186. LES YEUX, *OCULI*, sont les organes de la vue.

187. LES PAUPIÈRES, *PALPEBRÆ*, sont des membranes mobiles situées extérieurement, et destinées à les recouvrir.

188. La membrane clignotante, *membrana nictitans*, est située intérieurement et sert à déterger l'œil.

189. Les ORBITES, *ORBITA*, sont les régions qui environnent chaque œil; elles sont souvent colorées.

190.

190. Nus, *nuda*, sans plumes, et recouverts d'une membrane.

191. Élevés, *elevata*, n'étant point sur un plan horizontal avec la face et les yeux.

192. Rugueux, *rugosa*, garnis de rides.

193. Papilleux, *papillosa* (93).

194. Le SOURCIL, *SUPERCILIUM*, est une ligne distincte des autres parties, et située au-dessus des paupières.

195. Caronculé, *carunculatum*, couvert d'une excroissance charnue, molle et dénudée.

196. Papilleux, *papillosum* (93).

197. L'IRIS, *IRIS*, est ce cercle coloré qui environne la pupille.

198. La PUPILLE, *PUPILLA*, est cette ouverture de l'œil au moyen de laquelle les rayons lumineux viennent toucher la rétine.

199. Orbiculée, *orbiculata*, circonférence arrondie.

200. Perpendiculaire, oblongue, *perpendicularis*, *oblonga*, aiguë à ses deux extrémités ; dilatable.

201. BANDE, *LORUM*, est cette ligne nue visible entre l'angle antérieur de l'œil et le bec.

202. CASQUE, *GALEA*, tubercule calleux, re-

couvert d'une substance cornée, occupant le sommet de la tête.

203. Les PIEDS, *PEDES,* sont deux parties du corps dénudées, à l'aide desquelles les oiseaux peuvent se soutenir et se mouvoir.

Ils sont composés de cuisses, de jambes, de doigts et d'ongles.

Leur structure diffère.

204. Les pieds s'avancent des cuisses hors du corps.

205. Cuisses, *FEMORA.*

206. Demi-nues, *seminuda,* dénudées en bas, au-dessus des genoux.

207. Armillées, *armilla,* ornées d'un anneau coloré à la partie dénudée de la cuisse qui est au-dessus du genou.

Jambes, *TIBIÆ.*

208. Térètes, *teretes,* presque cylindriques.

209. Comprimées, *compressæ,* côtés applatis.

210. Carénées, *carinatæ,* anguleuses au moyen d'une ligne longitudinale et saillante.

211. Nues, *nudæ,* destituées de plumes et de toute enveloppe.

212. Couvertes, *tectæ,* villeuses, plumées et pennées.

213. Éperonnées, *calcaratæ,* munies d'un ergot ou d'un éperon à la partie postérieure.

214. *Bicalcaratæ,* double ergot à chaque jambe.

215. DOIGTS, *DIGITI ;* on distingue les oiseaux par leurs pieds :

216. En fissipèdes, *fissipedes ,* tous les doigts distincts.

217. Coureurs, *cursorii,* sans doigt postérieur *(tridactyli, tetradactyli).*

218. Promeneurs , *ambulatorii,* trois doigts antérieurs et un postérieur *(tetradactyli).*

219. Marcheurs, *gressorii,* trois doigts antérieurs, dont deux réunis sans membranes, et un postérieur.

220. Grimpeurs, *scansorii,* deux doigts antérieurs et deux doigts postérieurs.

221. Nageurs, *natatorii,* tous les doigts antérieurs réunis par une membrane (*3 et 4-dactyli*).

222. Semi-palmés, *semi-palmati ,* doigts antérieurs seulement réunis à leur base par une membrane.

223. Lobés, *lobati,* doigts réunis par une membrane , mais fendue comme eux.

224. Pinnés, *pinnati,* chaque articulation des doigts, munie d'une membrane, comme d'un lobe latéral.

225. *Compedes,* embarrassés dans les plumes de l'abdomen.

226. *Æquilibres*, pieds nageurs, débarrassés des plumes du corps.

PIEDS, *PEDES*.

227. Très-longs, *longissimi*, beaucoup plus longs que le tronc.

228. Très-courts, *brevissimi*, souvent plus courts que le tronc.

229. Longs, *longi*, de la longueur du tronc.

230. Courts, *breves*.

231. Médiocres, *mediocres*.

232. Velus, *hirsuti*, pieds et doigts recouverts de pennes piliformes.

233. Laineux, *lanati*, recouverts de pennes poilues, spontanément recourbées sur les doigts.

234. Semi-laineux, *semi-lanati*, au-dessous des genoux, mais non jusqu'aux doigts.

235. Velus-pennés, *hirsuto-pennati*, recouverts de pennes communes non poilues.

236. Pectinés, *pectinati*, peignes cartilagineux de chaque côté des doigts.

DOIGTS, *DIGITI*.

— *longissimi*,
— *brevissimi*,
— *mediocres*,   comparés avec la longueur des jam-
— *longi*,   bes seulement.
— *breves*,

237. Antérieurs, *antici*, insérés en devant.

238. Postérieurs, *postici*, étalés en arrière.

239. Forts, *validi*, non beaucoup plus foibles que les jambes.

240. Moyen, *intermedius*, tenant le milieu dans les 3-dactyles antérieurs.

241. Extérieur, *exterior*, tourné en dehors dans les deux pieds.

242. Intérieur, *interior*, tourné en dedans.

243. *A bord extérieur;* dans quelques palmés, le doigt extérieur est en dehors augmenté par une membrane longitudinale.

244. Les phalanges, *phalanges*, sont les articulations des doigts. Elles sont au nombre de quatre dans les doigts antérieurs. Ce nombre varie quelquefois : dans l'*albatrosse (diomedea)*, le doigt intérieur a cinq phalanges, le milieu quatre, et l'extérieur trois.

245. Les plantes, *plantæ*, constituent la partie inférieure des doigts.

246. Le cal, *callus*, est la partie postérieure tuberculée de la plante.

247. Mutiques, *mutici*, doigts dépourvus d'ongles.

248. Les ONGLES, *UNGUES*, sont des excroissances en partie cartilagineuses, en partie osseuses, situées à l'extrémité des dernières phalanges des doigts.

249. Crochus, *adunci*, sommet recourbé en
crochet.

250. Incurvés, *incurvi*, courbés en dedans.

251. Droits, *recti*, sans courbure.

252. Rectiuscules, *rectiusculi*, presque droits.

253. Comprimés, *compressi*, applatis transversalement.

254. Semi-cylindriques, *semi-cylindrici*, concaves en dedans, convexes en dehors, tubuleux.

255. Oblongs, *oblongi*.

256. Obtus, *obtusi* (142).

257. Aigus, *acuti* (145).

258. Subulés, *subulati* (74).

259. Marginés, *marginati*, munis d'un bord
extérieur.

260. Crenés, *crenati*, les deux bords dentés;
(l'intérieur dans les *pélicans*, et l'extérieur
dans les *hérons*.)

261. Les ÉPINES, *SPINÆ*, sont des armes dont
se servent les oiseaux, outre leur bec, leurs
ergots et leurs ongles.

262. Épine axillaire, *spina axillaris*, lorsque
le pouce dénudé se termine en une pointe
recourbée et cornée.

II. On observe encore, dans les oiseaux, leur
PLUMAGE, qui consiste en pennes, plumes ou
barbes.

On nomme PENNE, *PENNA*, cet organe qui *VÊTEMENT.* revêt le corps de l'oiseau auquel il est fixé en quinconce par sa base au moyen d'un cylindre tubuleux, qui se termine en une épine ou *rakis* arquée et sous-quadrangulaire, plane en dessus, canaliculée en dessous, bifare, et pennée à rayons parallèles, eux-mêmes pennés également, rapprochés, et formant une figure convexe en dessus, concave en dessous, plus étroite en dehors qu'en dedans, plumeuse en arrière, plus étroite et plus lâche en devant.

Les PLUMES, *PLUMÆ*, sont des poils rameux, à rayons flasques, épars, sous-rameux. (Deux plumes sont toujours interposées entre chaque penne.)

La BARBE, *BARBA*, consiste en pennes plus simples et velues.

263. Ligulées, *ligulatæ*, alongées, ensiformes, *Pennes.* étroites, lâches, aiguës.

264. Soyeuses, *setaceæ*, lâches, se terminant au *rakis* en une soie lisse.

265. Imbriquées, *imbricatæ*, se recouvrant mutuellement à moitié.

266. Penchées, *nutantes*, recourbées en dehors à leur sommet.

267. Roulées, *revolutæ*, contournées en spirale en devant.

268. Roides, *rigidæ*, inflexibles.

269. Retournées, *reversæ*, sommet dirigé en haut.

270. Filamenteuses, *filosæ*, pointe filiforme.

271. Resserrées, *strictæ*, perpendiculaires, sans courbure.

272. Décomposées, *decompositæ*, rayons éloignés.

273. Ocellées, *ocellatæ*, parsemées de taches rondes, concentriques, de diverses couleurs.

274. Tronquées, *truncatæ* (41).

Barbe.   275. Les moustaches, *mystaces*, sont des pennes simples.

276. Tombantes sur les joues, c'est-à-dire perpendiculairement, et soyeuses.

277. Les vibrisses, *vibrissæ*, sont des pennes simples, disposées comme des cils sur le bord du gosier.

278. Les barbes, *barbæ*, sont des pennes simples, à rayons lâches, pendans sur la gorge et la poitrine.

PARTIES EXTERNES EMPLUMÉES.

Tête.   279. Le BONNET, *PILEUS*; c'est le sommet de la tête au-dessus du bec, des yeux et de la nuque.

280. Le front, *frons*, en est la partie antérieure (*synciput*).

281. Le vertex, *vertex*, la partie moyenne.

282. *Occiput*, la partie postérieure.

283. Le sourcil, *supercilium*, est une ligne au-dessus de la paupière supérieure, distincte des autres pennes par sa couleur différente.

284. Les joues, *genœ*, entre les yeux et le bec.

285. Les tempes, *tempora*, entre les yeux et les oreilles.

286. Le *capistrum* est le bord de la tête proche le bec.

287. L'aigrette, *crista*, est formée par les pennes alongées du bonnet.

Aigrette frontale, occipitale, verticale, auricu-laire, selon sa position au front, à l'occiput, au vertex, et dans le voisinage des oreilles. *Lieu.*

288. Réfléchie, *reflexa*, tombante perpendicu-lairement. *Direction.*

289. Défléchie, *deflexa*, recourbée en dehors.

290. Droite, *recta*, s'élevant perpendiculaire-ment.

Recourbée, *recurvata*, fléchie en dehors, l'arc regardant en sens contraire.

291. Contournée en spire, *revoluta*.

292. Comprimée, *compressa* (180). *Figure.*

293. Fasciculée, *fasciculata*, pennes s'élevant d'un centre commun.

294. Globeuse, *globosa*, ronde de toutes parts.

295. Bifide, *bifida*.

296. Oblongue (103).

297. Soyeuse, *setosa*, formée de pennes soyeuses.

Structure. 298. Éparse, *sparsa*, pennes sans ordre fixe.

299. Plicatile, *plicatilis*, qui se déprime et s'élève : pennes placées alternativement deux à deux.

300. Double, *gemina*.

301. Unique, *unica*.

302. Le col, *collum*, partie térète, alongée, intermédiaire entre la tête et le tronc.

303. Nuque, *nucha*, partie supérieure du col, proche l'occiput.

304. Gorge, *cervix*, partie du col opposée à la nuque.

305. Gosier, *gula*, partie située au-dessous et proche le bec.

306. Les oreilles, *aures*, tronquées sans auricules saillans, souvent recouvertes de pennes décomposées.

307. Auricules, *auriculæ*, ce sont des crêtes doubles à pennes élevées, placées au-dessus des yeux sur le vertex (particulières à plusieurs espèces de chouettes).

308. La région ophtalmique entoure les yeux.

309. La région parotique, les oreilles.

Le tronc est ovale.

Il comprend :

310. Le dos, *dorsum*, qui est la partie supérieure du tronc entre le col et la queue.

311. L'inter-scapulum, région antérieure du dos, entre les ailes.

312. Les humérus, *humeri*, la partie antérieure appuyée sur les ailes, entre les os du bras et le sommet du coude.

313. Les scapulaires, qui sont les pennes insérées aux humérus, et souvent alongées.

314. La poitrine, *pectus*, est la région musculeuse qui recouvre le sternum caréné, et située entre le col et l'abdomen.

315. Sternum calleux, *sternum callosum*, partie du sternum recouverte d'un cal presqu'osseux.

316. Aisselles, *axillæ*, côtés de la poitrine, à la base des ailes.

317. Abdomen, région entre la pointe du sternum et l'anus.

318. Hypochondres, *hypochondria*, côtés postérieurs de la poitrine et de l'abdomen.

319. Pennes de l'hypochondre, *hypochondriæ pennæ*, alongées, à rayons peu nombreux.

Des MEMBRES (*ARTUS*).

320. Les AILES, *ALÆ*, sont deux membres latéraux utiles pour la course, le vol et la nage.

321. Impennées, *impennes*, ce sont des ailes
sans rames parfaites, propres à la course.

322. Pinniformes, *pinniformes*; ailes dilatées,
recouvertes d'une membrane sans rames aucunes, propres à la natation.

323. Pennées, *pennatæ*, rames ciliées, propres
au vol.

324. Les rames, *remiges*; plumes fortes, alongées, situées au bord intérieur de l'aile, primaires, et se recouvrant mutuellement à
moitié.

325. A pointe rhomboïde (*les gros-becs*).

326. Membraneuses, pointe terminée par une
membranule comprimée, très-brillante, colorée, lancéolée.

327. Acuminées, *acuminatæ*, à pointe subulée.

328. Rames serretées, dont le bord extérieur
est denté par de rares rayons (comme dans
les chouettes).

329. Premières, *primores*, ordinairement on
en compte dix aux doigts et au métacarpe;
elles varient de 1—4 et de 5—10, souvent
leur bord extérieur est plus étroit; elles sont
peu serrées, et plus aiguës.

330. Secondaires, *secundariæ*, de 11 à 20 ou
28 pour le coude, plus larges, plus lâches et
plus obtuses, souvent terminées en pointe.

351. Alule, *alula* (ou fausse-aile), trois ou cinq pennes plus courtes fixées au pouce.

352. Premières ou pénultièmes tectrices, *tec-trices primæ seu penultimæ,* les plus éloignées des rames.

353. Secondes ou dernières, très-proches des rames.

354. Tectrices supérieures, *tectrices superio-res,* pennes recouvrant supérieurement les ailes et les rames.

355. — inférieures, les recouvrant en des-sous.

356. Miroir, *speculum,* tache colorée, bril-lante sur les bords antérieurs des tectrices, diversement peinte, sur-tout dans les canards.

337. Les *pieds* comprennent les cuisses , les jambes et les doigts, et sont souvent vêtus de pennes simples , poilues , &c. d'où on les nomme pieds *velus, laineux , sémi-laineux,* &c.

338. La QUEUE, *CAUDA,* membre particulier, terminal, formé par l'uropygium, cilié par les rectrices, recouvert par des tectrices su-pères ou infères.

339. Le croupion, *uropygium,* est un corps sessile, cordiforme, renfermant deux glan-dules, percé en dessus d'un pore oléifère, se

dirigeant proche l'anus, commun aux organes de la génération (et souvent pour les pennes *tectrices* de la queue).

340. Les plumes rectrices, *rectrices*, sont des pennes fortes, alongées, d'un nombre pair, insérées au bord postérieur du croupion. Elles se recouvrent mutuellement sur les côtés, à commencer par celle du milieu ; leur nombre est de douze, dix-huit, et souvent dix seulement.

341. Les Latins nomment *crissum* le côté inférieur compris entre l'anus et le sommet du croupion.

La queue, considérée d'après sa proportion, est :

342. Brachyure, *brachyura*, plus courte que les pieds.

343. Macroure, *macroura*, plus longue, &c.

344. Médiocre, *mediocris*, de la même longueur, &c.

Figure. 345. Égale, *æqualis*, s. *integra*, si les pennes rectrices étendues sont en faisceau.

346. Cunéiforme, *cuneata*, rectrices latérales insensiblement plus courtes.

347. En pince, *forficata*, lorsque les rectrices latérales sont insensiblement plus longues.

348. Arrondie, *rotundata*, rectrices étalées, simulant un arc de cercle.

549. Bifurquée, *bifurcata*, rectrices latérales falciformes en dehors.

La STRUCTURE des rectrices les fait paroître,

350. En faux, *falcatæ*, rectrices ensiformes, alongées, recourbées.

351. Acuminées, *acuminatæ*, à pointe subulée.

352. Filandreuses, *filosæ*, à pointe filamenteuse.

353. Sétifères, *setiferæ*, soie implantée dans l'alvéole de la rectrice, frangeant une partie des rayons extérieurs, ensuite flottant librement.

354. Lancéolées au sommet, très-longues, rakis tomenteux ou presque nu, pennes radiées et lancéolées à leur sommet.

355. Incurvées, *incurvæ*, recourbées en dedans.

356. Atténuées dans leur milieu, *medio attenuatæ*, très-longues, rayons très-courts sur le rakis mitoyen, larges à leur base et à leur sommet.

357. Dilatées à leur sommet, *apice dilatatæ*, très-longues, rayons du rakis très-courts, étalés au sommet.

358. Soyeuses, *setaceæ*, très-longues, rakis dépourvu de rayons, sommet ou lancéolé, et

biradié, ou garni de vrilles lunées rayonnées d'un seul côté.

PARTIES INTERNES.

Leur connoissance ne peut s'acquérir sans le secours du scalpel ; et, pour cela, elle devient l'objet de l'anatomie.

III. HABITUDE, *HABITUS*.

Cet article comprend tout ce que l'on peut dire sur la cohabitation et sur la manière de vivre des oiseaux.

LA COHABITATION, *VENUS*, nous donne la connoissance,

1°. Des *noces* qui se célèbrent, en y faisant concourir la parure, les caresses, le chant et les jeux.

Elles sont *monogames*, si l'accouplement n'a lieu qu'entre un seul mâle et une seule femelle.

Elles sont *polygames*, lorsqu'un seul mâle sert à plusieurs femelles.

2°. De la *nidification*, dont on voit souvent la mère s'occuper seule, et quelquefois les deux époux, en employant des branches d'arbres, des bruyères, des tiges de plantes ; mousses et lichen, pennes et plumes, poils et crins ; quelquefois la boue, le gazon et les aigrettes des plantes.

Les

Les *lieux* qui servent d'asyle à ces demeures solitaires et paisibles sont : Rochers, arbres, arbrisseaux, plantes herbacées, sommités des branches ; les feuilles, la surface ou le sein de la terre, les écueils environnés par les eaux de la mer, les lieux humides et argilleux ; enfin, on les trouve dans le sein des eaux.

La *configuration* du nid et la manière dont il est construit, le font paroître en *soucoupe* ; ou imitant la moitié d'un globe excavé, par l'entrelacement de jets, de poils et de mousses si artistement arrangés, qu'il est difficile de les désunir. Tantôt ce nid est foramineux, *foraminosus*, lorsqu'il consiste en un trou creusé sous la terre ; concaméré, *concameratus*, si la boue employée pour sa construction est figurée comme une loge ; argilleux, *argillosus*, s'il est formé d'argille, amoncelée dans des lieux humides et fangeux : tantôt on le découvre flottant, *natans*, sur la surface des eaux, au milieu de plantes aquatiques ; pendant, *pendulus*, ou suspendu mollement au sommet d'une branche, et n'ayant qu'une ouverture latérale supère ou infère. Quelquefois il est foliacé, *foliaceus*, formé de feuilles réunies en forme de sac ; d'autres fois même il n'existe pas, *nidus nullus* : alors les œufs sont déposés à nu sur la terre ou sur les rochers.

3°. De la *ponte (ovatio).* On entend parler ici de cette fonction réproductive qui caractérise les êtres organisés, et qui, dans les oiseaux, s'opère au moyen des œufs dans lesquels on considère plusieurs substances différentes, qui sont :

Le jaune, *vitellum,* partie jaune de l'œuf, destinée pour la nourriture du fétus pendant l'incubation.

Le point saillant, *punctum saliens,* placé sur le jaune; emblême gélatineux de l'oiseau futur (1).

Albumen, substance gélatineuse, l'extérieure plus séreuse, semblable à la liqueur de l'amnios (2).

_____

(1) Forster n'a peut-être pas eu tout-à-fait raison d'appeler ceci *punctum saliens ;* car il considère l'œuf non encore incubé, et tout le monde sait que, dans ce cas, le point dont parle ici l'auteur, est ce que Harvée appelle *cicatricule,* et Haller *follicule.* Ce n'est qu'après quatre à cinq jours d'incubation, que l'on distingue les pulsations qui indiquent le premier développement du fétus, et qui ont lieu dans deux points très-distincts, que l'on a reconnus pour être les deux ventricules du cœur. C'est-là ce qu'on nomme *punctum saliens ;* ce qui est absolument différent du follicule. (*Note du Traducteur.*)

(2) Nous distinguons trois espèces d'albumen très-tranchées. La première et la seconde sont connues de tous les physiologistes; mais la troisième ne l'est pas encore : c'est

La *chalaze*, *chalaza*, tunique conglomérée terminale de chaque pôle du jaune (1).

Les pôles du jaune, *poli vitelli*, sont les ligamens gélatineux du jaune, implantés à la base et au sommet de l'œuf (2).

La vésicule aérienne, *vesica aërea*, est cette région vide à la base de l'œuf, remplie d'air, et formée par l'écartement des deux premières tuniques (3).

---

elle qui forme ce qu'on nomme improprement *chalaze*. Elle est facile à distinguer dans l'œuf incubé, où on la voit plus profonde et plus immédiatement accollée à la partie du jaune opposée à la cicatricule ou au fétus. (*Note du Traducteur.*)

(1) Avec un peu d'attention, on verra, sans peine, que ce que l'on appelle chalaze n'est pas immédiatement implanté aux deux pôles opposés du jaune. On en trouvera une qui n'est que contiguë à l'enveloppe du jaune, et une autre qui lui est absolument continue. C'est celle-ci qui est traversée dans tout le centre de l'albumen épais qui la forme, d'un canal tors sur lui-même comme un cordon ombilical, que nous disons être un véritable conduit absorbant destiné à pomper la substance albumineuse extérieure, à la transporter immédiatement dans la capsule du jaune qui augmente de volume; à la mélanger avec la masse vitelline, pour former ensuite un lait qu'absorbent les veines vitellines en le faisant concourir à la nourriture et au développement du fétus. (*Note du Traducteur.*)

(2) Voyez ce que nous avons dit dans la note précédente.

(3) Que de choses curieuses on pourroit dire sur cette

La coquille, *testa*, enveloppe extérieure de l'œuf, de substance calcaire.

4°. De l'*incubation*. Dans les polygames, est-ce la mère seule qui est chargée de ce soin important ? Dans les monogames, le père et la mère se succèdent-ils ? Si la femelle couve, le mâle pourvoit-il à sa nourriture, ou les fe-

---

chambre aérienne ! Nous ne voyons pas encore qu'on lui ait reconnu tous les avantages dont elle est susceptible pour faciliter la sortie du poulet. Nous ne dirons pas, avec Forster, qu'elle est formée par l'écartement des deux membranes qui tapissent la coquille, mais bien par le décollement de la membrane générale qui enveloppe toutes les substances albumineuses et vitellines. On saura que cette cavité augmente en raison du progrès de l'incubation, et qu'elle est remplie d'air atmosphérique. C'est dans cette cavité que pénètre l'oiseau lorsqu'il est près d'éclore ; c'est dans elle qu'il engage sa tête après avoir brisé cette membrane générale qui l'enveloppe immédiatement alors ; c'est dans cette cavité qu'il puise de l'air, que ses poumons commencent à se développer, et que lui-même prend la force qui lui est nécessaire pour s'échapper de sa coquille en la brisant ; c'est enfin dans cette cavité que Haller l'a entendu pioler, à la 525e heure de l'incubation, et d'où plusieurs physiologistes ont inféré que ces animaux respiroient pendant l'incubation. Cette idée est reconnue très-fausse aujourd'hui, que nous avons une ample connoissance des usages de cette cavité, et que nous sommes certains, d'après le calcul, que l'époque du piolement assignée par Haller et d'autres physiciens, est précisément le terme le plus avancé de l'incubation. (LÉVRILLÉ.)

melles incubantes la recherchent - elles elles-
mêmes ? Enfin les mâles incubent-ils, ou plutôt
les petits ont-ils assez de l'ardeur du soleil pour
éclore ?

5°. De l'*éducation*, qui consiste dans le genre
de nourriture, dans la manière de la présenter
aux petits, et dans le soin et la protection que le
père et la mère leur accordent.

On sait qu'il en est qui ne vivent que de mammaux et d'oiseaux, de poissons et d'amphibies,
d'insectes et de crabes; qu'il en est d'autres dont
les vers, les graines, les baies et les feuilles des
plantes forment toute la nourriture.

Quant à la manière de présenter les alimens
aux petits, on voit souvent le père et la mère les
chercher et les montrer seulement, les récolter,
les prendre et les tendre aux petits qui ouvrent
le bec, ou bien en remplir leur jabot sur les
lieux où ils les trouvent ; recourir ensuite vers
leurs élèves, les leur ingurgiter après les avoir
vomis.

Les soins et les moyens de défense varient.
Souvent les petits restent cachés dans leur nid,
jusqu'à ce qu'ils aient acquis assez de force pour
se défendre eux-mêmes. Quelquefois ils courent
aussi-tôt sur la terre, comme on le voit dans
les gallinacés ; ils nagent aussi, comme les canards ou autres oiseaux aquatiques. Ce qu'il y a

de plus admirable, c'est que l'on entend aussi quelques mères pousser un cri qui leur est particulier, et qui annonce un danger plus ou moins pressant; elles ont encore des ruses qui trompent l'ennemi, et l'attirent dans d'autres parties; ou bien elles sont assez fortes pour combattre avec courage, et résister à toutes attaques imprévues. Il est encore d'autres soins contre les intempéries de l'air, contre la pluie et le froid; alors on voit les mères réchauffer leurs petits avec le plus grand soin, en les couvrant de leurs ailes.

Le GENRE DE VIVRE des oiseaux nous les fait distinguer en *carnivores* ou *zoophages*, et en *phytiphages*.

Les premiers ne mangent que des cadavres, tels les vautours et les corbeaux; des animaux vivans et des œufs, ce sont encore les vautours et les corbeaux. Les poissons et les amphibies sont la proie des oiseaux de rivage et des palmipèdes; les insectes, celle des passereaux à petit bec et des pics. Les gralles ou oiseaux de rivage, les martins-pêcheurs (1) se nourrissent de vers

---

(1) L'oiseau extrêmement joli, qu'on nomme *martin-pêcheur*, offre un caractère bien singulier; c'est qu'il a l'odeur véritable du poisson. Les chasseurs qui ont beaucoup de peine à le tuer, le conservent bien précieusement dans leurs

et de cancres ; enfin, l'huîtrier ne vit que de coquillages.

Les seconds ou les *phytiphages* se nourrissent de plantes et de graminées ; ex. quelques palmipèdes ; de graines et de semences, tels les gallinacés, les pigeons et plusieurs passereaux. Les perroquets mangent les pommes et les baies ; les pies et les corbeaux des noix ; enfin le nectar des fleurs est la pâture des grimpereaux et des colibris.

Le PLUMAGE des oiseaux est encore un point très-important à connoître, lorsqu'on étudie leur histoire. Sa variété est illimitée; car on trouve cette parure, toutefois particulière, dans chaque espèce. (Voyez ce que nous avons dit du *vêtement* et des *pennes* des oiseaux, pour ce qui concerne la *structure*.) Quant aux *différences* des plumes entr'elles, on les trouve en rapport avec l'*âge*, le *sexe*, la saison de l'année, le pays et le climat.

Observation. Il existe entre les oiseaux et les mammifères en général, un très-grand rapport relatif au dépouillement de leur fourrure. Les

---

demeures ; et il leur devient alors un instrument qui leur sert pour prévoir les changemens que peut éprouver l'atmosphère. Nous invitons les naturalistes à vérifier ce fait peu connu, et que nous avons le premier observé. (LÉVRILLÉ.)

premiers se dépouillent chaque année de leurs plumes une ou deux fois ; et dans les basse-cours, c'est ordinairement au printemps que l'on prévoit cette opération de la nature, en ôtant aux oies et aux canards, sur-tout, ce duvet dont on fait usage pour nos couchers. De même la tonte des bêtes à laine nous fournit des matériaux propres à nous vêtir ; et l'ordre ordinaire des choses nous priveroit de cette grande ressource, si les cultivateurs n'y apportoient une soigneuse attention ; car nous verrions bientôt ces animaux déposer leurs précieuses toisons, en les laissant par parcelles dans les endroits où on les mène pâturer. On appelle le temps de la *mue*, l'époque à laquelle la nature opère ce dépouillement, que la cupidité et les besoins des hommes ont si bien su convertir à leur propre avantage. (LÉVEILLÉ.)

La SOCIÉTÉ des oiseaux existe-t-elle ?

Vivent-ils en troupeau ou solitaires (1) ?

_____

(1) Il y auroit quelques observations curieuses à faire sur la réunion plus ou moins durable d'un grand nombre d'oiseaux de la même espèce. Il semble déjà que cette association existe dans la nature. En effet, nous voyons les oiseaux de passage parcourir en très-grand nombre nos climats pendant la rigueur de l'hiver ; nous les voyons même tenir un certain ordre, tantôt en triangle, tantôt sur deux lignes très-rapprochées. Les vanneaux, les perdrix, que l'on trouve en

On peut encore distinguer ces animaux par leur VOL, qui est *lourd, précipité*, de *courte* ou de *longue durée*.

IV. STATION, *STATIO.*

Cette section nous mène à la connoissance des lieux et des régions où vivent les oiseaux.

1°. Leur HABITATION est l'*Océan*, mer très-profonde, éloignée de toute terre ; la *mer*, de peu d'étendue et circonscrite par des rives ; les *rivages*, lieux sablonneux, couverts de graviers, et unis aux terres maritimes ; les *écueils*, rochers environnés par les eaux de la mer ; les *syrtes*, terreins sablonneux inondés par les eaux de la mer environnante ; les *marais salsugineux*, argilleux et couverts des eaux de la mer.

Les retraites des oiseaux se rencontrent encore sur les *lacs* qui sont formés par une eau douce, pure et à fond consistant ; sur les *fleuves*, dont l'eau est également douce, et d'un cours plus ou moins rapide ; sur le *bord* de ces mêmes lacs et de ces mêmes fleuves ; enfin, sur les

---

nombre indéterminé dans les champs nouvellement moissonnés ou labourés, sur la neige ou dans les haies, et beaucoup d'autres, sans doute, sembleroient prouver en faveur de cette réunion en troupeau. (LÉVEILLÉ.)

étangs, qui sont formés par un amas d'eau stagnante, dont le fond est bourbeux, et dont la
surface est recouverte de plantes aquatiques.

Les *Alpes*, qui sont une suite de montagnes
très-élevées, dont le sommet est couvert de
neige.

Les *rochers*, lieux montueux et pierreux.

Les *champs*, lieux secs, rudes et venteux.

Les *prés*, campagnes applanies, et vallons
embellis par la verdure.

Les *forêts*, lieux ombragés et touffus d'arbres.

Les lieux garnis d'arbustes, et ceux qui ne
sont plantés que d'arbrisseaux, et coupés par
beaucoup de sentiers.

Les *champs*, lieux champêtres cultivés. Enfin, les *bourgs* couverts d'habitations, sont autant de points sur la surface du globe, dont
quelques oiseaux peuvent s'emparer pour se former de paisibles demeures.

2°. La RÉGION dans laquelle se trouve l'une
ou l'autre espèce d'oiseau, comprend le climat
et la position géographique du pays habité. On
en trouve entre les tropiques, dans les lieux
tempérés et dans le voisinage des pôles. L'Afri-
que, l'Amérique septentrionale et australe, les
Indes continentales et les îles, la mer Pacifique, &c. &c. sont autant de contrées habitées
par telle espèce plutôt que par telle autre.

V. TEMPS, *TEMPUS* (1).

L'ACCOUPLEMENT a pour objet, 1°. les *noces* et les *amours*, dont l'époque doit principalement dater de la *florescence*, de la *grossification*, de la *maturation* et de la récolte des plantes : il faut en outre connoître la durée de la copulation. N'a-t-elle lieu qu'une ou deux fois dans l'année ?

2°. La *nidification*. Quel est le temps où les oiseaux construisent leur nid ? Combien emploient-ils de temps à ce travail ? Combien de temps en font-ils usage ? et au renouvellement de la saison des amours, les voit-on se servir de la même demeure, ou l'abandonner pour qu'elle soit habitée par d'autres espèces différentes ?

3°. La *ponte*. Combien dure-t-elle ? Quel intervalle existe-t-il entre la ponte de chaque œuf ? Quel est le nombre d'œufs qu'une seule femelle a coutume de déposer dans son nid pour, ensuite, les couver ?

4°. L'*incubation*. Combien de temps les œufs doivent-ils être échauffés, avant que les petits puissent éclore ?

_____

(1) On trouvera dans cet article une série de questions à résoudre sur l'époque de l'*accouplement*, des *actions vitales*, de la *déplumation* ou de la *mue*, et de l'émigration des oiseaux. (LÉVEILLÉ)

5°. L'*éducation*. Combien de temps les pères et mères ont-ils soin de leurs petits, et prennent-ils leur défense ?

Combien de temps, pendant leur adolescence, ces mêmes petits vivent-ils avec leurs parens après le premier âge ?

A quelle époque de l'âge ou de la vie les oiseaux sont-ils propres à la génération dans l'un et dans l'autre sexe ?

LES ACTIONS VITALES ont des rapports, 1°. avec le genre de vivre, en indiquant quels sont les instans que les oiseaux choisissent de préférence pour la recherche de leur nourriture. Est-ce le jour, la nuit, le matin ou le soir ? En indiquant l'époque où ils changent d'alimens, le temps pendant lequel ils ont faim et cherchent à manger ; est-ce en plein soleil, par un grand vent, lorsqu'il pleut, avant ou après la pluie ? 2°. Avec le sommeil. Alors on sait quand et où ces animaux se livrent à ce besoin de la nature, et pendant combien de temps ? 3°. Avec la mort. On se demande combien de temps vivent les oiseaux lorsqu'ils meurent de vieillesse ?

LA DÉPLUMATION, *DEPLUMATIO*, indique principalement le temps où ils perdent leurs plumes pour en prendre de nouvelles, et combien il s'en écoule depuis la déplumation jusqu'à l'apparition des autres.

L'ÉMIGRATION, *MIGRATIO*, comprend, 1°. le lieu d'où, et où; 2°. la *saison* d'été, de printemps, d'automne et d'hiver; 3°. les *causes*, qui sont les jours trop longs, trop de nourriture, plumage trop épais; enfin, les accouplemens. 4°. La TOR-PEUR, *TORPOR*, dans les cavernes souterraines des rochers, dans les creux d'arbres et sous l'eau. 5°. Leur *retraite* ou changement de sol selon la saison. On en trouve qui vont passer l'hiver sur les bords de la mer.

VI. QUALITÉ, *QUALITAS*.

Elle comprend la couleur et l'étendue. Pour ce qui a trait à la première, on peut consulter ce que nous en avons dit à l'article *Entomologie*, et, pour la seconde, voyez la terminologie botanique.

359. Collier, *collare*, *torques*, bandelette qui environne le col.

360. La ligne, *linea*, est étendue longitudina-lement; et sa largeur est égale par-tout, mais peu considérable.

361. La zône, *fascia*, est une espèce de tapis large, étendu transversalement.

362. Les bandelettes, *strigæ*, sont de petites zônes capilliformes.

363. Les points, *puncta*, sont de petites taches rondes, noires ou d'une couleur plus obscure que le reste.

564. Les gouttes, *guttæ*, sont des taches obron-
des plus grandes, et blanches dans la partie
plus obscure.

565. Les taches, *maculæ*, sont de grandes parties colorées diversement que le reste.

566. Les ocelles, *ocelli*, sont des taches orbiculées, dont les couleurs concentriques
diffèrent dans le milieu.

567. Couleur scolopacée, *color scolopaceus*,
nuage d'un brun tirant sur le gris.

568. Nébuleuse, deux couleurs mélangées par
bandelettes ondulées.

569. Grise, *griseus*, mêlée d'un brun ochracé.

VII. USAGE.

LE NATUREL, *NATURALIS*, rend raison de
l'économie de la nature, et de ses moyens pour
borner et propager les espèces.

L'ARTIFICIEL, 1°. de cuisine, *culinaris*, a trait
à la nourriture, et embrasse les gallinacés, les
palmipèdes sur-tout, et outre cela les gralles, les
passereaux et les œufs. 2°. *Diététique*; il consiste
à connoître ceux qu'il convient de manger dans
certaines maladies, et ceux qu'on doit employer
comme remèdes. 3°. *Économique*, consiste dans
la chasse, comme les faucons; dans la pêche,
comme le pélican, que les Chinois emploient en
lui environnant le col d'un collier d'airain, pour

la garde des oiseaux domestiques, contre les oiseaux de proie : ex. les *jacanas*. L'usage économique consiste aussi dans l'éducation des gallinacés et de quelques palmipèdes pour les vendre et
les manger ; dans le besoin d'écrire avec les rames
des oies, des corbeaux, des cygnes, et de faire
des lits avec les plumes d'oies, et sur-tout celles
du canard, qui sont les meilleures. 4°. L'usage
météorologique est propre à présager les tempêtes,
les changemens de l'atmosphère, les vents, &c.

CARACTÈRES DES ORDRES
ET DES GENRES.

LES OISEAUX DE PROIE, *ACCIPITRES*, ont le
bec droit et crochu.

1. VAUTOUR, *VULTUR*, bec crochu, tête
dénudée.

2. FAUCON, *FALCO*, bec crochu, ciré à sa
base.

3. CHOUETTE, *STRIX*, bec crochu, cire o,
première ou seconde grosse plume (rame,
remix) dentée, capistrum recourbé. (V. p.
25, n°. 286, Capistrum.)

4. PIE-GRIÈCHE, *LANIUS*, bec presque droit,
cire o, émarginé, ou denté des deux côtés.

Les criards (ou *Levirostres*, selon Blumenbach, Professeur à Goettingue.)

5. Perroquet, *Psittacus*, bec ciré, crochu, langue charnue, pieds grimpeurs.

6. Toucan, *Ramphastos*, bec très-grand, irrégulièrement dentelé (*serreté*), vide, convexe, langue pennacée, pieds grimpeurs.

7. Calaos, *Buceros*, bec serreté, front osseux, pieds marcheurs.

Les glottides, *Glottides*, ont la langue très-longue. (Ce sont les pics de Blumenbach, prof. de Goettingue.)

8. Pic, *Picus*, bec polyèdre, langue très-longue lombricifoi ne.

9. Torcol, *Jynx*, bec lisse, térète, langue très-longue lombriciforme.

10. Grimpereau, *Certhia*, bec arqué, acuminé, langue aiguë.

11. Guêpier, *Merops*, bec arqué, comprimé, langue laciniée à son sommet.

12. Huppe, *Upupa*, bec arqué, obtusiuscule, langue obtuse, entière.

13. Martin-pêcheur, *Alcedo*, bec trigône droit, langue applatie, courte, charnue.

14. Sittelle, *Sitta*, bec droit, subulé, pointe cunéiforme, narines couvertes de vibrisses.

15. COLIBRI, *TROCHILUS*, bec recourbé, filiforme, tubuleux à son sommet ; langue
formée par la réunion de deux espèces de
fils.

CORBEAUX, *CORACES.*

16. ROLLIER, *CORACIAS*, bec droit, recourbé
à son sommet, comprimé ; mandibule supérieure convexe, recourbée sur l'autre par le
bout ; narines découvertes.

17. MERLES CHAUVES, *GRACULA*, bec également tranchant, comprimé, arqué, nu à sa
base ; tête déplumée dans différens endroits.

18. CORBEAU, *CORVUS*, bec droit, gros, fort ;
mandibule supérieure légèrement convexe ;
narines plumées ; plumes soyeuses.

19. L'OISEAU DE PARADIS, *PARADISEA*, bec
sous-cultré, comprimé ; sa base et le front
(capistrum) soyeux et veloutés.

20. COUROUCOU, *TROGON*, bec dentelé, court,
crochu, soyeux à sa base.

21. BARBU, *BUCCO*, bec lisse, émarginé, crochu, fendu jusqu'à sa base, garni de soies
roides ou plumes effilées.

22. CROTOPHAGE, *CROTOPHAGA*, bec rugueux,
bord anguleux.

23. CALLÆAS, *CALLÆAS*, bec recourbé, en
voûte ; barbe caronculacée *(paleare)* ; langue déchirée, ciliée.

D

24. BUPHAGE, *BUPHAGA*, bec droit, quadran-gulaire, gibbeux en dehors.

25. COUCOU, *CUCULUS*, bec à base arrondie, long, arqué, pointu; narines à bord saillant; langue longue, pointue.

26. TODIER, *TODUS*, bec droit, linéaire, tu-bulé; base munie de soies écartées.

27. CACIQUE, *ORIOLUS*, bec droit, conique, très-aigu.

PASSEREAUX, *PASSERES*.

28. ÉTOURNEAU, *STURNUS*, bec subulé, côné, pointe acérée, déprimée; narines à rebord saillant en dessus.

29. MERLE, *TURDUS*, bec émarginé, subulé; base comprimée; langue lacérée, émar-ginée.

30. COTINGA, *AMPELLIS*, bec émarginé, su-bulé; base déprimée; langue bifide.

31. GROS-BEC, *LOXIA*, bec conique, court, ové.

32. ALOUETTE, *ALAUDA*, bec subulé; langue bifide; ongle postérieur alongé, rectius-cule.

33. BRUAN, *EMBERIZA*, bec presque conique; mandibule inférieure rétrécie sur le côté.

34. TANAGARA, *TANAGARA*, bec émarginé, subulé, conoïde à sa base.

35. MOINEAU, *FRINGILLA*, bec conique, aigu, droit.

36. GOBE-MOUCHE, *MUSCICAPA*, bec émarginé, subulé, sous-trigône, cilié à sa base.

37. BEC-FIN, *MOTACILLA*, bec subulé; langue incisée, ongle postérieur de moyenne longueur.

38. MANAQUIN, *PIPRA*, bec incurvé, subulé, base trigône, plus court que la tête.

39. MÉSANGE, *PARUS*, bec subulé; langue tronquée, *capistrum* retourné.

40. HIRONDELLE, *HIRUNDO*, bec incurvé, déprimé, cilié; narines tubuleuses.

41. ENGOULEVENT, *CAPRIMULGUS*, bec recourbé, déprimé; narines tubuleuses.

GALLINACÉS; bec convexe; mandibule supérieure voûtée; cuisses emplumées.

42. PIGEON, *COLUMBA*, bec grêle, renflé par le bout; narines gibbeuses recouvertes d'une membrane charnue.

43. TETRAS, *TETRAS*, sourcils nus, papilleux ou mamelonnés.

44. FAISAN, *PHASIANUS*, joues nues, lisses.

45. PINTADE, *NUMIDA*, deux caroncules à la base des mandibules; sommet de la tête en casque; bec ciré.

46. HOCCO, *CRAX*, bec ciré à sa base; tête huppée.

47. DINDON, *MELEAGRIS*, tête nue, mamelonnée ; barbillons charnus pendans sous
le col.

48. PAON, *PAVO*, bec nu ; tête couronnée
d'une aigrette.

49. OUTARDE, *OTIS*, bec voûté ; langue émarginée ; pieds coureurs.

50. AUTRUCHE, *STRUTHIO*, bec conique ; ailes
peu propres au vol ; pieds 3- et 2-dactyles.

51. DRONTE, *DIDUS*, bec rétréci dans son
milieu, rugueux ; face nue ; ailes impennes.

LES GRALLES, *(GRALLÆ, Linn.)* bec
presque cylindrique, obtusiuscule ; cuisses nues.

52. HÉRON, *ARDEA*, (genre auquel il faut
rapporter l'agami, *psophia*) bec droit,
acutiuscule ; narines linéaires.

53. BÉCASSE, *SCOLOPAX*, bec droit, térétius-
culé, obtusiuscule ; pieds fendus.

54. L'AVOCETTE, *RECURVIROSTRA*, bec subulé, atténué, déprimé, recourbé ; pieds
palmés 3-dactyles.

55. VANNEAU, *TRINGA*, bec térétiuscule, obtus ; pouce appuyant à peine sur la terre.

56. CHIONIS, *CHIONIS*, bec conique, convexe,
comprimé ; cire cornée à rebord saillant,
déchiré ; narines ovales : au-dessous de la

cire; langue lancéolée, tronquée, sagittée; face nue, mamelonnée; pieds 4-dactyles, fendus.

57. RALE, *RALLUS*, bec comprimé, pointu, sous-caréné; corps légèrement comprimé; pieds fendus.

58. POULE-D'EAU, *FULICA*, front chauve à la base du bec; pieds 4-dactyles; doigts bordés d'une membrane plus ou moins large.

59. JACANAS, *PARRA*, caroncules charnues placées à la base du bec; pieds 4-dactyles, fendus; doigts et ongles alongés.

60. IBIS, *TANTALUS*, bec arqué, fort, tranchant, à pointe mousse; sac gulaire; face nue au-delà des yeux; pieds 4-dactyles, palmés à la base.

61. JABIROU, *MYCTERIA*, mandibule inférieure plus épaisse, à pointe un peu recourbée en haut.

62. SAVACOU, *CANCROMA*, bec ventru, cymbiforme.

63. SPATULE, *PLATALEA*, bec déprimé, spatulé; pieds 4-dactyles, sous-palmés.

64. FLAMANT, *PHŒNICOPTERUS*, bec térétiuscule, denticulé; pieds palmés, 4-dactyles.

65. PLUVIER, *CHARADRIUS*, bec térétiuscule, obtus; pieds 4-dactyles, coureurs.

66. L'HUITRIER, *HÆMATOPUS*, bec légèrement

comprimé, pointe cunéiforme; pieds 3-dactyles, coureurs.

OISEAUX NAGEURS ou PALMIPÈDES, *ANSERES;* bec obtus, ciré, renflé à sa pointe.

67. BEC-EN-CISEAUX, *RHYNCOPS, bec* ayant la mandibule supérieure plus courte que l'inférieure.

68. PAILLE-EN-QUEUE, *PHAETON,* bec pointu, comprimé verticalement, légèrement dentelé; narines oblongues.

69. HIRONDELLE DE MER, *STERNA;* bec subulé, édenté, comprimé à son sommet; narines linéaires, situées à la base.

70. MAUVE, *LARUS,* bec comprimé latéralement; mandibule supérieure arquée, l'inférieure anguleuse en dessous; narines linéaires dans le milieu du bec.

71. ALBATROSSE, *DIOMEDEA,* bec droit, crochu à sa pointe; mâchoire inférieure tronquée.

72. CANARD, *ANAS,* bec onguiculé; denticules membraneuses.

73. MERLE, *MERGUS,* bec onguiculé; denticules subulées.

74. PLONGEON, *COLYMBUS,* bec subulé, comprimé latéralement; pieds lobés, jambes

situées fort en arrière, carénées et légèrement dentées.

75. *URIA*, bec subulé, comprimé; pieds palmés, 3-dactyles; jambes situées en arrière,
lisses.

76. *GAVIA*, bec subulé, comprimé; pieds palmés, 4-dactyles.

77. PÉTRELS, *PROCELLARIA*, bec édenté,
comprimé; narines presque cylindriques
formant un tuyau couché sur la mâchoire
supérieure.

78. ALQUE, *ALCA*, bec ridé latéralement; pieds
3-dactyles; narines sur les côtés inférieurs
de la mâchoire supérieure.

79. MANCHOT, *APTENODYTES*, bec comprimé,
mâchoire inférieure tronquée; langue et
palais velus; ailes pinniformes.

80. PÉLICAN, *PELICANUS*, bec environné d'une
partie de la face qui est à nu; narines présentant une fente oblitérée.

81. AHYNGAS, *PLOTUS*, bec subulé; face plu-
mée.

*État actuel de nos connoissances sur la classi-
fication des oiseaux.*

Les naturalistes ne se dissimulent pas combien
il est difficile de classer, d'une manière méthodique
et sûre en même temps, tous les oiseaux qui nous

sont connus. Le citoyen Cuvier, dont les travaux sont faits pour nous diriger, convient que le plumage ne peut servir de base, eu égard aux différences sans nombre que lui font éprouver l'âge et le sexe ; que la difficulté de trouver des caractères fixes, et le changement graduel des formes de ces animaux, sont des obstacles très-grands pour établir des ordres et des genres aussi tranchés qu'on le desireroit. Cependant ce savant a cru devoir conserver une grande partie des familles naturelles de Linné ; et les changemens qu'il y a faits, exigent que nous exposions ici les classes telles qu'on les trouve dans son Tableau d'Histoire naturelle, en y joignant les sous-divisions nombreuses qui comprennent les descriptions des oiseaux qui se rapprochent le plus.

Les *oiseaux de proie*, les *passereaux*, les *grimpeurs*, les *gallinacés*, les *oiseaux de rivage*, et les *nageurs* ou *palmipèdes*, sont autant de tribus distinctes dans lesquelles on peut réunir tous les oiseaux connus, et ceux qui feront l'objet des principales découvertes à venir.

§. I, Les *oiseaux de proie* (*ACCIPITRES*), sont ces animaux carnivores qui ne vivent que de rapines, de cadavres et de toute espèce de chair pourrie. Le *vautour* (n°. 1) en est le premier genre. On en compte six espèces différentes. Les griffons, que Linné regardoit comme des vautours, et que Gmelin prend pour des faucons, forment, selon le citoyen Cuvier, un genre très-distinct.

LES GRIFFONS (*GYPETOS, Storr.*)

Caractères. Tête emplumée, bec alongé, droit, crochu, renflé à son extrémité; soies roides, tendues en avant sur le nez; barbe soyeuse, roide, pénicillée sous le bec; tarses courts emplumés; doigts et ongles médiocres.

Toutes les espèces du genre *Faucon* (n°. 2) sont divisées en *oiseaux de proie ignobles* et *nobles.*

Oiseaux de proie ignobles. Première penne de l'aile très-courte, quatrième plus longue; bec édenté.

Premier sous-genre. AIGLE, bec fort, droit, extrémité seule recourbée en crochet.

Second. AUTOUR et ÉPERVIERS, bec recourbé dès sa base; tarses élevés; ailes plus courtes que la queue.

Troisième. BUSE, bec gros, courbé dès sa base; ailes très-alongées.

Quatrième. MILAN, bec peu long, crochu, mince; pieds courts et foibles.

Oiseaux de proie nobles. Première penne de l'aile presqu'aussi longue que la seconde, la plus longue de toutes; bec courbé dès sa base; mandibule supérieure armée d'une dent de chaque côté.

Cette seconde division du genre comprend toutes les espèces de faucons dont on se sert pour la chasse. Elles sont au nombre de quatre, savoir, le *faucon commun*, dont le bec est armé d'une forte dent; le *gerfaut*, dont le bec est presqu'édenté; le *hobereau*, qui chasse sur-tout aux alouettes; la *cresserelle*, qui chasse les petits oiseaux et les souris; l'*émérillon*, qu'on emploie pour la chasse aux cailles.

Les *chouettes* (n°. 3) comprennent, 1°. les HIBOUX, dont la tête est surmontée de deux aigrettes plumées; 2°. les CHOUETTES *proprement dites*, dont la tête est sans aigrettes.

§. II. *Passereaux*. (PASSERES et PICÆ quædam Linnæi.) Ces oiseaux ont les pieds terminés par quatre doigts, trois en devant et un derrière; les externes sont seulement réunis par la première phalange. On en trouve dont le bec a la *mandibule supérieure échancrée vers le bout*; tels sont les *pies-grièches* (n°. 4); les *gobe-mouches* (n°. 36), divisés en trois tribus, savoir :

Les TIRANS, bec long, très-fort; mandibule supérieure arrondie sur le dos.

Les MOUCHEROLLES, bec applati, large et très-mince.

Les GOBE-MOUCHES, bec court, moins applati

que dans les précédentes ; mandibule supérieure coupée en triangle (n°. 36).

Les *merles* (n°. 29), dont on peut séparer, 1°. les FOURMILLIERS, oiseaux de l'Amérique qui ont le bec plus long, plus droit ; des tarses plus hauts ; une queue et des ailes plus courtes : 2°. les BRÈVES, oiseaux des Indes qui se rapprochent de ce genre par leur bec, leurs jambes hautes, leurs queue et ailes courtes ; les *gotingas* (n°. 30) et les *tangaras* (34).

Quelques passereaux ont *le bec droit, fort, comprimé, sans échancrure,* comme les *merles-chauves* (17), les *corbeaux* (18), les *calaos* (7), les *rolliers* (16), et l'*oiseau de paradis* (19).

D'autres ont le *bec conique.* On en trouve des exemples dans les *caciques* (27), qui sont divisés, 1°. en CACIQUES proprement dits ; bec très-gros, très-long, se prolongeant sur le front, et présentant une échancrure arrondie dans les plumes.

2°. En TROUPIALES, plus petits que les caciques ; bec plus court, échancrure frontale plus aiguë.

3°. En CAROUGES, beaucoup plus petits encore; bec très-mince.

L'*étourneau* (28) a aussi le bec conique, ainsi que les *gros-becs* (31), divisés:

1°. En GROS-BECS, bec conique à base très-grosse.

2°. En VERDIERS, qui ne diffèrent des précédens que par le moindre volume du bec dont la configuration est la même.

3°. En BOUVREUILS, bec rond, convexe de toutes parts.

4°. En COLIOUS, bec a: qué ; queue très-longue.

Le bec conique caractérise aussi les *moineaux* (35), parmi lesquels on compte les *pinsons*, qui ont le bec très-court ; les *chardonnerets*, qui l'ont terminé en une longue pointe ; les *veuves* qui ont, sur-tout, la queue très-longue : les *bruans* (33) sont également compris dans cette troisième sous-division.

La quatrième rassemble tous les passereaux dont le bec est grêle et subulé. Les *mésanges* (39), les *manakins* (38), les *alouettes* (32) et les *becs-fins* (37), dont on peut séparer, suivant le citoyen Cuvier, les LAVANDIÈRES et les BERGERONNETTES, qui ont les tarses élevés, la queue longue et recouverte par les dernières plumes de l'aile.

Les *hirondelles* (40), les *engoulevents* (41), ont un bec très-court, applati horizontalement, et à fente profonde ; ils forment la cinquième sous-division.

Dans la sixième, les passereaux ont *le bec*

grêle, très-alongé, fort. Les *sitelles* (15), les *grimpereaux* (11), s'y trouvent compris, ainsi que les *colibris* (10) à bec arqué, également aiguisé; les OISEAUX-MOUCHES à bec droit, renflé par le bout; les *huppes* (15), le *momot*, les *guépiers* (12) et les *martins-pêcheurs* (14).

Le MOMOT, genre nouveau séparé des *toucans* par le citoyen Cuvier, qui le caractérise à-peuprès ainsi :

Mandibules du bec dentelées; queue longue dont les pennes moyennes sont ébarbées de la longueur d'un pouce, un peu au-dessus de leur pointe; doigts moyens et externes réunis jusqu'à l'ongle.

Couleur. Verd en dessus, orangé en dessous; queue d'un bleu céleste; cercle noir autour de l'œil.

§. III. *Grimpeurs* (SCANSORES). Outre les *grimpereaux et les sitelles*, qui grimpent sur les arbres et les parcourent de branche en branche pour chercher leur nourriture, il est encore d'autres oiseaux qui méritent plus particulièrement le nom de grimpeurs, si l'on considère la structure de leurs pieds qui les rend plus propres à cette fonction. Ils ont quatre doigts, dont deux en arrière, et deux en avant; disposition qui leur permet de saisir plus étroitement les branches auxquelles ils s'accrochent. Ils forment deux soutions, l'une à *bec grêle*, et l'autre à *gros bec con-vexe*.

Les *jacamars*, les *pies* (8), le *torcol* (9), les *coucous* (25), sont dans la première.

Les *jacamars* forment un genre qui ne se trouve pas dans Forster. Ils ne diffèrent des martins-pêcheurs que par la disposition de leurs doigts qui est la même que celle des grimpeurs.

Les *couroucous* (20), les *barbus* (21), les *toucans* (6), les *perroquets* (5), dont les uns appelés KAKATOES ont la tête ornée d'une huppe mobile, qui manque aux PERROQUETS proprement dits ; dont les autres, nommés ARAS, présentent sur chaque joue une grande tache déplumée qui ne se remarque pas dans les PERRUCHES, sont autant de genres qui appartiennent aux grimpeurs à gros bec convexe.

§. IV. Les *Gallinacés* (GALLINÆ, Linn.) comprennent presque tous les oiseaux que nous élevons dans nos basse-cours. Ils se nourrissent ordinairement de grains, et ont des caractères assez tranchés qui les distinguent les uns des autres.

On trouve dans cette famille les *pigeons* (42), les *tetras* (45), dont on fait trois sous-genres.

1°. TETRAS, tarses emplumés ;

2°. PERDRIX, tarses nus ; sourcils rouges ;

3°. CAILLE, tarses nus; tache déplumée derrière l'œil.

Les *paons* (43), les *faisans* (44), la *pintade* (45), le *dindon* (47), les *hoccos* (46), les *guans* et les *outardes* (49).

Première observation. Le citoyen Cuvier sépare les coqs des faisans, et il en fait un sous-genre ainsi caractérisé :

Coq (*GALLUS*), crête charnue sur la tête; barbillons charnus sous le bec; pennes de la queue formant deux plans verticaux adossés l'un à l'autre.

Seconde observation. Le même naturaliste sépare le suivant des hoccos.

GUAN (*PENELOPE*, nouv. genre), base du bec dépourvue de cire ou de membrane molle; tête garnie de quelques plumes, dénudée dans différens endroits, souvent tuberculée et caronculée.

Linné termine l'ordre des gallinacés par l'autruche (50), et le *dronte* (51). On a distrait du premier genre le *casoar* et le *touyou*.

CASOAR, tête nue, ainsi qu'une partie du cou; l'une et l'autre partie rouge et bleue: barbillon grêle pendant de chaque côté; casque osseux, brun sur la tête; barbes des plumes courtes et criniformes; ailes très-courtes, ébarbées et piquantes; pieds tridactyles; bec courbe et comprimé.

64 MANUEL

Touyou, pieds ayant trois doigts dirigés en avant, tubercule rond et calleux en arrière.

§. V. *Oiseaux de rivage*, (GRALLÆ, Linn.) tarses élevés, bas des jambes nu ; se nourrissant de poissons ou de reptiles, de vers ou d'insectes ; base du doigt extérieur unie à celui du milieu, au moyen d'une membrane courte ; pouce quelquefois o.

On divise ces oiseaux en ceux qui ont le bec *gros et court,* parmi lesquels on range :

1°. L'AGAMI (*PSOPHIA*), oiseau long de deux pieds, à jambes hautes ; bec conique, voûté ; plumage noirâtre ; poitrine couverte d'une tache d'un bleu brillant ; croupion recouvert de plumes longues et cendrées.

Observation. Cet animal fait entendre un son sourd, qui l'a fait nommer *crépitant.*

2°. Le KAMICHI (*PALAMEDIA*), bec court et crochu par le bout ; doigts et jambes d'une énorme longueur ; front armé d'une corne longue et grêle ; ailes à deux éperons ; ongle du pouce alongé, droit comme dans les allouettes.

Ces deux genres sont de l'Amérique méridionale.

3°. Le MESSAGER (*SERPENTARIUS*), bec semblable à celui d'un oiseau de proie ; nuque aigrettée ou recouverte d'un faisceau de plumes longues et roides.

Le

Le *savacou* (62), le *flamant* (64), sont aussi de cette première division.

Les oiseaux *à bec long et fort* sont les *hérons* (52) proprement dits, qui ont l'ongle du doigt du milieu dentelé à son bord interne ; yeux entourés d'une peau nue, et implantés très-près du bec.

Les CIGOGNES (sous-genre du précédent) n'en diffèrent que par l'ongle du doigt du milieu qui n'est pas dentelé, et par l'œil qui est plus éloigné de la base du bec.

Les GRUES ont le bec beaucoup moins long que les deux oiseaux précédens; leur tête est largement déplumée; et elles se trouvent avec le *jabirou* (61), l'*ibis*(60), dans la seconde section. Les *spatules* (63) forment à eux seuls une troisième section. Ils ont le bec long, foible, applati horizontalement. L'*avocette* (54), le *pluvier* (65), le *vanneau* (55), la *bécasse* (53), dont on distingue le COURLI, dont le bec est long, mais arqué vers le bas, ont en général *le bec grêle, long* et *foible,* et constituent la quatrième section. La cinquième comprend l'*huitrier* (66), le *râle* (57), la *poule-d'eau* (57) et les *jacanas* (59) qui ont *le bec médiocre, comprimé par les côtés.*

§. VI. *Oiseaux nageurs ou palmipèdes* (ANsÈRES, Linn.). Jambes et cuisses courtes; tarses courts et souvent comprimés sur les côtés; doigts

E

réunis par des membranes; plumage épais, serré, garni de duvet.

Première section. *Pieds dont les quatre doigts sont unis dans une seule membrane.*

Les *pélicans* (80), divisés, 1°. en ceux qui ont le bec long, applati en dessus; sac pendant sous la gorge.

2°. En CORMORANS; bec comprimé, à bout crochu; queue longue, roide et égale.

3°. En FRÉGATES; bec très-crochu par le bout; queue fourchue.

4°. En FOUS; bec droit, pointu, à crochet terminal, légèrement dentelé; queue égale et de la longueur des ailes.

Le *paille-en-queue* (68), et les *ahingas* (81).

Deuxième section. *Pouce libre ou nul; bec édenté; ailes très-longues.*

Les *hirondelles de mer* (69), les *mauves* (70), le *bec-en-ciseaux* (67), les *pétrels* (77), l'*albatrosse* (71).

Troisième section. *Pouce libre; bec large, dentelé; ailes médiocres.*

Les *canards* (72) et les *harles* (73).

Quatrième section. *Pouce libre ou nul; pieds si en arrière du corps, qu'ils servent peu à la marche; bec édenté; ailes très-courtes.*

Les PLONGEONS (74) proprement dits, qui ont les pieds tout-à-fait palmés.

Les GRÈBES, pieds lobés, ou échancrés entre les doigts;

Les *alques* (78), divisés en GUILLEMOTS; bec droit, étroit et pointu;

En MACAREUX: bec d'une longueur presqu'égale à sa hauteur, arrondi en devant;

En PINGOUINS; bec long, haut, obtus; ailes non propres au vol. Enfin, les *manchots* (79) composent cette quatrième section, et forment le dernier genre de la famille des oiseaux. (LÉVEILLÉ.)

SECONDE PARTIE.

ICHTHYOLOGIE.

I. THÉORIE.

A. **GENRE,** *nom très-choisi.*

La figure et les tégumens du corps; la structure, la figure de la tête et des parties qu'elle comprend; et sur-tout la membrane *branchios-tège*, doivent former le caractère naturel et essentiel du genre.

La classe et l'ordre doivent appartenir *au système le plus estimé.*

Il fant démontrer un ordre naturel, et la connexion des genres.

B. **ESPÈCE,** nom *trivial.*

Que la différence spécifique à désigner soit très-*sûre*, très-courte; qu'elle dérive sur-tout des barbillons, de la longueur des mâchoires, du nombre des nageoires, de leur situation, figure, structure et de leur proportion; des aiguillons, de la ligne latérale, des articulations, de la queue et à peine de la couleur.

C. CRITIQUE. Etymologie du nom *générique* et *spécifique*.

L'inventeur et le temps où il vivoit:

Erudition historique, critique, ancienne.

II. DESCRIPTION.

LES PARTIES EXTÉRIEURES d'un poisson sont celles que l'on doit considérer, examiner et décrire les premières; ce sont aussi celles qui peuvent être observées sans aucune préparation anatomique.

§. I. *Du corps en général.*

Il est :

1. Comprimé sur les côtés, *corpus catheto-* *Figure.* *plateum*, diamètre perpendiculaire plus long que l'horizontal.

2. Déprimé, *plagioplateum*, diamètre horizontal et transversal excédant le perpendiculaire.

3. Térète, *teres*, presque cylindrique, sans angles.

4. Ancipité, *anceps*, deux angles opposés aigus ; disque plus convexe.

5. Tranchant, *cultratum*, dos presque plat, anguleux en dessous.

6. Caréné, *carinatum*, dos arrondi, partie inclinée du ventre aiguëlongitudinalement.

E 5

7. Ové, *ovatum*, diamètre longitudinal plus long que le transversal, base circonscrite par un segment de cercle, sommet plus ré-tréci.

8. Orbiculé, *orbiculatum*, périphérie circi-née, diamètre longitudinal et transversal égaux.

9. Oblong, *oblongum*, diamètre longitudinal quelquefois plus long que le transversal.

10. Ensiforme, *ensiforme*, ancipité, insensi-blement atténué de la tête vers là queue.

11. Lancéolé, *lanceolatum*, oblong, atténué par chaque extrémité.

12. Globeux, sphérique, *globosum*, arrondi de toutes parts.

13. Annulé, *annulatum*, corps couvert d'an-neaux ou de lignes élevées qui les simulent.

14. Articulé, *articulatum*, formé de lames concaténées.

15. Trigône, tétragône, *trigonum*, *tetrago-num*, à trois ou quatre angles saillans, lon-gitudinaux, latéraux, exactement plans.

16. Polygône, *polygonum*, cinq, six angles saillans, &c.

17. Diacanthe, triacanthe, polyacanthe, *di-tri-polyacanthum*, deux, trois ou plusieurs aiguillons.

18. Cunéiforme , *cuneiforme* , insensiblement rétréci vers la queue.

19. Conique , *conicum* , térète, mais décroissant insensiblement vers la queue.

20. Ventru, *ventricosum*, ventre saillant.

21. Tubéreux ou gibbeux, *tuberosum seu gibbum*, dos saillant, surface convexe.

22. Alépidote, nu, *alepidotum*, *nudum*, sans écailles. *Surface.*

23. Écailleux, *squammosum*.

24. Macrolépidote , *macrolepidotum* , écailles longues. *Tégumens.*

25. Glabre ou lisse, *glabrum seu leve*, écailles ni anguleuses, ni sillonnées, ni rudes, ou inégales.

26. Gluant, *lubricum*, enduit d'un mucus ou d'une humeur tenace.

27. Rude, tuberculé, *scabrum*, *tuberculatum*, surface hérissée de tubercules saillans.

28. Mamelonné , *papillosum* , recouvert de points charnus au lieu d'écailles.

29. Cataphracté , *cataphractum* , peau dure, calleuse, ou écailles presqu'osseuses adnées, distinctes et faciles à compter.

30. Cuirassé, *loricatum*, tégumens osseux, ou écailles si étroitement unies entr'elles, qu'elles ne semblent en former qu'une seule.

31. En bandelettes, *vittatum*, corps distinct par des zônes longitudinales qui se portent latéralement de la tête à la queue.

32. Zoné, *fasciatum*, zônes transverses du dos au ventre.

33. Linéé, *lineatum*, lignes très-étroites éparses.

34. Réticulé, *reticulatum*, s. *cancellatum*, lignes croisées de la tête à la queue, par d'autres transversales, de manière à s'entrecouper.

35. Ponctué, *punctatum*, série longitudinale de points qui peuvent aussi être disposés sans ordre.

36. Bicoloré, *bicoloratum*, couleur d'un côté différente de celle qu'on remarque sur l'autre.

37. Panaché, *variegatum*, diversement coloré.

38. Maculé, *maculatum*, le plus grand nombre des parties du corps, distinct des autres par une couleur différente.

§. II. *Examen de chaque partie isolée du corps.*

DE LA TÊTE.

Figure. 39. Obtuse, *caput obtusum*, terminée entre un segment de cercle.

40. Tronquée, *truncatum*, terminée par une ligne transversale.

41. Aiguë, *acutum*, terminée par un angle aigu.

42. Sous-quarrée, *subquadratum*, figure presque quarrée.

43. Descendante, *descendens*, insensiblement
arquée depuis les yeux jusqu'à l'écartement
des mâchoires. *Déclive*.

44. Cunéiforme (18), trigône, tétragône (15).

45. Plus étroite ou plus large que le corps, courte, *Proportion.*
petite, rostrée, alongée, tendue, étroite,
large, ample, proportionnée, médiocre,
plane, et épaisse.

46. Écailleuse (23), nue (22), cataphractée (29), *Tégumens*
cuirassée (30), glabre (25), mamelon- *et surface.*
née (28), rude (27).

47. Aiguillonnée, *aculeatum*, armée de tubercules épineux ou d'aiguillons.

48. Tuberculée, *tuberculatum*, éminences ou
cals obtus et endurcis.

49. Vrille, barbillon, *cirrhus*, appendice séti- *Appendices.*
forme membraneux, mobile, simple, pen-
dant sur les côtés des mâchoires ou de la
bouche.

50. Souvent il n'en existe point; d'autres fois on
en trouve un seul ou plusieurs à la mâchoire supérieure seulement, ou bien à
toutes les deux; ou bien encore dans les
angles de la bouche.

51. Lorsque ces appendices existent, ils sont
ou plus courts ou plus longs que la tête
ou de la même longueur. *Exiguæ, magnæ,*

mediocres. Une tête est imberbe, lorsqu'elle est dépourvue de cirrhes.

52. Les narines sont cirrhifères dans une espèce de gade.

53. Tentacule, *tentaculum, pinnula*, appendice soyeux, membraneux, mobile, souvent disséqué en forme d'aigrette, situé entre les yeux et les narines ou derrière ces organes ; d'où les différences en tête *aigrettée* et non *aigrettée*.

54. Le bouclier, *clypeus*, est un corps applati, ovale, émarginé, formé de lames transverses, parallèles, pectinées ; d'où *tête recouverte d'un bouclier.*

55. Les aiguillons sont des osselets simples, piquans, rarement bifides, nus, non recouverts de membranes comme ceux des nageoires. On dit tête aiguillonnée et sans armes, *caput aculeatum et inerme.*

56. La bouche, *os*, est une cavité terminée en devant par la gueule, sur les côtés par les opercules des branchies, en arrière par le gosier, en haut et en bas par le palais. Elle renferme les dents, la langue et les os palatins.

57. La fente, *rictus*, écartement antérieur des mâchoires.

58. Elle est *supère*, si elle occupe la partie supé-

rieure de la tête; *verticale*, si elle descend
perpendiculairement ; *infère*, lorsqu'elle
est au-dessous du museau ou à la partie la
plus déclive de la tête ; *transversale*, *horizontale*, enfin *oblique*.

59. On l'a nommée arquée, *arcuatus*, lorsqu'elle
décrit une courbe. L'opposé est linéaire ou
droit. Elle peut encore être circulaire ou
annulaire, tubuleuse ou fistuleuse, à orifice étroit, arrondi, profond. Elle est encore camarde, camue, *rictus simus*, si elle
n'est ni saillante ni profonde; médiocre et
proportionnée, c'est-à-dire environ de la
largeur de la tête ; elle est aussi grande, petite, très-petite, &c. relativement à ses proportions avec la tête.

60. LE MUSEAU, *ROSTRUM*, est la partie antérieure de la tête qui s'étend depuis les yeux
et les narines jusqu'au sommet des mâchoires.

61. Il est obtus (39), aigu (41), cuspidé, *rostrum
cuspidatum*, terminé par une soie roide,
cylindrique; fistuleux, tubuleux en dedans (58), déprimé (2), bifide, fourchu,
lobé, ou divisé en deux ou plusieurs parties.

62. Il est encore comprimé (2), ancipité (4), tri-
tétraquètre à trois ou quatre côtés exacte-

ment plans : infléchi, *inflexum*, lorsqu'il est en partie ou totalement recourbé en haut ; enfin défléchi, s'il est incurvé en en-bas.

63. Sa longueur doit être considérée relativement à la tête ou à la totalité du corps.

64. MACHOIRES, *MAXILLÆ*, subulées, *subulatæ*, linéaires à la base, d'où elles sont insensiblement atténuées vers le sommet.

65. Plagioplatées, déprimées (2), aiguës (41).

66. Carénées, *carinatæ*, partie interne ou externe de la mâchoire inférieure, saillante longitudinalement en dedans ou en dehors.

67. Nues, dénudées, sans lèvres ; labiées, *labiatæ* ; bilabiées, *bilabiatæ*, à une ou à deux lèvres ; édentées, dentées ou denticulées.

68. Égales en longueur, ou la supérieure plus longue que l'inférieure, et *vice versâ* ; très-petites, médiocres, très-grandes comparativement à la masse du corps.

69. Supères ou infères (57), terminales ou moyennes ; mobiles, *mobiles*, susceptibles de contraction ou de relâchement ; immobiles, &c.

70. Cirrhifères (52) ; souvent il n'y a de barbillon qu'à la mâchoire supérieure où à l'inférieure, imberbes (51), rudes (27).

71. Vaginées, *vaginatæ*, bord d'une mâchoire recouvrant celui de l'autre.

72. Voûtées, *fornicatæ* ; voile membraneux intérieur, fixe en devant, libre en arrière ; renfermant la langue du poisson entre le haut ou le bas de la bouche, ou qui chasse l'eau hors de cette cavité.

73. Les MOUSTACHES, *MYSTACES*, sont deux osselets qui réunissent la mâchoire supérieure avec l'inférieure, situés sur les côtés de la mâchoire supérieure, propres à faciliter l'ouverture de la bouche.

74. Les LÈVRES, *LABIA*, se remarquent dans un très-petit nombre de poissons, et principalement dans les *spares* et les *labres*.

75. Les DENTS, *DENTES*, se remarquent aux deux mâchoires, sur elles et sur la langue en même temps ; tantôt les mâchoires, la langue et le palais en sont pourvus ; tantôt toutes ces parties et le gosier aussi. On en trouve quelquefois les mâchoires et le gosier seulement pourvus ; enfin, ce sont le palais, le gosier et les mâchoires qui en sont armés.

76. Elles sont granuleuses, *granulosi*, de la grosseur et de la figure d'une petite graine ; aiguës (41), obtuses et granuleuses (9), coniques (19), planes ou côtés comprimés,

semi-sagittées, *semi-sagittati*, ayant un
seul côté figuré comme un hameçon; subulées (63), acérées, linéaires, minces, très-
aiguës.

77. On les trouve encore serretées, *serrati*, ayant
le bord garni de dentelures presque toujours triangulaires et dirigées vers le sommet. Droites, recourbées en arrière, *retroflexi*, semi-coniques, *semi-conici*, cône
partagé en deux, de manière qu'un côté est
plat et l'autre convexe.

78. Émarginées, *emarginati*; sommet légèrement bifide.

79. En considérant leur longueur, elles paroissent
inégales ou égales entr'elles, très-petites,
très-grêles, médiocres.

80. Parallèles, *paralleli*, leur situation, leur longueur et la figure étant les mêmes.

81. Divergentes, *divergentes*, écartées par leurs
sommets.

82. Dissemblables, *dissimiles*, les unes aiguës et
les autres obtuses; c'est-à-dire molaires ou
incisives.

83. Nulles; en ordre, *ordinati*; serrées ou écartées, *conferti vel sparsi*; mobiles ou immobiles à leur base.

84. LA LANGUE, *LINGUA*, aiguë(41), subulée(63),
obtuse (59), entière, bifide, carénée ou

anguleuse en dessous, charnue, épaisse, cartilagineuse, mamelonnée (28), glabre ou dépourvue de papilles et de dents, rude (27), denticulée, garnie de dents semblables et de même longueur, dentée ou garnie de dents différentes entr'elles.

85. Elle est libre, mobile, si elle n'est fixée par aucun ligament ; dans le cas contraire, on la dit immobile.

86. Les mâchoires en voûte la font regarder comme vaginée, *vaginata.*

87. Le PALAIS, *PALATUM*, partie intérieure de la bouche comprise depuis la fente jusqu'à l'œsophage ; la partie la plus profonde regarde aussi le palais et forme le gosier.

88. On le dit glabre (25), rude (27), denté, denticulé (85), édenté (66), tuberculé (48), et papilleux (28).

89. Les os PALATINS sont ordinairement au nombre de quatre, deux de chaque côté, ovés, presque plans ; souvent couverts d'aspérités nombreuses et serrées ; surface rude et tuberculeuse, ou sillonnée par des rides transversales ; mutuellement unis par leur sommet et par leur base. Ils ont aussi des connexions cartilagineuses aux quatre branchies des deux côtés.

90. Les NARINES, *NARES*, sont des ouvertures de

l'organe olfactif, presque toujours situées sur le museau et au-devant des yeux.

91. Elles sont marginales, *nares marginales*, sur le sommet du museau, antérieures ou moyennes.

92. Postérieures, *postremæ*, creusées près ou au-dessus des yeux.

93. Supérieures, *supremæ*, sur le haut de la tête, entre les yeux auxquels elles sont contiguës.

94. Écartées, *remotæ*, ouvertures distantes l'une de l'autre.

95. Rapprochées, *proximæ*; communicantes dans la bouche, en arrière ou sous la lèvre postérieure, et invisibles ou oblitérées en dehors.

96. On les voit encore arrondies, ovales (8), oblongues (9), tubuleuses, fistuleuses, cylindriques (58), solitaires, lorsqu'il n'y a qu'une ouverture de chaque côté; doubles, *binæ seu geminæ*, inégales, petites, &c.

97. Les YEUX sont les organes de la vue, et au nombre de deux.

98. Ils sont verticaux, supères, latéraux ou moyens, selon qu'ils sont situés à la partie supérieure, latérale ou moyenne de la tête.

99. Binés, *binati*, situés tous les deux sur un seul

seul et même côté, à droite ou à gauche, *sinistri seu dextri.*

100. Rapprochés ou écartés, *approximati seu remoti*, plus ou moins éloignés l'un de l'autre ; marginaux, antérieurs, presque sur le sommet du museau, dont on les dit voisins s'ils occupent le milieu entre lui et le front ; dont on les dit postérieurs, s'ils en sont écartés, et rapprochés du front.

101. Les yeux applatis, *oculi plani,* ne dépassent pas le rebord de l'orbite ; le contraire a lieu pour ceux qui sont convexes ; et on appelle protubérans, saillans, *protuberantes,* ceux qui dépassent beaucoup la surface de la tête.

102. Ils sont globeux, oblongs (9), ovés (7), grands, proportionnés, médiocres, très-petits.

103. Ou une membrane clignotante les environne de toutes parts ; alors ils sont couverts, *tecti :* ou elle ne les recouvre qu'en partie, en forme d'arc ou de croissant, ou en anneau perforé ; alors ils sont à moitié couverts, *semi-tecti :* enfin ils sont nus, *nudi,* si la peau ou les tégumens communs du corps les recouvrent seulement.

104. PUPILLE, *PUPILLA*, cristalline, globeuse ou oblongue.

105. IRIS, *IRIS,* cercle coloré qui environne la

pupille, et souvent figuré comme un anneau distinct.

106. Les OPERCULES DES BRANCHIES sont la partie
postérieure des mâchoires, sur-tout de la
supérieure, susceptible de mouvement, et
située de chaque côté de la tête proche les
yeux. Ils forment l'ouverture branchiale,
recouvrent et défendent les branchies, et
soutiennent la membrane branchiale.

107. Ils sont simples, *opercula branchialia simplicia*, s'ils ne sont composés que d'une
seule et simple lame.

108. Di-tri-tétraphylles, de deux-3-4-lames.

109. Osseux, *ossea*, d'une substance osseuse,
dure et non flexible.

110. Flexibles, mous, *flexilia*, *mollia*; charnus,
carnosa, recouverts d'une substance musculaire et d'une peau épaisse et adipeuse.

111. Sous-arqués, *subarcuata*, bord post. arrondi;
acuminés, *acuminata*, lame postérieure
terminée en angle aigu.

112. Dimidiés, *dimidiata*, ne recouvrant pas entièrement, mais en partie, l'ouverture
branchiale.

113. Fistuleux, *fistulosa*, ouverture branchiale
comme creusée dans la substance des opercules.

114. Ciliés, *ciliata*, appendices cutanés, parallèles
et longitudinaux sur les bords.

115. Fermés, *clausa*, *frænata*, annexés à la peau
adnée au tronc ; libres, mobiles, *libera*,
mobilia, susceptibles de s'élever et de
s'abaisser.

116. Solitaires, *solitaria*, un de chaque côté ;
nuls, *nulla*, ouverture branchiale écar-
tée, dénudée (dans les *branchiostèges*).

117. Les opercules sont encore proportionnés,
très-petits, glabres (25), rudes (27), cui-
rassés (30), striés ou garnis de lignes parallèles excavées ; radiés, *radiata*, lorsque
les stries se portent en rayonnant du centre
à la circonférence ; gravés, *cœlata*, lorsqu'elles sont creusées de rayons épars disposés sans ordre ; aiguillonnés, *aculeata*,
à bord garni d'un ou de plusieurs points.

118. On les dit encore serretés, si les incisures du
bord sont dirigées vers leur sommet ; luci-
des, brillans, *lucida*, *nitida* ; nus, *nuda*,
dépourvus d'écailles et de peau ; alépidotes,
alepidota, dépourvus d'écailles seulement ;
enfin écailleux, *squammosa*.

119. MEMBRANE BRANCHIALE, *MEMBRANA BRAN-
CHIALIS*. C'est une nageoire formée d'osselets ou de rayons osseux ou cartilagineux,
recourbés et recouverts par une membrane
très-mince. Elle adhère aux opercules, et
se trouve cachée sous leur bord ; elle peut se

replier et s'étendre, et est principalement utile pour la respiration.

120. Uniradiée, *uniradiata*, formée d'un seul rayon, de deux ou de trois, &c.

121. Ouverte, apparente, étalée, *patens*, *apparens*, *expansa*, excédant le bord de l'opercule.

122. A demi ouverte, *semi-patens*, non recouverte entièrement par les opercules.

123. Invisible, cachée, resserrée, *inconspicua*, *retroacta*, *occulta*, remarquable par la rupture de l'opercule.

124. Couverte, *tecta*, cachée par les opercules qui permettent cependant de la voir sans les rompre.

125. Épaisse, *crassa*, formée d'une chair grasse, ample, large, gulaire, *gularis*; inférieure, *infima*, c'est-à-dire, située en dessous dans la gorge; latérale, *lateralis*, située sur les côtés du corps.

126. OUVERTURE BRANCHIALE, *APERTURA BRANCHIALIS*, fente communicante dans la bouche entre les opercules et le tronc au moyen des branchies.

127. Elle est gulaire, latérale (125), cervicale à la partie supérieure de la tête; occipitale ou à la nuque, *cervicalis seu occipitalis*; arquée, tubuleuse, fistuleuse (113), ram-

pante ou à bord flexueux ; ovée, ayant un limbe plus ouvert que l'autre ; très-petite, médiocre, très-ample.

128. Operculée, *operculata*, entièrement recouverte par les opercules, et demi-nue, *seminuda*, opercule dimidié la recouvrant seulement en partie.

129. NUQUE, *NUCHA*, partie postérieure de la tête réunie au tronc.

DU TRONC.

130. Le *tronc* est cette partie du corps qui s'étend depuis l'ouverture branchiale jusqu'à l'extrémité de la queue, sans y comprendre les membres.

131. Les BRANCHIES, *BRANCHIÆ*, sont les organes de la respiration situés entre le tronc et la tête. Elles sont ordinairement formées de quatre osselets falciformes, inégaux, incombans, pectinés en dehors pour chasser l'eau du gosier, ensuite pour la jeter ou l'exprimer à l'aide de la mobilité des opercules et de la membrane branchiostège.

132. Rapprochées, *vicinæ*, correspondantes à la même ouverture branchiale.

133. Operculées (128), dénudées, sans opercules ; latérales et occipitales (127) ; cachées, invisibles (123) ; resserrées, *retroactæ*, moins visibles et cachées proche le gosier.

134. Simples, égales, ou toutes de la même nature.

135. Anomales, *anomales*, quelques-unes ciliées, d'autres tuberculées ou de diverse structure.

136. Tuberculées, *tuberculatæ*, partie intérieure garnie d'osselets en forme de tubercules, dont l'absence les rend glabres et lisses, *glabræ, inermes*.

137. Pectinées, ciliées, *pectinatæ, ciliatæ*, partie extérieure garnie de rayons soyeux ou lamellés vers l'ouverture branchiale; aiguillonnées (117).

138. Le GOSIER, *GULA*, partie du tronc au-dessous des branchies.

139. Il est ventru, *ventricosa*, renflé en bas ; caréné, *carinata*, anguleux en dessous ; plan, *plana*, à surface égale.

140. Le THORAX, *THORAX*, partie du tronc commençant à l'extrémité du gosier; terminée par une ligne conduite jusqu'à l'origine des nageoires pectorales.

141. Le DOS, *DORSUM*, partie supérieure du tronc, depuis la nuque jusqu'à la base de la queue.

142. Aptérygien, *apterygium*, sans nageoires ; mono-di-triptérygien, à 1, 2, 3 nageoires ; convexe, arqué, droit, caréné.

143. Sillonné, *sulcatum*, creusé par un petit enfoncement pour loger la nageoire dorsale.

144. Serreté, *serratum*, double lame serretée pour recevoir la nageoire dorsale sur le haut du dos ; enfin, applati.

145. Les côtés, *LATERA*, partie du tronc qui, comprise entre le dos et l'abdomen, se porte depuis les branchies jusqu'à l'anus.

146. Abdomen, *ABDOMEN*, partie inférieure du tronc située entre le thorax et le commencement de la queue.

147. Caréné, serreté, ou carène formée par des écailles écartées à leur sommet ; applati ; renflé, saillant, ventru ; c'est-à-dire gonflé en bas.

148. On appelle LIGNE LATÉRALE, *LINEA LATERALIS*, celle que l'on peut tracer sur les côtés depuis la tête jusqu'à la queue, depuis l'endroit dépourvu d'écailles, de tubercules ou de carène.

149. Droite, *recta*, sans courbure depuis la tête jusqu'à la queue ; recourbée, *curva*, visiblement flexueuse ; brisée, *infracta*, coupée à angle aigu ou obtus par une autre ; rompue, *abrupta*, divisée en deux ou plusieurs parties non contiguës ; descendante, *descendens*, s'étendant obliquement de la tête ou de la nuque jusqu'à la queue ;

oblitérée ou peu prononcée, à peine visible, *obliterata*, *obsoleta*.

150. Supère, *supera*, très-rapprochée du dos ; infère, *infera*, à la partie inférieure du côté ; moyenne, *media*, située dans le milieu du côté.

151. Nulle, solitaire, double, *nulla*, *solitaria*, *gemina seu duplex*, s'il n'y en a point, s'il n'y en a qu'une ou deux.

152. Mutique, lisse, glabre, ou destituée de tubercules ; aiguillonnée, *aculeata* (117), bandelettée (31), poreuse ou percée de trous poreux; cuirassée (30), hérissée d'osselets ou de tubercules écailleux.

153. Anus, *ANUS*, orifice externe de l'intestin rectum.

154. Gulaire, *gularis*, sous les opercules des branchies ; pectoral, *pectoralis*, proche la poitrine au-dessous des branchies; antérieur, *anticus*, près la tête; éloigné, *remotus*, près la queue ; moyen, *medius*, occupant le milieu entre la tête et la queue.

155. Queue, *CAUDA*, partie solide du tronc formée par les vertèbres et les muscles lombaires, située derrière l'anus et terminant le tronc.

156. Térète (3), tétragône (15), carénée (139), anguleuse ou carénée sur les côtés; mur-

quée, *muricata*, garnie de pointes ou de tubercules ; apterygienne, dipterygienne (142) ; terminée par une nageoire, *pinnata*.

157. Écailles, *squammæ*, corpuscules transparens, cartilagineux ou cornés, qui recouvrent le corps des poissons.

158. Imbriquées, *imbricatæ*, se recouvrant mutuellement, et plus qu'à moitié ; distantes, *remotæ*, éloignées et ne se touchant nullement par leurs surfaces.

159. Situées seulement sur la tête et le corps, sur le tronc, sur les nageoires ; verticillées, *verticillatæ*, disposées de manière à représenter des anneaux autour du corps.

160. Nulles, rares, *raræ*, très-écartées les unes des autres ; serrées, très-nombreuses et étroitement imbriquées.

161. Ovales, orbiculées (96), anguleuses ; caduques, lâches, *caducæ*, *laxæ*, faciles à tomber ; ténaces, *tenaces*, fortement inhérentes au corps.

162. Flexibles (110), glabres (25), striées (117), rudes, ponctuées (35), ciliées (114), serretées ou à bords découpés en pointes.

163. Amples, petites et minces, très-petites.

164. Additions, *additamenta* ; examen des

différentes parties du tronc qui ne s'observent pas dans tous les poissons.

165. FAUSSES NAGEOIRES, *PINNÆ SPURIÆ*, nageoires cutanées, dépourvues de rayons propres à les soutenir.

166. Longitudinales, insérées longitudinalement au dos ou à l'abdomen ; obliques, insérées obliquement de côté et d'autre ; *longitudinales, obliquæ.*

167. DOIGTS, *DIGITI*, appendices cartilagineux, soyeux, souvent articulés, libres entre les nageoires pectorales et ventrales.

168. CUIRASSE, *LORICA*, coquille osseuse, squammiforme, qui recouvre tout le corps ou une seule partie.

169. CORSELET, *SCUTELLA*, corps spongieux, charnu, sous-orbiculé, concave, marginé, placé sous l'abdomen et le thorax, propre à fixer le corps aux rochers pendant la succion ; souvent formé par la réunion des nageoires ventrales, quelquefois situé entre les nageoires ventrales qui sont elles-mêmes libres. *Scutella*, Gouan. *Acetabulum, cotyledon, pinnæ cotyloïdeæ*, Pallas. *Pinnæ ventrales in orbiculum connatæ*, Artedius et Linné. *Cotula*, Pallas, dans les cycloptères et quelques gobies.

DES MEMBRES.

170. Les membres sont les nageoires, c'est-à-dire parties du corps radiées au moyen de petits osselets disposés entre les replis d'une membrane environnante, et propres à la natation.

171. Rayons, *radii*, osselets ou tendons, articulés, inermes, flexibles, dichotomes. Les *malacoptérygiens*.

172. Aiguillons, épines, *aculei*, *spinæ*, osselets très-simples, ni articulés, ni dichotomes, rigidiuscules, piquans. Les *acanthoptérygiens*.

173. Rayons simples, articulés, flexibles, inermes, non dichotomes.

174. Nageoires dorsales, pectorales, ventrales, anale, caudale, branchiale, branchiostège.

175. Nageoires simples, formées de rayons ou de piquans.

176. — composées, de différens osselets (de rayons et de piquans).

177. NAGEOIRES DORSALES, nageoires insérées sur le dos, verticalement étendues.

178. *Longitudinales*, de la longueur du corps; *semi-longitudinales*, n'en occupant qu'une moitié; *occipitales*, situées proche la nuque; *scapulaires*, entre la nuque et le

milieu du dos ; moyennes , équilibrantes ,
placées en équilibre ; lombaires, *lombares,*
près l'équilibre, proche la queue ; distinctes,
distinctæ, séparées les unes des autres et
de la queue ; rapprochées ; écartées ; réunies, *coalitæ, adnatæ,* plusieurs réunies
en une.

179. Nulles ; solitaires ; binées , géminées, ternées, quaternées.

180. Radiées , formées d'osselets inermes ou de
rayons.

181. Pointues, épineuses, osselets simples et piquans, *rudes, asperæ,* rayons ou piquans
denticulés ; égaux.

182. De la même longueur, *æquales;* déclinées,
declinatæ, descendantes insensiblement par
la pointe de la tête vers la queue.

183. Interrompues, *interruptæ,* osselets du milieu
plus courts ; ceux qui avoisinent la tête et
la queue très-longs , les autres devenant insensiblement proportionnés entr'eux.

184. Triangulées , acuminées , *triangulatæ, acuminatæ,* osselet moyen très-long ; les antérieurs et les postérieurs plus courts ; ou nageoire formant un triangle par le premier
osselet très-long, et par le postérieur très-
court.

185. Arquées, *arcuatæ*, sommets des osselets formant un bord arqué ou un segment de cercle.

186. Petites, *exiguæ*, à peine remarquables sur le dos ; élevées, *assurgentes*, *altissimæ*, plusieurs osselets alongés.

187. Charnues, adipeuses, *carnosæ*, *adiposæ*, recouvertes d'une peau charnue ; écailleuses ; ramentacées, *ramentaceæ*, munies d'appendicules membraneux, simples ou palmés, ou aigrettés, et adnées au sommet ou sur les côtés.

188. NAGEOIRES PECTORALES, *PINNÆ PECTORALES*, placées sur les côtés du thorax.

189. Supères, proche le dos, au-dessus du milieu du côté ; moyennes, sur le milieu du côté ; infères, proche la partie inférieure du thorax.

190. Nulles ; solitaires, une de chaque côté ; géminées, deux de chaque côté.

191. Très-longues, très-petites et courtes, médiocres relativement à la tête ; volatiles, ou très-amples ; arrondies ; acuminées en dessus ou rayon supère très-long ; acuminées au milieu ou rayon moyen très-long ; falciformes, concaves en dedans ou en bas, arquées en dessus.

192. NAGEOIRES VENTRALES, *PINNÆ VENTRALES*,

placées sous le ventre, et souvent implantées à la gorge ou au thorax.

193. Jugulaires, *jugulares*, placées à la gorge
en avant des nageoires pectorales, et fixées
aux clavicules.

194. Thorachiques, *thoracicæ*, sous les nageoires
pectorales, souvent vis-à-vis par un petit
espace, mais toujours fixées au sternum.

195. Abdominales, *abdominales*, sous le ventre
proche les nageoires pectorales, et fixées
non sur la pointe du sternum, mais sur l'os
pubis.

196. Autour de l'anus, *anum ambientes*, libres
ou réunies et fermant l'anus.

197. Rapprochées les unes des autres, proche la
carène qui les sépare quelquefois.

198. Réunies, connées, coadnées, *coalitæ*, con-
natæ, *coadunatæ*, au moyen d'une membrane.

199. Nulles dans les *apodes*. Solitaires, une seulement pour les deux côtés réunis ; binées,
une de chaque côté.

200. Très-petites, médiocres, très-longues, com-
parées avec les nageoires pectorales.

201. Didactyles, *didactylæ*, rayons mutiques,
binés et divisés.

202. Multiradiées, *multiradiatæ*, à sept rayons

au plus. Difformes, *difformes,* formées par une épine et un barbillon.

203. NAGEOIRE ANALE, *PINNA ANALIS,* insérée à l'abdomen depuis l'anus jusqu'à la queue; développée perpendiculairement.

204. Longitudinale, étendue depuis l'anus jusqu'à la queue; moyenne, occupant l'espace entre l'anus et la queue; postérieure, à l'extrémité de la queue proche la nageoire caudale, dont elle est distincte ou avec laquelle elle est unie.

205. Solitaire ou géminée.

206. Égale, à rayons de même longueur; déclinée, rayon antérieur plus long, et les autres insensiblement plus petits; triangulée, *triangulata,* rayons du milieu plus longs; sinuée, *sinuata,* rayons du milieu très-courts, l'antérieur et le postérieur très-longs, les autres s'accroissant insensiblement depuis celui qui est au centre; arquée (185).

207. NAGEOIRE CAUDALE, *PINNA CAUDALIS,* à l'extrémité du tronc, fixée verticalement au bout de la queue.

208. Entière, égale, de manière que les osselets forment par leur sommet une ligne transversale; arrondie; bifide, bifurquée, divisée par une seule sinuosité linéaire; bords

droits ; trifide, trifurquée ; lunée, *lunata*,
divisée en dedans par un sinus arqué ; bords.
extérieurs sous-linéaires ; sous-bifide, *sub-*
bifida, émarginée, peu divisée, terminée
par une crénelure ; lobée, divisée inégalement ; falciforme, division sinueuse arquée
en dedans et bords extérieurs convexes ;
cuspidée, lancéolée, *cuspidata*, *lanceo-*
lata, atténuée au sommet ou terminée par
une soie ; sétifère, *setifera*, filament fourni par une division de la nageoire caudale.

209. Distincte ou réunie, selon ses rapports plus
ou moins intimes avec la nageoire anale.

210. Nulle ; unique ou solitaire.

DES PARTIES INTERNES.

211. On ne peut les examiner sans le secours de
l'anatomie, sans enlever les tégumens et
toutes les parties extérieures.

§. I. DES OS.

Parties dures, de nature calcaire et gélatineuse,
propres à former des cavités, défendre les organes
et servir de points fixes aux mouvemens ; enfin,
réunies en squelette par des ligamens et des articulations variées.

Dans les poissons *chondropterygiens, ou dans*
les amphibies qui nagent (Linn.), tous les os
sont

sont véritablement cartilagineux : desséchés , ils perdent leur forme , leur volume et leur couleur.

212. Les *os de la tête* sont très-nombreux , et on en compte jusqu'à 80 ; mais les principaux sont les suivans (8).

213. Crâne , *cranium* (1) , recouvrant la tête , et contenant le cerveau : partie antérieure et supérieure du front perforée par les na‑ rines.

214. Os maxillaires , *ossa maxillaria* (2) ; le supé‑ rieur manque quelquefois.

215. Deux os palatins ; deux opercules des bran‑ chies ; un os hyoïde entre les branches de la mâchoire inférieure , pour soutenir la lan‑ gue ; enfin, les os de l'ouïe qu'il n'est pas possible de méconnoître.

216. Les *os du thorax* forment une très-petite cavité , et sont en petit nombre.

217. Les clavicules, *claviculæ*, osselets falciformes situés près l'ouverture branchiale , accolés en haut à la première vertèbre , et en bas unis entre les branches de l'os hyoïde : ils soutiennent la nageoire ventrale dans les *jugulaires*.

218. *Sternum* , os triangulaire , ou sagitté , ou rhomboïde, fermant le thorax situé plus bas entre les clavicules. Il soutient la na‑ geoire ventrale dans les *thoraciques*.

219. Épaules, *scapulæ,* os arqués, rhomboïdaux situés en angle entre le sternum et les clavicules ; ils servent de point d'appui aux nageoires pectorales, et on en trouve un de chaque côté.

220. *Les vertèbres thoraciques,* partie de la colonne osseuse, qui environne et soutient la cavité du thorax; elle est formée par une succession de petits os disposés longitudinalement, et articulés entr'eux depuis la tête jusqu'à l'extrémité de la queue. Un petit nombre des os de cette colonne entière appartient au thorax, où ils sont munis d'apophyses très-courtes. Tous sont creusés depuis la tête jusqu'à la queue par un canal qui reçoit la moëlle de l'épine.

221. *Os de l'abdomen,* plus nombreux que ceux du thorax, et formant une plus ample cavité.

222. Vertèbres de l'abdomen, partie de la colonne osseuse (218) qui soutient la cavité abdominale ; apophyses très-longues, canal médullaire intérieur.

223. Les côtes, *costæ,* os arqués qui environnent transversalement l'abdomen, insérées aux apophyses des vertèbres de l'abdomen. (Où il n'y a pas d'apophyse, on les trouve très-alongées.)

224. *Bassin*, formé par la réunion de deux os qui terminent et ferment la cavité abdominale : ils sont rapprochés ou éloignés, soutiennent la nageoire ventrale dans les *poissons abdominaux.*

225. *Queue*, formée par les vertèbres caudales, ou par le reste de la colonne osseuse qui termine le tronc. Elle a quatre ou trois longues apophyses.

226. On nomme *apophyse postérieure*, un osselet vertical ou comprimé latéralement, crénéà son sommet pour soutenir les rayons de la nageoire caudale.

227. Les *os inter-épineux* sont insérés entre les apophyses des vertèbres, et y tiennent au moyen d'un ligament. Ils servent de point d'attache aux nageoires dorsale et anale.

§. II. DES MUSCLES.

228. Les *muscles* sont différens instrumens formés par la réunion de faisceaux fibreux charnus et tendineux, susceptibles de contraction et de relâchement dans les différens mouvemens des poissons.

229. Les *muscles latéraux* sont les plus grands ; formés par la réunion d'autres petits, ils recouvrent latéralement le corps depuis la tête jusqu'à la queue. Ils servent à fléchir

le corps sur les deux côtés; et ils ont leurs points d'attache, 1°. en devant, aux clavicules; 2°. sur les côtés, aux vertèbres; 3°. en arrière, au dernier os vertébral de la queue.

230. On compte quatre muscles à la nageoire caudale; ils sont longitudinaux. Un est *droit* et en dessus, deux sont *obliques*, un supérieur, et l'autre inférieur; un quatrième est tout-à-fait en bas, et l'action réunie de ces muscles sert à développer la queue. On en observe en outre deux transverses; ce sont des *constricteurs* (supérieur et inférieur), qui, réunis par le milieu, font resserrer la queue.

231. Les *nageoires pectorales* ont aussi quatre muscles de chaque côté, deux sus-scapulaires (*élévateurs*), et deux *sous-scapulaires* (*abaisseurs*).

232. Il y a six muscles pour les *nageoires ventrales*, deux *élévateurs* qui environnent toute la partie extérieure du bassin, et quatre *abaisseurs* situés en dedans.

233. On nomme muscles carinaux, *musculi carinales*, ceux qui occupent le sillon longitudinal du dos, formé par l'adossement des muscles latéraux; il en est de même pour

ceux qui se trouvent à la partie la plus abaissée de la queue.

234. *Muscles inter-épineux*, propres à chaque os inter-épineux : on en compte quatre ; deux antérieurs, ce sont les élévateurs ; deux postérieurs, ce sont les *abaisseurs*.

235. On connoît plusieurs muscles de la membrane branchiale ; mais le *dilatateur* est le principal. Il est fixé à l'os de la mâchoire inférieure et à l'os hyoïde, et il envoye des fibres tendineuses sur chaque rayon de la membrane branchiale.

§. III. DES ORGANES ET VISCÈRES.

236. On donne le nom d'*organes ou de viscères* à ces parties solides, mais molles, contenues dans les cavités différentes de la tête, du thorax et de l'abdomen, et qui sont nécessaires pour appercevoir et juger les objets, et pour former les actions vitales.

237. *Les yeux.* (V. les part. ext. 101—2.)
Le crystallin, *lens crystallina*, corps lenticulaire ou sphérique, transparent, gélatineux, nécessaire pour réunir les rayons lumineux dans le fond de l'œil sur la rétine, et transmettre au cerveau, par l'intermède des nerfs optiques, la sensation des objets.

238. Le cerveau, *cerebrum*, viscère renfermé

dans le crâne, où viennent converger tous
les nerfs du corps. La *moëlle épinière* n'en
est qu'une continuation ; elle parcourt le
canal creusé dans le corps de chaque vertèbre.

239. Œsophage, *œsophagus*, tube membraneux,
glabre, se portant directement du gosier à
l'orifice de l'estomac. (Les poissons manquent *de larynx, de pharynx et d'un
voile palatin.*)

240. L'estomac, *ventriculus*, viscère sacciforme,
membraneux, situé longitudinalement :
propre à la digestion des alimens avalés. (Il
est souvent charnu, musculeux, souvent
aussi double ou bilobé.)

241. Vésicule aérienne, *vesica aërea*, follicule
tendineux, oblong, souvent à plusieurs
lobes, situé longitudinalement, contenu
dans le péritoine entre les vertèbres et l'estomac, rempli d'air, et communiquant par
un *conduit pneumatique* dans une autre
partie intérieure encore inconnue (1). Il
sert à maintenir l'équilibre des poissons
sous les eaux. (Ceux qui n'ont pas cette
vésicule, ne rampent qu'au fond de l'eau.)

---

(1) Nous avons vu ce conduit se terminer dans l'estomac
où son orifice est comme recouvert par une valvule qui semble permettre la sortie, et non la rentrée de l'air. (LÉVEILLÉ.)

242. Intestins, *intestina*, tube membraneux égalant quatre fois la longueur de l'abdomen;
sa situation est le plus ordinairement longitudinale. Il paroît avoir, depuis le *pylore*,
plusieurs *intestins cœcum* (1—100); il se
continue dans le rectum situé derrière la
vésicule aérienne, et est terminé par un
anus qui a son *sphincter* particulier.

243. Le foie, *hepar*, viscère simple, bi-trilobé,
situé indistinctement à droite, à gauche,
en devant, pour la sécrétion de la bile.

244. VÉSICULE BILIAIRE, CYSTIQUE, *VESICA BI-
LIARIS, CYSTIS*, follicule membraneux,
oblong, situé à la face interne du lobe
droit du foie. Elle se distingue par un long
conduit *cystique*, et par un canal *cholé-
doque* inséré dans le *pylore* ou dans l'intestin.

245. RATE, *SPLEN*, viscère beaucoup moins volumineux que le foie, applati, coloré,
oblong, pour épurer le sang ou tout autre
usage, encore à-peu-près inconnu.

246. VESSIE, *VESICA URINARIA*, follicule membraneux, ové, distinct du rectum et de
l'anus, s'ouvrant derrière ces parties et au-
devant de la nageoire anale dans un canal
particulier; appliquée contre l'intestin rectum, et propre à contenir et rejeter l'urine.

247. REINS, *RENES*, deux viscères comprimés, presque de la même longueur que l'abdomen, appliqués contre les vertèbres, recouverts par le péritoine; insensiblement atténués vers les *uretères* qui se réunissent en s'insérant dans le fond de la vessie urinaire.

248. Les PARTIES GÉNITALES, *PARTES GÉNITALES*, organes qui, dans les mâles, sécrètent, préparent et lancent le fluide spermatique; et qui, dans les femelles, donnent des œufs.

249. Organes du mâle, *organa maris*, deux corps oblongs, charnus, rapprochés obliquement l'un de l'autre, qui communiquent par deux petits trous dans la vessie urinaire, et préparent la liqueur séminale qui est lancée par l'urètre.

250. *Organes de la femelle*, corps oblongs, bi ou 'trilobés, formés de globules ou d'œufs réunis par une membrane, insérés à la vessie, pour chasser les œufs aussi par l'urètre.

251. *Observation.* On a peine à croire qu'outre ces organes génitaux, les poissons ont encore une verge et une vulve, et qu'ils copulent réellement (si ce n'est dans les *chondropterygiens*); car c'est un fait très-cons-

tant en Allemagne, que les œufs bien formés de la femelle d'une part, et de l'autre
la liqueur spermatique du mâle, exprimés
de l'abdomen des saumons, et mélangés
dans un vase rempli d'eau, puis jetés dans
un vivier, ont produit en très-peu de temps
une infinité de petits saumons; en sorte
que l'on peut croire que le seul mélange
suffit pour la fécondation, sans que le coït
soit nécessaire.

252. Les BRANCHIES, *BRANCHIÆ*. (V. leur des-
cript. 131.) Qu'il nous suffise de dire ici
que l'air contenu dans l'eau, et introduit
avec ce liquide dans la bouche des poissons, en est expulsé par les branchies, et
que les opercules repoussent en même temps
l'eau qui touche ces organes. Alors l'eau fil-
trée par ces mêmes branchies, les laines et
les soies qui les constituent, se dépouille de
l'air qui s'y trouve uni, afin qu'il puisse
être absorbé par quelques petits vaisseaux,
et être aussi-tôt mis en contact avec le sang
qui, du cœur, traverse l'aorte, communique dans les branchies, pour être ensuite
reçu dans deux trous principaux, dont l'un
est le réceptacle de *Duverney*, et l'autre
descend le long des vertèbres en se divisant
dans toutes les parties du corps.

253. LA POITRINE est la cavité du thorax, séparée des branchies par le concours des clavicules, des vertèbres, des omoplates et du sternum. En outre, elle est distincte de l'abdomen, en haut par l'œsophage, en bas par le diaphragme.

254. DIAPHRAGME, membrane tendineuse, charnue, fixée aux vertèbres : perforée par l'œsophage, elle a des connexions avec les épaules, le sternum et les clavicules; elle sépare l'abdomen du thorax.

255. PÉRICARDE, follicule plus mince, coloré, renfermant le cœur et une portion d'eau; en partie libre, en partie fixé au sternum, aux clavicules et aux vertèbres.

256. CŒUR, organe musculeux, presque rond pour l'ordinaire, quelquefois pyramidal, rarement tétraèdre; à un seul ventricule, situé longitudinalement; sa pointe dirigée vers la tête, et sa base vers le diaphragme; destiné à recevoir et à distribuer de nouveau le sang de toutes les parties du corps.

257. OREILLETTE, follicule musculeux, plus grand que le cœur, à gauche, et au-dessus duquel il se trouve fixé, tandis qu'en-bas il est uni au *sinus veineux*.

258. SINUS VEINEUX, cavité ou réceptacle d'une capacité plus grande que celle du cœur,

avec lequel il a des connexions, et au dessous duquel il est situé. Inférieurement il
reçoit trois troncs de veines, dont le milieu, qui est le plus grand, a beaucoup
d'analogie avec la veine-cave. C'est dans ce
réceptacle que viennent communiquer tous
les autres vaisseaux qui rapportent le sang
des parties génitales, du foie et de la rate.

259. Aorte, artère conique insérée à la pointe du
cœur; se dilatant bientôt, et se divisant
en une infinité de rameaux qui parcourent
les branchies, pour se réunir ensuite en
un seul tronc qui est l'*aorte descendante.*
Celle-ci se divise à son tour en une infinité
de rameaux qui charient le sang dans
différentes parties du corps, d'où il est rap-
porté au *sinus veineux*, dans l'oreillette
et dans le cœur.

Observation. Dans plusieurs espèces de poissons, la moelle épinière se porte le long
des vertèbres en s'y unissant.

III. HABITUDE.

§. I. DE LA GÉNÉRATION.

On ne sait encore comment s'opère l'acte de la
génération. Les uns veulent que les femelles ava-
lent les substances fécondantes fournies par les

mâles ; qu'elles s'imprègnent de cette manière, et pondent ensuite des œufs fécondés. D'autres soupçonnent que les mâles s'unissent aux femelles, en introduisant dans l'urètre de celles-ci une très-petite verge (comme on le voit dans les raies, les squales et d'autres) ; enfin, il en est qui veulent que la femelle dépose ses œufs lorsque, devenus trop volumineux et mûrs, ils remplissent l'ovaire et gonflent les parois de l'abdomen. Selon eux, les femelles se débarrassent de leur frai, en se portant au fond des eaux, ou dans les lieux couverts de plantes marines, de fucus ou de plantes aquatiques ; là elles se frottent plus ou moins fortement le bas du ventre ; et par cette opération, elles déchirent la membrane mince et délicate qui contient les œufs, qui sortent ensuite par l'urètre. Le mâle éprouve les mêmes besoins occasionnés par le gonflement de sa laite ; il se porte dans les mêmes endroits, et fait comme la femelle ; il répand un fluide sur les œufs qu'il trouve déposés, il les féconde ; et la chaleur du soleil, jointe à la température de l'eau, suffit pour les faire produire. Cette dernière opinion est sans doute la plus vraisemblable ; car s'il en étoit autrement, la nature qui ne fait rien d'inutile, auroit doué les mâles d'une trop grande propriété fécondante.

On sait, en outre, que l'on obtient des petits saumons très-parfaits, du mélange des œufs avec le produit de la laite, en le jetant ensuite dans un vivier. Il ne reste plus qu'à séparer dans deux viviers les substances fécondantes et celles qui ont besoin d'être fécondées ; la non-reproduction sera pour lors en faveur de la dernière opinion que nous venons d'énoncer.

Les NOCES semblent se faire pêle-mêle, plusieurs mâles poursuivant indistinctement plusieurs femelles.

La NIDIFICATION est *fixe* pour le *chabot*, qui dépose ses œufs dans un fond glaireux ; et, le plus souvent, elle est *vague*, lorsque les œufs sont déposés sur le sable, les rochers, et les plantes marines ou aquatiques.

Le FŒTUS sort vivant de l'anguille, du perce-pierre, de la raie, du squale, des chimères, des sygnates, &c. La température de l'eau suffit pour faire éclore les œufs, dont le nombre est souvent étonnant. On trouve dans les Transactions philosophiques, année 1767, qu'une morrue en a fourni 3,686,760 ; une carpe, 203,109 ; le flet, 1,357,400, &c. Leur couleur est ordinairement jaune, ou testacée.

§. II. GENRE DE VIVRE.

Les animaux qui font l'objet de notre étude, se nourrissent de chairs ou de plantes. On en trouve qui ne vivent que de cadavres, et, parmi eux, on

compte l'anguille et les lamproies. D'autres mangent les animaux vivans, les hommes même; ce
sont les squales et les raies: les premiers recherchent beaucoup les petits des oiseaux, et sur-tout
ceux des palmipèdes.

Les *poissons* deviennent la proie des coryphènes, des scombres, des lutians, des perches et
autres. Les poissons qui habitent les marais vivent
d'insectes; les chabots, les gobies, et quelques autres de cancres; et les vers sont encore destinés
pour ceux que l'on rencontre dans les marais et
dans les fleuves.

Les *phytiphages* sont les biphores et quelques
labres.

§. I I I. M œ u r s.

Les poissons peuvent être solitaires; on en
trouve également qui vivent en société, comme le
hareng, la sardine et autres, &c.

Les *mœurs particulières* nous font connoître
ceux qui grimpent sur les rochers, s'y fixent en
suçant; ceux qui se cachent dans le bouclier de
la tête du squale; l'*épinoche*, conducteur des
squales qu'il précède; enfin, ceux qui lancent des
gouttes d'eau sur les insectes qui se trouvent sur
les rameaux ou les feuilles des plantes voisines de
l'eau. En étudiant encore avec plus de soin ces
mœurs particulières, on reconnoît les poissons
qui chassent avec leurs barbillons; qui se défen-

dent en communiquant une commotion électrique
ou stupéfiante ; qui s'envolent sur la mer à l'aide
des nageoires pectorales alongées : nous parvenons
également à savoir que l'anguille sort des lacs pour
parcourir le continent, et qu'après la pluie elle se
cache entre les pois pour capturer plus facilement
les vers, les limaces et les insectes ; que quelques
poissons nagent à la surface, dans le milieu, ou
tout-à-fait dans le fond d'une grande masse d'eau ;
enfin, qu'il en est qui rampent constamment sous
les eaux et sur la vase.

IV. STATION.

L'*Océan*, mer profonde éloignée de toute terre ;
la *mer*, qui a peu d'étendue, bordée de rivages,
telles que les mers Baltique, Méditerranée, Caspienne, le Pont-Euxin, les golfes Arabique, Persique, &c. &c ; les *rivages* sablonneux, glaireux,
escarpés ; les *écueils* ou les rochers environnés des
eaux de la mer ; les *rivages pierreux* qui sont alternativement couverts, et à découvert lors du flux
et du reflux de la mer ; les *syrtes*, lieux sablonneux, plus ou moins environnés et recouverts par
les eaux de la mer, sont autant d'habitations particulières ou communes à certains genres de poissons.

Les *eaux douces*, pures, dont le fond est stable,
ex. les *lacs* ; celles qui s'écoulent par torrens, et

qui constituent les *fleuves ;* celles qui coulent lentement, en petite quantité, sur un fond pierreux ou qui tombent en cascades comme dans les *ruisseaux ;* en un mot, celles dont la stagnation sur un fond boueux, et dont la surface recouverte de plantes aquatiques, a fait donner à leur masse le nom de *marais ,* d'*étangs ,* sont encore autant de séjours différens pour une infinité de poissons.

On construit encore des *viviers ,* ou des habitations artificielles, qui ne diffèrent entr'elles que par la nature de l'eau qui peut venir de la mer ou de toute autre source.

En considérant les *régions ,* on trouve que tel climat a ses habitans ; autres sont ceux des tropiques ; autres sont ceux des zones tempérées ou du voisinage des pôles. On en peut dire autant des mers des Indes, de l'Amérique et de la mer Pacifique, &c.

V. TEMPS.

1°. *De la génération.*

En considérant les années et les saisons, on sait qu'il y a des gades qui déposent leurs œufs pendant le solstice d'hiver : on connoît l'époque de la *vie* où les poissons sont propres à la génération ; combien de fois ils peuvent produire par an, ou pendant le cours de leur vie ; et combien dure la temps de la génération ?

2°.

2°. *Des actions vitales.*

Pour ce qui concerne leur *nourriture*, quelques poissons la recherchent le matin, pendant le jour, le soir ou dans la nuit; il en est qui la varient selon la saison; d'autres ont appétit à l'instant d'un beau soleil, lors d'un temps venteux, pluvieux, et même avant ou après la pluie.

Pour ce qui est du *sommeil*, on se demande quand et combien de temps satisfont-ils à ce besoin?

La *mort* arrive à une époque peu certaine; car lorsque ces animaux meurent de vieillesse, on ne peut savoir précisément à quelle époque de leur vie.

3°. *Desquammation.*

Quelle est, sur-tout, la saison de l'année où les écailles tombent, et sont remplacées par d'autres nouvelles? et cette circonstance a-t-elle toujours lieu? Combien de temps s'écoule entre une desquammation et l'apparition d'une autre enveloppe? Y a-t-il même un intervalle?

4°. *Émigration.*

De quel lieu et où? Est-ce au printemps, à l'été ou pendant l'hiver? Quelle en est la cause? L'abondance de nourriture, le besoin de se reproduire et une température plus douce de l'eau. L'*hybernation* a véritablement lieu; car on voit l'esturgeon s'engourdir dans la profondeur des lacs, de la mer, des fleuves, et les anguilles dans la boue.

VI. QUALITÉ.

Dans la plupart des poissons, on peut à peine décrire la saveur ; on ne peut avoir d'idées sur leur couleur et leur étendue, qu'en consultant ce que nous avons dit de ces propriétés aux articles d'entomologie et de botanique.

VII. USAGE.

On reconnoît aux poissons différens usages auxquels ils peuvent être propres, et on les divise en naturel et artificiel. Le premier comprend, 1°. l'*économie de la nature*, et ses vues pour borner le nombre des espèces en les faisant se dévorer mutuellement ; 2°. sa *prévoyance* à multiplier les espèces les plus sapides et les plus utiles, en employant principalement les palmipèdes pour transporter et disséminer leurs œufs.

L'*usage artificiel* a des rapports, 1°. avec la *cuisine*, en offrant dans les poissons une nourriture agréable, facile à préparer, abondante, peu coûteuse, légère et non trop nuisible.

2°. Avec *la médecine*. On prescrit le poisson ou on le défend dans certaines maladies, et on le convertit en médicamens.

3°. Avec *l'économie politique*. On retire de la

pêche des revenus publics et particuliers. L'amour du gain, dans les républiques, fait trouver dans les pêcheurs d'excellens, de nombreux et de très-habiles navigateurs. On multiplie certains genres de poissons dans les viviers, où on les élève et où on les engraisse. La peau des squales et des raies sert à couvrir toute sorte de coffres précieux, &c. Le péritoine de l'esturgeon fournit l'ichthyocolle; ses œufs et ceux des muges forment la saumure. Le *narvaga* (*gadus callarias*), la morrhue (*gadus morrhua*), le hareng (*clupea harengus*), la sardine (*clupea sprattus*), l'anchois (*clupea encrasicholus*), sont utiles pour les salaisons. Les pierres précieuses artificielles sont encore le produit de quelques poissons.

4°. Avec *la météorologie*. Le misgurn (*cobitis fossilis*), contenu dans une fiole de verre alongée, sert de baromètre (1). Le thon (*scomber thynnus*) nage avec le vent à la rencontre des poissons volans, *exocœti volitantes*, qui, par un mouvement contraire, s'élèvent dans l'air pour échapper à leurs ennemis.

5°. Avec *les loix*. Il en existe pour la pêche qui prohibent certains poissons dans certaines saisons de l'année, et qui prescrivent la grandeur de ceux

(1) Cette espèce habite le limon des marais, et on le voit troubler l'eau lorsqu'il doit survenir un orage. (LÉVEILLÉ.)

que l'on doit prendre, et l'étendue des filets, ainsi que la largeur de leurs mailles.

VIII. CARACTÈRES DES ORDRES ET DES GENRES.

CHONDROPTÉRYGIENS.

AMPHIBIES NAGEURS, (*Linn.*) respirant non par des poumons, mais par de véritables branchies latérales d'où l'eau sort par plusieurs ouvertures. Leur squelette est cartilagineux, ainsi que leurs nageoires.

§. I. *Branchies composées ou à plusieurs feuillets* (sous-vivipares).

1. LAMPROIE, *PETROMYZON*, sept *ouvertures* latérales; branchies recouvertes d'une membrane; *trou* sur la tête ou sur le museau; bouche sous la tête; *nageoires* pectorales et ventrales nulles.

2. RAIE, *RAIA*, branchies à cinq *ouvertures* sous le col; corps déprimé; bouche sous la tête (*vivipare*).

3. SQUALE, *SQUALUS*, branchies à cinq *ouvertures* latérales; *corps* oblong térétiuscule; *bouche* en dessous de la partie antérieure du corps (*vivipare*).

4. CHIMÈRE, *CHIMÆRA*, cinq *ouvertures* qua-

drifides des ouïes, sous le col ; la lèvre supérieure de la *bouche* à cinq divisions ; deux
dents incisives à chaque mâchoire (*vivipare*).

§. II. *Une seule ouverture des branchies*
(ovipares) ?

APODES.

5. ECHIDNA, nageoires ventrales ou pectorales
nulles ; corps anguilliforme ; lèvre unie ; bouche horizontale ; deux *barbillons* proche les
narines.

6. SYNGNATHE, *SYNGNATHUS* (vivipare), nageoires ventrales nulles ; *corps* articulé, polygône ; *museau* cylindrique ; *mâchoire* inférieure recevant la supérieure ; *ouverture*
très-petite recouverte en partie par un opercule.

7. COFFRE, *OSTRACION*, nageoires ventrales
nulles ; *corps* entièrement enveloppé d'une
écaille d'une seule pièce ; dix *dents* à chaque
côté des mâchoires ; *ouverture* linéaire.

8. TÉTRODON, *TETRAODON*, nageoires ventrales
nulles ; *corps* couvert d'une peau rude, et
muriqué en dessous ; *dents* des mâchoires
divisées en plusieurs parties ; *ouverture* des
ouïes linéaire au-devant des nageoires pectorales.

9. DIODON, *DIODON*, nageoires ventrales nulles ;

corps hérissé d'épines fortes et aiguës ; mâchoires osseuses, tendues, garnies des *dents*
non divisées ; *ouverture* linéaire des ouïes.

10. BALISTE, *BALISTES*, une nageoire ventrale,
carénée ou o ; corps comprimé, rude, écailleux ; huit *dents* de chaque côté, les deux
antérieures plus longues ; *ouverture* linéaire,
latérale, sous les nageoires pectorales (quelques balistes sont des poissons abdominaux).

JUGULAIRES.

11. BAUDROIE, *LOPHIUS*, nageoires ventrales 2 ;
corps déprimé ; *dents* très-petites ; *bouche*
en devant ; *ouverture* presque tubuleuse ;
nag. pect. pédiculées et semblables à des bras.

12. CYCLOPTÈRE, *CYCLOPTERUS*, nageoires ventrales 2, réunies en une seule sous forme
circulaire ; *corps* oblong, gibbeux ; bouche
denticulée. (On doit rapporter à ce genre le
lépogastre de Gouan.)

ABDOMINAUX.

13. ESTURGEON, *ACIPENSER*, nageoires ventr. 2 ;
corps oblong ; *bouche* édentée, sous la tête ;
ouvertures branchiales linéaires, *latérales* ;
barbillons en avant de la bouche ; écailles
osseuses.

14. CENTRISQUE, *CENTRISCUS*, deux nageoires
ventrales réunies ; *corps* oblong, muni d'une
épine forte ; abdomen caréné ; *tête* prolon-

gée en un bec; *bouche* édentée ; *ouverture* rampante.

15. Pégase, *pegasus*, deux nageoires ventrales ; *corps* articulé par différentes interruptions osseuses ; cataphracté (29); *tête* prolongée en museau ensiforme, denticulé ; *bouche* rétractile ; *ouverture* en avant des nag. pect.

POISSONS PROPREMENT DITS (épineux).

§. I. Apodes, *dépourvus de nageoires ventrales.*

Malacoptérygiens à nageoires mutiques.

16. Anguille, *murena*, corps térète, luisant ; narines tubuleuses ; nag. dors. anale et caud. réunies ; l'*ouverture branchiale* tubuleuse près la tête, et membr. branch. 10 rayons (vivipare).

17. Gymnote, *gymnotus*, *corps* sous-cultré ; deux tentacules à la lèvre supérieure ; *dos* sous-aptérygien ; yeux recouverts par les tégumens communs ; membr. branch. 5 ray.

18. Anarrhique, *anarrhicas*, corps rond ; *tête* obtuse distincte ; six dents antérieures coniques, molaires et palatines arrondies ; m. branch. 5 ray.

19. Stromatée, *stromateus*, *corps* ovale, luisant ; *tête* comprimée ; dents maxillaires, palatines aiguës ; queue bifide ; m. branch. 5 ou 6 rayons.

20. Ammodyte, *ammodytes*, corps lisse; *tête* plus

étroite que le corps ; *lèvre* supérieure repliée
en double ; *dents* acérées ; *queue* bifide ;
membrane branchiale 6 rayons.

21. LEPTOCÉPHALE, *LEPTOCEPHALUS*, *corps* comprimé, ensiforme ; *tête* petite, comprimée ;
yeux latéraux très – grands ; *dents* très-
petites ; nag. pect. , ventr. et caud. o ; dors.
et an. réunies ; ouvert. béante ; membr. br.....

ACANTHOPTÉRYGIENS, nageoires épineuses.

22. TRICHIURE, *TRICHIURUS*, *corps* comprimé,
ensiforme ; *tête* tendue ; *dents* ensiformes à
pointe semi-sagittée ; queue subulée, aptère ;
m. br. 7.

23. DONZELLE, *OPHIDIUM*, *corps* ensiforme ; *tête*
obtuse, nue ; *bouche* oblique ; mâchoires,
palais et gosier armés de dents ; nageoires
dors. an. et caud. réunies ; membr. br. 7.

24. ESPADON, *XIPHIAS*, corps térétiuscule ; tête
dont le museau est ensiforme, et forme la
mâch. supérieure ; *bouche* édentée ; m. br. 8.

§. II. JUGULAIRES, *nageoires ventrales en
avant des pectorales.*

MALACOPTÉRYGIENS.

25. GADE, *GADUS*, *corps* oblong, *tête* lisse ; *nageoires* ventr. étroites et pointues ; m. br. 7.

ACANTHOPTÉRYGIENS.

26. PERCE-PIERRE, *BLENNIUS*, *corps* lancéolé :

tête déclive ; dents disposées par ordre, et sur une simple rangée ; nag. ventr. didactyle, mutique; m. br. 6. (vivipare).

27. URANOSCOPE, *URANOSCOPUS*, *corps* cunéiforme ; *tête* déprimée, plus large que le corps; mâchoire inférieure verticale ; bouche dirigée vers le ciel ; *yeux* verticaux; anus au milieu du corps ; m. br. 5.

28. VIVE, *TRACHINUS*, *corps* oblong ; *tête* obtuse, comprimée ; lame des opercules serretée ; *anus* proche le thorax ; m. br. 6.

29. CALLYONYME, *CALLYONYMUS*, *corps* sous-cunéiforme presque nue; *tête* ayant la lèvre supérieure repliée ; *bouche* horizontale ; *yeux* rapprochés ; *opercule* fermé ; *ouverture* occipitale; m. br. 6.

§. III. THORACIQUES, *nageoires ventrales sous les pectorales, et fixées au sternum.*

MALACOPTÉRYGIENS.

30. LÉPIDOPE, *LEPIDOPUS*, *corps* ensiforme, *tête* tendue ; mâchoire inférieure plus alongée ; nageoire dorsale longitudinale ; nageoires ventrale et anale en forme d'écailles ; membrane branchiale à sept rayons.

31. SUCET, *ECHENEIS*, *corps* rond alongé, cunéiforme, nu ; tête déprimée ; bouclier plan, ovale, sillonné en travers et serreté ; membrane branchiale à dix rayons.

52. PLEURONECTE, *PLEURONECTES*, *corps* comprimé, ové, lancéolé; un côté représente le dos, et l'autre l'abdomen ; deux *yeux* d'un seul côté ; 47 rayons à la membrane branchiale.

ACANTHOPTÉRYGIENS.

33. CHÆTODON, *CHÆTODON*, *corps* ové, comprimé, coloré; *dents* sétacées, flexibles, très-serrées; nageoires dorsales et anales charnues et écailleuses; cinq ou six rayons à la membrane branchiale.

34. HARPURE, *HARPURUS* (*acanthurus*, Forskäel); *corps* ové, comprimé, écailleux ; museau alongé; dents contiguës de toutes parts, roides et sur une seule rangée, ni soyeuses, ni flexibles; nageoires dorsales et anales longitudinales, nues et non charnues, presque toujours diversement colorées; épines ou écailles osseuses, en faulx, de chaque côté de la queue; branchies à 4-5 rayons.

35. ZÉE, *ZEUS*, corps comprimé, ové ; tête déclive ; mâchoire supérieure en voûte ; *langue* ramentacée ; membrane branchiale à sept rayons, les supérieurs perpendiculaires , et les inférieurs dans une direction transversale.

36. SURMULET, *MULLUS*, *corps* atténué, écailles grandes et tombant très-facilement ; *téte*

déclive, écailleuse; barbillons dans quelques espèces; membr. branch. 3.

57. ÉPINOCHE, *GASTEROSTEUS*, corps lancéolé, caréné jusqu'à la queue; *tête* ovée; aiguillons tombans au-devant de la nageoire dorsale (nageoires ventrales proche les pectorales, mais sur le sternum); 5-8 rayons à la membrane branchiale.

58. TRIGLE, *TRIGLA*, *corps* conique; *tête* cuirassée, radiée; *doigts* libres aux nageoires pectorales; 7 rayons branch.

59. CHABOT, *COTTUS*, *corps* cunéiforme; tête plus large que le corps, plane, épineuse, aiguillonnée, tuberculée, et munie de barbillons; membrane des ouïes, six rayons.

40. RASCASSE, *SCORPENA*, *corps* lancéolé; *tête* grande, cirrhifère; *opercules* aiguillonnés; *yeux* rapprochés; membrane des ouïes ou branchies, 7 rayons.

41. PERCHE, *PERCA*, *corps* oblong; *tête* déclive; opercules écailleux, serretés; *bouche* dentée; nageoires épineuses; membr. branch. 3-7 rayons.

42. SCIÈNE, *SCIENA*, corps ové, lancéolé; tête déclive; *opercules* écailleux; nageoires dorsales cachées dans une fossette particulière, ou entre deux feuillets écailleux; membrane branchiale, 6 rayons.

43. LABRE , *LABRUS* , corps ovale , oblong, comprimé ; tête écailleuse ; *bouche* garnie de
dents incisives aiguës ; *lèvre* supérieure double, charnue, grande ; nageoires dorsales et
anales ramentacées derrière les épines ; nageoires pectorales arrondies ; membrane
branchiale, 5-6 rayons ; ligne latérale, parallèle , incurvée, brisée en arrière et droite
dans son milieu.

44. SPARE , *SPARUS* , *corps* oblong , ové , comprimé ; tête écailleuse ; *bouche* à mâchoires
ductiles ; *lèvres* petites ; *dents* incisives très-
fortes, molaires très-serrées ; *nageoires* pectorales acuminées ; nageoire dorsale composée , plicatile , rarement reçue dans une
fossette ; nageoires ventrales roides , et munies d'une forte écaille latérale ; ligne latérale parallèle, arquée ; *membrane* branch.
à 5 rayons.

45. SCOMBER, *SCOMBER*, corps ovale ; *ligne latérale* carénée en arrière ; *tête* aiguë , comprimée ; *nageoires* petites et vers la queue ;
membr. branch. 7 rayons.

46. CORYPHÈNE , *CORYPHÆNA*, *corps* cunéiforme ;
tête très-tronquée , déclive ; *nageoire* dorsale longitudinale ; membrane branchiale ,
5 rayons.

47. TRACHIPTÈRE , *TRACHIPTERUS*, *corps* ensi-

forme ; *tête* déclive ; *mâchoire* voûtée de chaque côté ; *ligne latérale* droite, à série simple d'écailles ; *nageoires* aiguillonnées, serretées , rudes ; *membrane branchiale*, 6 rayons.

48. CÉPOLE, *CEPOLA*, corps ensiforme, nu ; *tête* arrondie comprimée ; *bouche* dirigée en haut ; dents recourbées et sur une simple rangée ; *abdomen* à peine de la longueur de la tête ; *membr. branch.* 6 rayons.

49. GOBIE, *GOBIUS*, corps lisse, lancéolé ; deux *pores* entre les yeux, l'un plus antérieur que l'autre ; *nageoires ventrales* réunies en ovale ; membr. branch. 2-5 rayons.

§. IV. ABDOMINAUX, *nageoires ventrales proche les pectorales , sur les os du bassin , et non sur le sternum.*

MALACOPTÉRYGIENS.

50. LOCHE, *COBITIS*, corps presqu'égal par-tout ; oblong, à peine rétréci vers la queue ; *tête* petite, *yeux* supères ; *opercules* fermés en bas, la plupart cirrhifères ; *membr. branch.* 4-6.

51. AMIE, *AMIA*, corps térétiuscule, écailleux ; *tête* nue, osseuse, rude, à sutures très-apparentes ; deux *barbillons* nasaux ; *dents* serrées aux mâchoires, et au palais, aiguës ; *membr. branch.* 12 rayons.

52. CARPE, *CYPRINUS*, *corps* ovale, oblong; *tête* obtuse, *bouche* édentée; os nasal bisillonné; *opercule* émarginé en arrière et en haut; nageoire ventrale souvent à 9 rayons; *membrane branchiale* à 3 rayons.

53. HARENG, *CLUPEA*, *corps* linéaire, lancéolé; *tête* en museau; moustaches serretées à la mâchoire supérieure; *carène* serretée de l'abdomen; *branchies* soyeuses en dedans; *nageoires* ventrales souvent 9 rayons; *membrane branchiale* 8 rayons.

54. EXOCET (*EXOCETUS*), corps oblong, argenté; tête trigône, écailleuse; mâchoires édentées, réunies de chaque côté; *nageoires pectorales* supérieures, de la longueur du tronc; rayons carénés en devant; nageoire dorsale lombaire; *membrane branchiale*, 10 rayons.

55. MORMYRE, *MORMYRUS*, *corps* ové, écailleux; *tête* tendue, lisse; plusieurs dents émarginées; *ouverture* linéaire, sans opercule; *membr. branch.* 1.

56. ANTHÉRINE, *ANTHERINA*, corps oblong; *tête* médiocre; *mâchoire* supérieure presque plane; *lèvres* denticulées; *ligne latérale* bandelettée, argentée; membr. branch. 6.

57. ARGENTINE, *ARGENTINA*, corps lisse, oblong; *tête* en museau plus large que le corps; anus

proche la queue ; nageoires ventrales multiradiées ; nageoire fausse et lombaire ; membrane branchiale, 8 rayons.

58. SAUMON, *salmo*, *corps* lancéolé ; *tête* lisse
presqu'aiguë ; nageoire ventrale multiradiée ;
dents sur les mâchoires et sur la langue ;
nageoire dorsale postérieure , adipeuse ;
membr. branch. 4-10 rayons.

59. BROCHET, *esox*, *corps* lisse, alongé ; *tête* en
museau déprimé ; *mandibule supérieure*
applanie ; *l'inférieure* longitudinale, poreuse et plus longue ; mâchoires et langue
armées de dents ; *membr. branch.* 7-12
rayons.

60. FISTULAIRE, *fistularia*, *corps* anguleux ,
presque fusiforme ; *tête* cylindrique, en
museau ; le sommet porte les mâchoires,
dont l'inférieure recouvre la supérieure
comme un opercule.

61. LORICAIRE, *loricaria*, *corps* cataphracté ;
tête large, déprimée, en museau ; *bouche*
édentée, rétractile ; *membrane branchiale* ,
6 rayons.

ACANTHOPTÉRYGIENS.

62. SILURE, *silurus*, *corps* oblong ; *tête* grande,
nue ; *bouche* garnie de barbillons filiformes
au nombre de 2-4-6 ou 8 ; tentaculée ; premier *rayon* de la nageoire dorsale et de la

pectorale, épineux, denté en arrière; membrane branchiale de 4 à 14 rayons.

63. TEUTHIE, *TEUTHIS*, *corps* ovale, lancéolé; *tête* comme tronquée par-devant; une simple *rangée* de dents égales, roides, rapprochées; membr. branch. 5 rayons.

64. POLYNÈME, *POLYNEMUS*, *corps* oblong; *tête* en museau, comprimé, écailleux de toutes parts; *doigts* libres aux nageoires pectorales et non articulés; *membr. branch.* de 5 à 7 rayons.

65. MUGE, *MUGIL*, *corps* lancéolé; *tête* presque conique; *lèvres* membraneuses; *mâchoire supérieure* fendue en dedans, *sillonnée*, recevant la carène de la mâchoire inférieure; denticule infléchi au-dessus du sinus de la bouche; *dents* nulles; opercules lisses, arrondis; membrane branchiale de 4, 5 ou 7 rayons.

66. ÉLOPS, *ELOPS*, *corps* lancéolé, atténué; tête grande, lisse; aspérité des dents sur le bord des mâchoires et sur le palais; membrane branchiale double à 50 rayons; l'extérieure plus petite, en outre armée de cinq dents; *queue* en dessus et en dessous, armée d'une écaille osseuse ou épineuse, lancéolée, horizontale.

TABLEAU

Tableau de nos connoissances actuelles sur l'histoire des poissons.

La classification de Forster n'est pas précisément, comme nous allons le démontrer, celle qui nous a été donnée par Linné, et qui a été conservée par les savans éditeurs des ouvrages de ce naturaliste célèbre. Il est donc besoin de suivre la marche des auteurs les plus modernes, de rétablir dans leur entier les divisions du savant Suédois ; et, pour parvenir au but que nous voulons atteindre, d'y joindre les corrections qu'ont cru devoir faire les professeurs français les plus distingués, en rapprochant, autant qu'ils ont pu le faire, les genres qui se ressemblent le plus, pour en former autant de petites familles naturelles dont l'ensemble fixe mieux l'attention des étudians, auxquels cet ouvrage est plus particulièrement destiné. Pour nous assurer un certain succès, nous nous ferons donc un mérite de suivre pas à pas nos maîtres éclairés les citoyens Lacépède et Cuvier, dont les travaux nous sont de la plus grande utilité, et provoquent notre reconnoissance éternelle.

Linné a divisé la classe des poissons en six ordres ; et il les distingue ,

1°. En *apodes*, branchies ossiculées, nageoires ventrales nulles.

2°. En *jugulaires*, branchies osseuses, nageoires ventrales placées en avant des pectorales.

I

5°. En *thorachiques*, branchies osseuses, nageoires ventrales placées sous les pectorales.

4°. En *abdominaux*, branchies osseuses, nageoires ventrales placées en arrière des pectorales.

5°. *Branchiostèges*, branchies libres.

6°. *Chondroptérygiens*, branchies cartilagineuses.

§. I. *Des apodes*. Le caractère le plus tranché des poissons compris dans cet ordre, consiste dans l'uniformité de longueur et de largeur des nageoires du dos, de l'anus ; et dans la forme alongée du corps.

Les poissons réunis dans cette espèce de famille, sont : L'*anguille* (v. n°. 16, p. 119); les *murènes*, *muræna helena* (Linn.), et la *cécilie*, *muræna cæcilia* (Linn.). Ces deux derniers genres sont du citoyen Lacépède. La membrane des ouïes, dépourvue de rayons, caractérise le premier ; et l'absence totale des nageoires fait distinguer le second de tous les autres qui pourroient lui ressembler. On trouve encore dans cette tribu, les *gymnotes* (17), les *trichiures* (22), les *donzelles* (23), &c. (V. p. 120 et suiv.)

§. II. *Des jugulaires*. Les poissons jugulaires sont divisés en ceux qui ont la tête épineuse, tels que les *callionymes* (29), les *vives* (28) et les *uranoscopes* (27); en ceux qui ont la tête dépourvue d'épines. De ce dernier nombre sont les *gades* (25), dont les espèces diffèrent, 1°. par la présence de *deux nageoires derrière l'anus*, et de trois sur le dos, avec ou sans barbillons; 2°. par la présence d'une *seule nageoire derrière l'anus, et de deux sur le dos*. Le *gadus tau* (Linn.) a des caractères si tranchés et si distincts de ceux des autres espèces, que le citoyen Cuvier propose d'en faire un genre.

Caractère. Tête applatie horizontalement; chaque opercule *tri-spiné*; mâchoires entourées de nombreux tentacules; corps lisse, muqueux, tacheté de brun et de blanc; tête marquée sur son applatissement d'une tache en forme de lunette.

C'est un poisson de la Caroline.

Les perce-pierres (26), divisés en ceux qui ont sur la *tête des filamens charnus ou des crêtes*, et en ceux qui *n'en ont aucuns*, et le kurte, sont encore autant de poissons qui n'ont pas la tête épineuse.

Le KURTE, genre nouveau. *Caractère.* Poisson très-comprimé, très-haut; dos gibbeux; une seule nageoire *dorsale* et médiane; nageoires *pectorales* grandes; *anale*, se prolongeant jusques vers le bout de la queue; *caudale* bifurquée; deux rayons à la membrane des ouies; écailles o; dos et nageoires de couleur aurore; côtés et ventre argentins. *Kurtus indicus* (Linn.).

§. III. *Thorachiques.* Il est des poissons thorachiques qui ont la tête cuirassée; ce sont les *cha-*

bots (39), les *racasses* (40) et les *trigles* (58). Il en est d'autres qui ne sont pas ainsi conformés : mais les rayons de leurs nageoires sont mous, si l'on en excepte le premier qui souvent est épineux ; ceux-ci ont quelquefois le corps alongé, et leurs écailles à peine distinctes, comme les *cépoles* (48), les *lépidopes* (30), les *sucets* (31); ou bien ils ont le corps long et écailleux. Le *macroure* en est un exemple. Ses caractères sont :

MACROURE, *MACROURUS*, queue longue, subulée ; nageoires anale et dorsale correspondantes, unies et continuées jusqu'au bout de la queue ; autre nageoire dorsale au-dessus des pectorales et des ventrales ; tête grosse, écailleuse ; museau saillant; mâchoire inférieure unie, barbillonnée.

Ils ont encore le corps comprimé, et les *deux yeux du même côté;* les *pleuronectes* (32) le prouvent encore. On trouve aussi des poissons thorachiques qui n'ont pas la tête cuirassée, mais dont tous les rayons des nageoires du dos sont en partie épineux. Ces poissons ont ou *deux nageoires dorsales,* tels que les *gobies* (49), les *surmulets* (36), les *scombres* (45), les *épinoches* (37), les *sciènes* (42), et les *perches* (41); ou bien ils *n'en ont qu'une :* les *zées* (35), les *chætodons* (33), les *scares,* les *coryphènes* (46), les *bodians,* les *holocentres,* les *lutians,* les *labres* (43), et les *spares* (44), sont dans ce cas.

Genres nouveaux.

1. SCARE, *SCARUS*, os maxillaires à nu, tenant lieu de dents; corps oblong, comprimé, écailleux; tête écailleuse; nageoires égales; membrane des ouïes à quatre rayons; opercule édenté, sans épine.

2. BODIAN, *BODIANUS*, opercules piquans, édentés.

3. HOLOCENTRE, *HOLOCENTRUS*, opercules piquans et dentés.

4. LUTIAN, *LUTIANUS*, opercules à dentelures sans piquans (1).

§. IV. *Poissons abdominaux.* Les genres qui composent cette famille nombreuse ont été conservés par les naturalistes modernes, tels que les avoient décrits Linné et Forster. Ce seroit donc inutilement que nous rappellerions ici tout ce qu'on peut en avoir dit depuis ces hommes célèbres. Peut-être leurs caractères sont-ils mieux tranchés aujourd'hui; mais notre but n'étant pas de les exposer dans tous leurs détails, nous renvoyons aux ouvrages des citoyens Lacépède et Cuvier, et à celui de M. *Bloch.*

§. V. *Poissons branchiostèges.* Ils sont tous

---

(1) Ces trois derniers genres ont été établis par *Bloch*, dans son superbe ouvrage sur les poissons.

compris dans la deuxième division des chondrop·
térygiens à évents solitaires, reconnue par Forster qui s'est ici très-écarté de la méthode lin-
néenne. Des branchiostèges ont la bouche *édentée*
et *située sous le museau*, comme l'*esturgeon* (13)
et les *pégases* (15) ; quelques-uns ont la bouche
édentée, mais *au bout du museau ; ex.* les *syng-
nathes* (6) et les *centrisques* (14) : d'autres ont
la bouche au bout du museau et *dentée ;* les *balistes* (10) et les *coffres* (7) en sont une preuve :
ici ce sont des branchiostèges dont la bouche est
au bout du museau, *mais dont les os des mâchoires sont nus et tiennent lieu de dents ;* comme on
peut le voir dans les *tétrodons* (8), les *môles* et
les *diodons* (9).

Genre nouveau. MÔLE, *MOLA,* os des mâchoires tenant lieu de dents, et légèrement échancrés dans leur milieu ; corps comprimé ; queue
courte et large paroissant avoir été coupée ; totalité
du corps plus semblable à une tête qu'à un poisson
entier ; nageoires dorsale, anale, confondues avec
celle de la queue. Ce genre est une espèce de *tétrodon* de Linné, de Bloch, &c.

Là ce sont des branchiostèges *à grande bouche
et à membrane branchiostège formée de rayons
très-nombreux.* Ils comprennent les *baudroies* (11)
et les *cycloptères* (12).

§. VI. *Chondroptérygiens*, à évents composés ou multipliés, selon Forster. Les genres sont absolument les mêmes.

NOMENCLATURE
ET TABLES MÉTHODIQUES
DES POISSONS,

PAR LE C. LACÉPÈDE,

Membre de l'Institut national, et Professeur au Muséum d'Histoire naturelle (1).

APRÈS avoir exposé dans un discours aussi savant qu'élégamment écrit, les caractères principaux qui distinguent les animaux à mamelles, les oiseaux, les quadrupèdes ovipares et les serpens, des poissons qui ne peuvent vivre, au moins longtemps, que dans l'eau, à l'aide d'organes respiratoires qu'on appelle *branchies*, le citoyen Lacépède considère en détail tous les points de la surface extérieure des différens poissons ; il passe ensuite à l'examen des parties contenues dans les grandes cavités. Une description exacte et succincte des organes gastriques du foie et de la rate,

---

(1) HISTOIRE NATURELLE DES POISSONS, t. I, in-4°. A Paris, chez PLASSAN, imprimeur-libraire, rue du Cimetière André-des-Arcs, n°. 10.

est suivie d'une notice intéressante sur ceux de la circulation et sur-tout de la respiration. On lit avec le plus grand intérêt la description physiologique du cœur et des principaux vaisseaux qui en partent ou qui viennent s'y rendre. On sait que cet organe musculeux diffère de celui des animaux qui respirent l'air libre de l'atmosphère, par ses propres cavités qui ne sont qu'au nombre de deux, et qu'on peut distinguer en sinus veineux et en cavité *branchiale* (1). C'est par celle-ci que s'échappe, en parcourant une grosse artère, tout le sang qui doit aller aux branchies. A peu de distance de son origine du cœur, cette artère se divise bientôt en deux branches, une pour chaque bran-

---

(1) Ces dénominations sont intéressantes à conserver, parce qu'elles s'accordent très-bien avec la nouvelle nomenclature anatomique dont nous sommes redevables aux travaux nombreux du citoyen Chaussier, professeur de l'Ecole de Médecine de Paris. Cet infatigable anatomiste divise les quatre grandes cavités du cœur des animaux mammifères en deux sinus et en deux cavités. Parmi ces dernières, il en est une qui envoie le sang aux poumons par l'artère pulmonaire; c'est la *cavité pulmonaire*. La seconde est la *cavité aortique*, d'où le sang se porte en parcourant l'artère aorte dans toutes les autres parties du corps. Le *sinus pulmonaire* rapporte dans la cavité aortique tout le sang qui revient des poumons, et qui lui est transmis par les quatre veines pulmonaires; et le *sinus aortique* rejette dans la cavité pulmonaire tout le sang qui lui vient des *veines caves ascendantes et descendantes*, &c. &c. (LÉVEILLÉ.)

chie. Elles ne tardent pas à se sous-diviser en un très-grand nombre de ramifications égal à celui des lames dans chaque branchie. Les ramifications se réunissent en rameaux et en branches, pour porter le sang revivifié par les deux branchies dans un tronc commun et unique qui se porte tout le long de l'épine jusqu'à la queue, en faisant les fonctions d'artère aorte descendante ; enfin, ce sang suit la même marche que dans tous les animaux qui vivent dans l'air ; il est repris par les veines, et reporté par une veine cave dans le sinus veineux, et de-là dans la cavité aortique pendant toute la durée de la vie de l'animal.

Les branchies sont au poisson ce que les poumons sont à l'animal mammifère, à l'oiseau, au quadrupède ovipare et au serpent. C'est en les traversant que le sang reprend une nouvelle vie, en puisant dans l'eau cette portion d'oxigène qu'elle peut contenir, et qui fait sur lui le même effet que l'oxigène respiré avec l'air atmosphérique par les animaux qui ont un poumon.

On ne peut lire, sans éprouver un grand desir de s'instruire, tout ce qui est relatif aux nerfs, au cerveau qui leur donne naissance, et aux usages généraux de toutes ces parties. On en peut dire autant des organes de la génération. Nulle part on ne les a trouvés décrits avec plus de clarté ; leurs fonctions dans les mâles et dans les femelles sont

différentes dans plusieurs genres ; et la manière de
naître des petits mérite toute l'attention des naturalistes, parce qu'elle semble varier à l'infini parmi tous ces habitans des eaux : en effet, nous
apprenons que les œufs des raies, des squales, résident dans le ventre de l'animal, et y sont fécondés par le mâle, de manière à faire présumer qu'il y a
un véritable accouplement, sans, pour cela, qu'on
puisse croire ces poissons de vrais vivipares, puisque le petit est contenu dans un œuf, et ne tire
pas immédiatement sa nourriture du corps de la
mère.

Nous savons que presque tous les poissons sont
pourvus d'une vessie natatoire qui manque aux
raies et à un grand nombre de ceux qui ont un
corps très-plat. Cette vessie communique avec
l'intestin, au moyen d'un canal pneumatique qui
lui transmet un gaz propre à la gonfler lorsque
l'animal veut monter à la surface de l'eau, et par
où ce même gaz s'échappe lorsqu'il veut se porter
au fond de ce liquide. Mais quelle est la nature de
cet air ? Les physiciens sont très-divisés d'opi-
nions sur ce point important. L'organe aérien
d'une carpe a donné de l'azote au citoyen Fourcroy ; le docteur Priestley a trouvé de l'oxigène
mêlé à un autre gaz dont il ne dit pas le nom ; les
docteurs Dunkan et Francis Rigbi Brodbelt, de la
Jamaïque, ont reconnu de l'oxigène très-pur dans

la vessie d'un xiphias espadon ; enfin, celui de
quelques tanches, examiné par le citoyen Lacépède, renfermoit du gaz hydrogène.

Nous renvoyons à l'ouvrage même pour ce qui
concerne la manière dont les poissons se nourrissent et se reposent, et pour ce qui regarde leurs
organes du mouvement et autres instrumens dont
ils se servent pour se diriger ; et nous terminons
cette trop courte notice en présentant la méthode
proposée par l'auteur pour classer les poissons.

Ces animaux sont divisés en deux grandes sous-
classes ; savoir, les *cartilagineux* et les *osseux*.
Chacune de ces sous-classes est partagée en quatre
divisions, fondées sur la présence ou l'absence
d'une membrane ou d'un opercule placés à l'extérieur, servant à compléter l'organe respiratoire.
Chaque division comprend quatre ordres fondés
sur le nombre des nageoires ; en sorte qu'il existe
deux grandes sous-classes, huit divisions et trente-
deux ordres.

PREMIERE TABLE MÉTHODIQUE
DE L'HISTOIRE NATURELLE DES POISSONS.

Tableau général de la classe, des sous-classes, des divisions et des ordres des poissons.

Tableau particulier des genres des poissons cartilagineux.

CLASSE DES POISSONS.

Le sang rouge. — Des branchies au lieu de poumons.

PREMIÈRE SOUS-CLASSE.

Poissons cartilagineux. — L'épine dorsale composée de vertèbres cartilagineuses.

PREMIÈRE DIVISION.

Point d'opercule branchial, ni de membrane branchiale.

Ier ORDRE. Ordre 1er.	IIe ORDRE. 2.	IIIe ORDRE. 5.	IVe ORDRE. 4.
POISS. APODES. Point de nageoires inférieures.	P. JUGULAIRES. Une ou deux nageoires sous la gorge.	P. THORACINS. Une ou deux nageoires sous la poitrine.	P. ABDOMINAUX. Une ou deux nageoires sous l'abdomen.
Ier GENRE. *Pétromizons.* 7 ouvertures branchiales de chaque côté du cou, 1 évent sur la nuque, nageoires pecto-rales o. **Ier GENRE (bis).** *Gastrobanche.* Les ouvertures des branchies situées sous le ventre.			**IIe GENRE.** *Raies.* 5 ouvert. branch. de chaque côté du dessous du corps ; bouche située dans la partie inférieu-re de la tête ; corps très-applati. **IIIe GENRE.** *Squales.* 5, ou 6, ou 7 ouv. branch. de chaque côté du corps ; des dents aux mâch. **IVe GENRE.** *Aodons.* Mâch. sans dents ; 15 ouvert. bran-chiales de chaque côté du corps.

PREMIÈRE SOUS-CLASSE.

POISSONS CARTILAGINEUX.

L'épine dorsale composée de vertèbres cartilagineuses.

SECONDE DIVISION.

Point d'opercule branchial ; une membrane branchiale.

Iᵉʳ ORDRE. 5.	IIᵉ ORDRE. 6.	IIIᵉ ORDRE. 7.	IVᵉ ORDRE. 8.
POISS. APODES. Point de nageoires inférieures.	P. JUGULAIRES. Une ou deux nageoires sous la gorge.	P. THORACINS. Une ou deux nageoires sous la poitrine.	P. ABDOMINAUX. Une ou deux nageoires sous l'abdomen.
	Vᵉ GENRE. *Lophies.* Un très-grand nombre de dents aiguës ; une seule ouverture branchiale de chaque côté du corps ; les nageoires pectorales attachées à des prolongations en forme de bras.	VIᵉ GENRE. *Balistes.* La tête et le corps comprimés latéralement; 8 dents au moins à chaque mâchoire : l'ouverture des branchies très-étroite ; les écailles ou tubercules qui revêtent la peau réunies par une forte membrane.	VIIᵉ GENRE. *Chimères.* Une seule ouverture branchiale de chaque côté du cou; la queue longue et terminée par un long filament.

TROISIÈME DIVISION.

Un opercule branchial ; point de membrane branchiale.

Iᵉʳ ORDRE. 9.	IIᵉ ORDRE. 10.	IIIᵉ ORDRE. 11.	IVᵉ ORDRE. 12.
POISS. APODES. Point de nageoires inférieures.	P. JUGULAIRES. Une ou deux nageoires sous la gorge.	P. THORACINS. Une ou deux nageoires sous la poitrine.	P. ABDOMINAUX. Une ou deux nageoires sous l'abdomen.
			VIIIᵉ GENRE. *Polyodons.* Des dents aux mâchoires et au palais. IXᵉ GENRE. *Acipensères.* L'ouverture de la bouche située dans la partie inférieure de la tête, rétractile et sans dents, des barbillons au-devant de la bouche; le corps alongé et garni de plusieurs rangs de plaques dures.

QUATRIÈME DIVISION.

Un opercule branchial, et une membrane branchiale.

Iᵉʳ ORDRE. 13.	IIᵉ ORDRE. 14.	IIIᵉ ORDRE. 15.	IVᵉ ORDRE. 16.
POISS. APODES. Point de nageoires inférieures.	P. JUGULAIRES. Une ou deux nageoires sous la gorge.	P. THORACINS. Une ou deux nageoires sous la poitrine.	P. ABDOMINAUX. Une ou deux nageoires sous l'abdomen.
Xᵉ GENRE. *Ostracions.* Le corps dans une enveloppe osseuse; dents incisives à chaque mâchoire. XIᵉ GENRE. *Tétrodons.* Les mâchoires avancées et divisées chacune en deux dents. XIIᵉ GENRE. *Ovoïdes.* Le corps ovoïde; les mâchoires osseuses avancées et divisées chacune en deux dents; point de nag. du dos, de la queue, ni de l'anus. XIIIᵉ GENRE. *Diodons.* Les mâchoires osseuses avancées, et chacune d'une seule pièce. XIVᵉ GENRE. *Sphéroïdes.* Quatre dents au moins à la mâchoire supérieure; point de nag. du dos, de la queue, ni de l'anus. XVᵉ GENRE. *Syngnathes.* L'ouverture de la bouche très-petite, et placée à l'extrémité d'un museau très-long et presque cylindrique; point de dents; les ouvertures des br. sur la nuque.		XVIᵉ GENRE. *Cycloptères.* Des dents aiguës aux mâchoires; les nageoires pectorales simples; les nageoires inférieures réunies en forme de disque. XVIIᵉ GENRE. *Lépadogastères.* Les nageoires pectorales doubles; les nageoires inférieures réunies en forme de disque.	XVIIIᵉ GENRE. *Macrorhynques.* Le museau alongé; des dents aux mâchoires; des petites écailles sur le corps. XIXᵉ GENRE. *Pégases.* Le museau très-alongé; des dents aux mâchoires; le corps couvert de grandes plaques et cuirassé. XXᵉ GENRE. *Centrisques.* Le museau très-alongé; les mâchoires sans dents; le corps très-comprimé; les nageoires ventrales réunies.

SECONDE SOUS-CLASSE.

Poissons osseux. — L'épine dorsale composée de vertèbres osseuses.

PREMIÈRE DIVISION.

Un opercule branchial, et une membrane branchiale.

Ier ORDRE. 17.	IIe ORDRE. 18.	IIIe ORDRE. 19.	IVe ORDRE. 20.
POISS. APODES. Point de nageoires inférieures.	P. JUGULAIRES. Une ou deux nageoires sous la gorge.	P. THORACINS. Une ou deux nageoires sous la poitrine.	P. ABDOMINAUX. Une ou deux nageoires sous l'abdomen.

SECONDE DIVISION.

Un opercule branchial, point de membrane branchiale.

Ier ORDRE. 21.	IIe ORDRE. 22.	IIIe ORDRE. 23.	IVe ORDRE. 24.
POISS. APODES. Point de nageoires inférieures.	P. JUGULAIRES. Une ou deux nageoires sous la gorge.	P. THORACINS. Une ou deux nageoires sous la poitrine.	P. ABDOMINAUX. Une ou deux nageoires sous l'abdomen.

TROISIÈME DIVISION.

Point d'opercule branchial ; une membrane branchiale.

Ier ORDRE. 25.	IIe ORDRE. 26.	IIIe ORDRE. 27.	IVe ORDRE. 28.
POISS. APODES. Point de nageoires inférieures.	P. JUGULAIRES. Une ou deux nageoires sous la gorge.	P. THORACINS. Une ou deux nageoires sous la poitrine.	P. ABDOMINAUX. Une ou deux nageoires sous l'abdomen.

QUATRIÈME DIVISION.

Point d'opercule branchial, ni de membrane branchiale.

Ier ORDRE. 29.	IIe ORDRE. 30.	IIIe ORDRE. 31.	IVe ORDRE. 32.
POISS. APODES. Point de nageoires inférieures.	P. JUGULAIRES. Une ou deux nageoires sous la gorge.	P. THORACINS. Une ou deux nageoires sous la poitrine.	P. ABDOMINAUX. Une ou deux nageoires sous l'abdomen.

TROISIÈME

TROISIÈME PARTIE.

TESTACÉOLOGIE (1).

§. I.

L'AGRÉMENT que procure l'étude des testacés, donne à cette science une certaine supériorité sur toutes les autres. En effet, l'admirable conformation des parties, la disposition des couleurs aussi élégante que variée, ont, de tous les temps, tellement fixé l'attention des curieux dominés par une passion irrésistible, qu'on en a vu quelques-uns placer sous des gazes très-précieuses, ces étonnantes merveilles de la nature, et les observer avec la plus scrupuleuse attention : d'autres, entraînés par un zèle qu'on ne sauroit blâmer, n'ont pas craint d'exposer leurs jours, et d'aller visiter les bords les plus éloignés de l'Océan, dans l'espoir d'en rapporter de riches collections. Scipion et Lælius, l'un célèbre par les phalanges qu'il a menées à la victoire, par les batailles qu'il a livrées ;

---

(1) Cet article est traduit du latin d'Adolphe Murray, et extrait du huitième volume des Aménités académiques.

K

l'autre renommé par les sentences qu'il proféroît
dans le sénat romain, employoient cependant très-
souvent leurs momens de loisir à ramasser dés coquillages sur les bords de la mer. Mais venons au
temps où nous vivons! Ne sommes-nous pas les
témoins perpétuels de cette ardeur infatigable
qu'apporte le sexe aimable pour ces monceaux de
coquilles, qu'il ne se contente pas de réunir ni de
contempler infructueusement? Et sans parler des
curieuses collections de quelques femmes célèbres
de l'Angleterre, de la Flandre et de la France, la
très-auguste *Louise-Ulric*, notre reine, étonne
moins par la plus belle et la plus complète,
que par son habileté supérieure à la bien connoître.

Mais comme ce n'est pas le propre du sage de ne
s'arrêter qu'à l'extérieur de tant d'objets d'histoire
naturelle, scrutons l'intérieur de cette science
remplie d'agrémens, en portant nos regards attentifs sur la conformation intérieure des testacés,
sur la disposition des couleurs, l'ornement des
parties, la structure des animalcules, leur génération, leur accroissement et leurs autres propriétés.
Mais, grand Dieu! quelle immensité de prodiges
s'offre à nous!

Les coquilles sont des toits qui servent de domiciles à certains vers très-mous, sans squelette et
seulement recouverts d'une peau ou d'une cuticule

très-mince et très-délicate. Mais on observe dans leur conformation, mille variétés, mille différences de couleurs. Quelques-uns de ces domiciles sont repliés en cercles, les autres contournés sur eux-mêmes ou en spirale ; on en voit qui sont gibbeux, développés et ouverts ; ici, il s'en trouve d'applatis, de squammeux, cortiqués (ou recouverts d'une écorce); là, ce sont des épines, des pointes, des petites plumes, des lames ou des crêtes, des feuillages dont ils sont hérissés. Ailleurs, ils sont muriqués (*muricatæ*), lisses, transparens et brillans; autre part, on les observe turbinés et en spirale; quelques-uns imitent souvent la marqueterie, et se distinguent par la régularité de leurs compartimens; mais tous, malgré leurs différences, se le disputent tellement par la beauté, l'élégance, et même par leur fausse imitation du produit de l'art, que personne n'ose décider auquel on doit donner la préférence. En effet, les coquilles dont la formation semble avoir été négligée, portent cependant sur leur masse grossière le cachet ineffaçable de la sagesse suprême du créateur.

Les couleurs aussi, dont les différences nombreuses tiennent du merveilleux, nous opposent un grand obstacle pour déterminer les coquilles. Dans le plus grand nombre, les couleurs blanches, argentées, tannées, brunes, paillées, orangées dominent; beaucoup d'autres sont bigarrées de bandelettes discolores ; on en trouve très-peu de bleues, ainsi de suite.

L'art que ces petits animaux mettent à construire leurs demeures n'est pas moins intéressant à connoître. En effet, comme le dit fort bien Réaumur, le génie le plus exercé, le plus subtil et le plus heureusement né du philosophe, ne peut espérer le découvrir assez clairement et assez distinctement. Nous ne manquons pas d'auteurs qui ont fait les plus grands efforts sur ce point; mais dans les descriptions qu'ils nous ont données, on ne remarque qu'une grande sagacité d'esprit, et rien de plus. Nous savons cependant, que toutes les coquilles naissent d'œufs semblables au sperme des poissons, couvés au-dehors ou dans le sein des mères ; et non de la putréfaction, comme l'a prétendu Aristote et beaucoup d'autres après lui ; et qu'il suinte de toute la surface du corps de l'animal, un mucus qui se change en chaux par la dessication. Personne ne niera que cette viscosité est en grande abondance, lorsqu'il saura que l'*helix pomatia* forme sur-le-champ, et même à plusieurs reprises, une nouvelle membrane, chaque fois que l'on coupe celle dont il se sert pour former la coquille. De toutes parts, cet animal est enveloppé de cette viscosité, et nous voyons ses viscères la sécréter en très-grande quantité. Mais l'on sait sur-tout que, de toutes les humeurs, les plus tenaces sont filandreuses. Plusieurs croyent donc aujourd'hui , avec l'illustre Réaumur ; que de tels fils calcaires sont sortis des pores de ce petit animal, et que l'épaisseur de la coquille est en raison de leur grand nombre et de la densité de leur texture. On remarque souvent que la surface extérieure est beaucoup moins dure que l'intérieure qui est formée la dernière , et lorsque l'animal contenu a acquis plus d'âge et plus de force. On peut assurer avec certitude , et d'après l'observation bien constatée, que plusieurs de ces animaux enduisent ainsi leur corps à l'aide de leur bouche. Le célèbre *Hérissant* (1) a tout nouvellement émis une idée très-ingénieuse sur laquelle est fondée toute sa théorie : elle est conforme aux vues de la nature, et sanctionnée par l'expérience. Ce physiologiste a reconnu une très-grande ressemblance entre les os des animaux , et ces petites habitations calcaires, puisque les os et les coquilles sont celluleuses et remplies de chaux. Cette cellulosité est démontrée , par cela même qu'il se dégage beaucoup d'air , et que dépouillés de leur chaux au moyen de l'esprit de nitre (*acide nitreux*) , et lavés dans l'eau, il ne reste plus qu'une substance cellulaire qui ne fait point effervescence avec les acides. Il a dépeint comme globuleux,

_____

(1) Mémoires de l'Académie des Sciences de Paris, année 1766, p. 508.

ces petits utricules qu'il pense être formés de fibres gommeuses et transparentes. D'après cela, il ne faut plus nous étonner si repliés sur la surface des coquilles, et devenus prismatiques, ils divisent les rayons du soleil, et rendent plusieurs de leurs faces resplendissantes et bigarrées. Selon ce même physicien, plus la coquille est épaisse, plus aussi ces cellules sont fortes et tenaces.

Tous les ornemens des coquilles paroissent dépendre de la structure poreuse de l'animal. Car plus les pores sont serrés, plus la surface est égale. Elle est au contraire aigrettée et fort élégante, s'ils sont distincts et régulièrement ordonnés ; au point que je serois très-porté à croire que les plus grands pores disposés en quinconce, ou formant des carrés, rendent la coquille réticulée, et épineuse ou tuberculée lorsqu'ils sont distribués sans ordre çà et là.

Les avis ont été très-partagés sur l'accroissement des coquilles. Les *cyprées* déposent chaque année leurs anciennes demeures, pour s'en former de nouvelles plus amples ; mais d'autres, au moyen de nouveaux anneaux, dilatent les dernières anfractuosités, et rendent ainsi plus spacieuse leur ancienne habitation. Plusieurs conques ne deviennent plus étendues que par l'apposition de nouvelles lamelles.

Considérons-nous la structure intime des propres habitans? Nous ne faisons qu'hésiter, sans oser rien assurer de positif. Cependant nous admirons l'incroyable industrie de certains naturalistes observateurs ; nous nous félicitons qu'ils aient poussé l'examen des vers jusqu'à nous instruire des parties qui leur manquent : mais aucun mortel n'a pas encore été assez heureux de poursuivre très-loin l'examen de celles dont ils sont pourvus et l'ordre qu'elles occupent ; il faut cependant en excepter les grands viscères. Je n'ignore pas même que l'infatigable *Listre*, et beaucoup d'autres hommes célèbres que je citerai, ont supérieurement traité cet objet ; mais ils avouent eux-mêmes le petit nombre de découvertes qu'ils ont faites. Ces animaux sont d'ailleurs si mous, que, quoique visibles à l'œil nu, le scalpel ne peut les atteindre.

Aristote, en divisant les êtres vivans en parfaits et en imparfaits, comprenoit dans ces derniers les testacés, et il avoit sans doute raison. On ne leur distingue ni tête, ni nez, ni oreilles ; ils sont sans pieds et dépourvus d'yeux : et s'il s'en trouve qui prennent pour des yeux les points noirs qui terminent les tentacules de quelques-uns de ces animaux, l'expérience nous apprend qu'on ne rencontre point cette cavité qui devroit contenir les humeurs de l'œil, et qu'ils ne peuvent servir aux testacés pour se représenter et se former l'idée des objets. Ce qu'il y a de certain, c'est que les tenta-

K 4

cules sont des organes; mais comme, pour nous former une idée claire des parties des animaux, nous devons toujours les comparer aux nôtres, et comme par cette marche nous ne pouvons pas devenir plus certains sur l'usage des tentacules, il s'ensuit qu'il vaut mieux confesser son ignorance, que de faire une ostentation fastueuse de nouvelles idées dont le vague est marqué au coin du génie le plus étroit. Il ne paroît pas que l'usage des tentacules soit le même que celui des antennes dans les insectes; car la différence ne consiste pas moins dans leur structure que dans leur situation. Le corps de l'*astérie* est entièrement armé de tentacules : la situation de la bouche au-dessous des tentacules a sans doute suffi pour persuader *Spallanzani* de l'existence de la tête dans les limaçons ; mais, sans rapporter d'autres exemples qui existent en grand nombre, que sa conclusion est futile, comme le prouve assez la formation du cancre, dont la bouche est placée sous la poitrine! Les observations anatomiques de *Listre* confirment évidemment l'existence du cœur, du poumon, de l'estomac et des intestins dans les limaçons. Ils sont androgynes, à l'exception de quelques-uns, selon ce physiologiste, et les parties sacrées occupent les côtés de l'animal proche les tentacules.

Il est encore difficile de pénétrer leurs usages intérieurs ; c'est aussi ce que nous connoissons le

moins. Nous n'ignorons cependant pas qu'on en
trouve sur les continens, dans les mers ou dans
les fleuves, et qu'il est très-rare que ces animaux
puissent impunément changer de demeure. Il y en
a qui se nourrissent de végétaux. La pholade et
l'hélice pierreuse (*lapicida*) s'attachent aux montagnes calcaires; quelques-unes, telle l'*hélice des
arbustes*, ne vivent que de *lichen*, &c. Au printemps, beaucoup se recherchent avec empresse-
ment, célèbrent leurs noces, et se réunissent souvent pendant quatorze jours.

Telles sont, sans doute, les merveilles de l'Être
suprême; elles ne peuvent que faire les délices de
l'observateur.

§. I I.

Quelle que soit la science qu'on cultive, on demande nécessairement quelle est son utilité? Mais
on peut taxer d'impudence et d'effronterie, ceux
qui soutiennent que la testacéologie ne sert à rien.
Cependant il s'en trouve qui ne craignent pas de
dire que la science des coquillages doit être mise
au nombre des inepties, des joujous d'enfans, et
n'est nullement digne de l'homme sage. On voit
même Erasme dans ses Proverbes, faire précéder
sa description de l'homme qui s'amuse à des riens,
d'un exemple qui le compare à celui qui joue avec
des coquilles, ou qui en fait collection. Eh! qui
ne s'étonnera pas de ces ironies piquantes et si peu

méritées! Qui ne s'en indignera pas plutôt, en lisant les préfaces des auteurs anciens et de quelques modernes sur cette science ! Tous affirment que ce n'est qu'après avoir surmonté mille difficultés ; pour se soulager de travaux plus sublimes, pour obéir à l'impulsion irrésistible de leurs amis, ou pour céder à l'autorité de quelques supérieurs, qu'ils se sont destinés à écrire et publier les fruits de leurs veilles. Mais que les préjugés ont jeté de profondes racines dans le cœur de certains hommes ! Néanmoins je m'efforcerai de démontrer en peu de mots l'utilité de la testacéologie.

Je ne considérerai pas l'usage de la testacéologie sous le point de vue théologique. Elle représente les immenses perfections du créateur sous trop de formes aussi variées que merveilleuses. Je ne me complairai pas à démontrer comment, au milieu d'une si étonnante variété de chef-d'œuvres, les coquilles se font distinguer par ceux qui sont moins jaloux de satisfaire leur appétit vorace, que de contempler les merveilles de la nature, et comment elles augmentent la félicité des uns et des autres, et même avec profit. La chaux tire entièrement sa source du règne animal, et principalement des coquillages. Ce sont eux qui nous fournissent les perles et les plus précieux ornemens des princes et du sexe. La pourpre des anciens, l'écarlate et le violet, sont le produit de ces animaux.

Le *lapis pavonius* se retire de la charnière cartilagineuse de l'huître margaritifère. On doit aux
coquillages un grand nombre de médicamens absorbans. Plusieurs grandes coquilles purifiées, et
devenues par-là transparentes, peuvent être utiles
pour nos fenêtres (1). Différens habitans de l'Inde
s'en servent au lieu de tuiles pour recouvrir leurs
maisons (2). En enlevant la partie supérieure des
coquilles, on en fait des vases, des gaînes et des
flambeaux. Les barbares du Brésil se rasent la
barbe avec plusieurs coquillages aigus, et même
s'en servent pour se l'arracher tout-à-fait (3).
C'est avec le *cypræa* que les Egyptiens donnent
à leurs toiles le brillant que nous leur connoissons;
et ce même procédé sert à d'autres pour polir le
papier (4). A Tarente, c'est à l'aide d'une barbe
de nageoires, que l'on fait différens vêtemens et
gants qui, par leur mollesse, ne le cèdent presqu'en rien à ceux qui sont de soie. Chez les anciens, les femmes s'ornoient de coquillages, et
dans l'Inde occidentale, les filles ne sont pas moins
jalouses d'user de ce moyen pour engager les jeu-
nes gens au mariage et à goûter les plaisirs de
Vénus. Dans l'île de Malte, les religieuses ex-

---

(1) *Lesser*, Testaceoth. t. 2, l. 1, cap. 2, §. 290.
(2) *Petrus, Martyr*, de reb. ocean. lib. 4, dec. 3.
(3) *Bonanni*, Mus. Kircheri, f. 431.
(4) Ibid.

cellent dans l'art de représenter des fleurs et des ornemens qui nous parviennent tous les ans. Dans les îles Maldives, le *cyprœa moneta* a la valeur de l'argent. Il en est encore de même aujourd'hui. J'ajouterai seulement que plusieurs testacés sont comptés parmi les mets les plus délicieux, et que quelques nations de l'Inde s'en nourrissent presqu'entièrement. Il faut aussi ne pas ignorer qu'il en est qui portent un poison très-subtil (1); quelques-uns, comme la *mître*, blessent en piquant au moyen d'un certain instrument; d'autres dont tout le corps abonde en poison très-efficace. On dit que l'huître comestible est funeste pendant l'été, et à la fin du printemps qui est l'époque où elle jette sa semence (2). Nous savons aussi que les *moules* nous sont souvent funestes : et quoiqu'il faille convenir que tous les alimens de ce genre flattent plus notre goût qu'ils ne sont profitables à notre estomac; bien plus, qu'il faille les éviter à cause du suc dont ils sont remplis, et qui est très-disposé à se putréfier; cependant de tels exemples doivent nous rendre plus prudens dans leur choix, et nous forcer à reconnoître et à distinguer avec le plus grand soin ceux qui sont salubres,

---

(1) Rud. Aug. Behrens, Diss. epist. ad Paul. G. Wershoff. Hannov. 1735; Paul. Henri *Mœhring*, de mytilorum quorumdam veneno; 1742, in-4°.

(2) Lesser, t. 2, l. 1, §. 275.

d'avec ceux qui ne le sont pas. De cette manière, nous pouvons, au défaut d'autres alimens, user avec quelque certitude de quelques-uns, et nous les rendre profitables au sang. C'est ce qu'on ne peut faire, si on ne les connoît exactement. Et comme il nous reste beaucoup à faire avant de perfectionner notre testacéologie, réunissons toutes nos facultés, faisons mouvoir tous les ressorts, dans l'espoir de parvenir au comble de nos vœux, et de recueillir le fruit de nos travaux.

Ceci prouve donc que la testacéologie n'est pas moins utile qu'agréable.

§. I I I.

Le mécanisme admirable qui caractérise d'une manière singulière chaque coquillage, a, je pense, facilement déterminé les anciens sages à les contempler. Aristote, Ælien, Pline et quelques autres Grecs et Latins, se sont étendus beaucoup, mais confusément, sur leur nature et leur caractère : la plupart n'ont fait qu'effleurer ce qu'ils avoient annoncé ; tels on voit, pour me servir des expressions de Bonanni, des oiseaux qui, suspendus en l'air, en imposent beaucoup par l'étendue de leurs ailes et la grandeur de leur plumage, mais qui, pris et déplumés, trompent l'attente du chasseur, et ne lui présentent plus qu'un corps maigre et petit. Comme dans ces temps, par un commun, mais coupable usage, les sciences n'étoient confondues qu'au milieu de fictions et de bagatelles, nous ne pouvions pas être plus heureux aujourd'hui. C'est ainsi que nous lisons chez eux, des loups, des bœufs, des lièvres, des ours, et je ne sais quels autres animaux, habitans des coquillages, et représentés comme tels par des figures assez ridicules. Avant le seizième siècle, on n'a rien publié de remarquable dans cette science, et ce n'est que trèslentement qu'elle a fait quelques progrès heureux dans le dix-septième et le dix-huitième, où nous voyons qu'il n'y a presque plus rien à dire sur cette matière. On auroit certainement peine à compter ceux qui se sont occupés de coquillages. Mais qu'il nous suffise de citer les plus célèbres. Ce sont *Ulysse Aldrovande, Fab. Columna, Joh. Jonston, Ol. Wormius, Christ. Merret, Joh. Harderus, Gualterus Charleton, Stenon, MART. LISTER, Ferd. Imperati, Nehem. Grew, PHIL. BONNANI, Tournefort, Robert Sibald, Oliger Jacobée, Joh. Dan. Major, GEORG. EBERH. RUMPH, Jac. Barrelier, Fred. Ruysch, JAC. PETIVER, Mich. Bernh. Valentini, Rich. Bradley, Browne, C. Nic. Langius, Kundmann, Hebenstreit, Franc. Valentini, Jacq. Theod. Klein, J. Ph. Breynius, JANUS PLANC, SEBA, SLOANE, NICOL. GUALTIERI, Fred. Christ. Lesser, D'ARGENVILLE, Ledermüller, REGENFUSS, Guinanus, Adanson, Ch. A. v. Ber-*

gen., *F. C. Meuschen*, *MARTINI*, et l'illustre chevalier DE LINNÉ.

Quelques-uns de ces hommes illustres sont des *monographes* qui n'ont décrit qu'une ou deux coquilles; d'autres sont *polygraphes* : ce sont ceux qui en ont décrit un plus grand nombre. On en trouve qui excellent par les figures qu'ils ont données, tandis que des descriptions illustrent ceux qui se sont uniquement occupés de cet objet. Ici, ce ne sont que les coquilles qui ont fixé l'attention ; là, on n'a pas négligé l'étude des animalcules contenus. Parmi ces derniers, l'illustre *Listre* tient le premier rang ; c'est lui dont l'industrie incroyable a recherché, autant que possible, les angles de ces vermisseaux (*vermiculorum*). Mais on peut lui adjoindre *Harderus* et *Ruysch*, *Hock*, *Heide*, *Willis*, *Lœwenbœk*, *Adanson*, et le célèbre *Martini*. Ailleurs, tout est confondu et sans ordre, tandis qu'autre part tout obéit à une méthode singulière.

Mais toutes ces méthodes, dont le nombre est assez grand, diffèrent beaucoup entr'elles, parce que chacune porte sur des bases presque tout-à-fait différentes. Dans un très-petit nombre, on reconnoît la nature pour guide, et le plus grand l'entrave et l'embarrasse. C'est ainsi que *Listre* a égard, dans sa méthode, au lieu natal où se trouvent les coquilles ; il les divise en terrestres et en fluvia-

tiles. Mais cette distribution paroît peu conforme
à la nature, à celui qui sait que, parmi les coquilles, il en est beaucoup qui se ressemblent si
parfaitement, qu'on ne peut nullement les séparer, quoique trouvées dans des élémens opposés.
Telle *la bulle des mousses et celle des fleuves*:
l'une se rencontre dans les mousses (*bulla hipno-
rum*), et l'autre dans les fleuves (*bulla fluvia-
tilis*).

La méthode de *Tournefort* (exposée dans la
préface de Gualtieri, p. 18) est plus naturelle,
puisqu'elle divise les testacés en *monotomes*, qui
n'ont qu'une coquille; *ditomes*, qui en ont deux,
et *polytomes*, qui en ont plusieurs réunies. Mais
pousse-t-il plus loin son travail? forme-t-il des familles, qui sont au nombre de trois dans la première classe, les univalves, les spirales et les fistuleuses? il confond les genres, et s'engage dans
un labyrinthe inextricable; c'est ce que prouve la
subdivision de la seconde classe, qui contient les
coquillages béans et fermés, et la troisième, à laquelle on ajoute les échinés. Ceux-ci diffèrent tellement des testacés par la conformation de l'animal
même, par la structure de son domicile, que c'est
abjurer toute espèce de raison, de les réunir en
famille. Conduit par le même motif, je réunirois
bien à cet ordre les *sèches* et les *astéries*; mais
je commettrois une grande faute.

On

On en peut dire autant de *Breyn* : dans sa distribution méthodique, les coquillages sont divisés en vasculeux et tubuleux, en simples et en composés: toutes ces classifications sont retouchées de nouveau, et donnent des genres accolés sans ordre.

Le très-ingénieux *Réaumur* paroît avoir fondé sa nouvelle méthode sur la différente disposition des couleurs. Mais il y a plus pour la curiosité que pour l'utilité. Il est certain que, de cette manière, tout se réduiroit en une masse confuse.

La méthode de *Langius* s'accorde parfaitement avec celle de Gualtieri : elle comprend cinq classes. 1°. Les *exothalassibies*, qui sont ou terrestres ou fluviatiles; 2°. les coquillages marins non turbinés et entiers; 3°. les *limaçons* marins; 4°. les conques marines, et 5°. les polytomes, auxquels on est assuré qu'il unit les échinés. L'auteur retouche de nouveau tous ces ordres; il établit de nouvelles subdivisions avant d'aborder le fait lui-même. Mais qui ne voit pas tous les inconvéniens qu'entraîne cette méthode, et qu'avant de bien concevoir les premiers élémens de la science, nous devenons incapables d'y ajouter et d'en sentir tous les avantages. Elle est sur-tout très-artificielle, mais nullement naturelle. Tel est le jugement que l'on peut porter de presque tous les méthodistes.

§. IV.

Une méthode naturelle seroit celle qui auroit

pour base la structure des animaux ; et tous les
genres des testacés devroient être caractérisés
d'après des vues aussi saines et aussi solides. C'est
ce que nous dicte la raison aidée de l'expérience.
Fabius Columna, dans son élégant Traité sur la
Pourpre (*purpura*), nous apprend que la différence de la coquille provient de celle de l'animal,
et que la coquille répond tellement au mécanisme
de l'être qu'elle contient, que l'on ne peut pas
soupçonner le contraire. Mais en réfléchissant, on
rencontre des obstacles nombreux, pénibles et
difficiles à vaincre. Il existe une quantité prodigieuse de testacés plongés dans le fond des mers,
de sorte qu'ils ne tombent que très-difficilement
au pouvoir du voyageur qui observe. Quelques-uns
aussi meurent après être tirés de la mer, ou bien
leur vie est si chancelante, qu'à peine morts, il
n'y a plus d'organisation, et l'on ne peut rien observer de certain. Ainsi, que nous considérions la
structure de la coquille, nous sommes toujours
contraints de conclure *à posteriore ad prius.*
Nous savons, par exemple, quel est l'animal qui
habite l'*hélice vivipare,* et nous en concluons avec
raison que toutes les coquilles semblables contiennent de semblables animaux, ainsi de suite.

§. V.

C'est pourquoi notre illustre président a, dans
son Système de la Nature, pressenti combien il

auroit de difficultés à vaincre, si, dans la description des coquilles, il vouloit suivre la marche la plus simple, qui est celle tracée par la nature. Aussi s'est-il efforcé de chercher ses divisions, et d'établir ses genres d'après leur structure commune : mais il faut savoir que Linné a, autant qu'il l'a pu, constamment posé les fondemens de ses genres sur leur différence, dès l'instant qu'il a eu une connoissance et une idée exactes des animaux. C'est de cette manière que doit se conduire tout imitateur de la nature.

Mais il a divisé les testacés en *limaçons* et en *conques*. Les motifs qui l'ont déterminé sont, le domicile simple des premiers, et les valvules nombreuses que l'on observe dans les dernières; aussi sont-elles divisées en *bivalves* et en *multivalves*.

Le caractère générique des limaçons est pris de l'*ouverture* du domicile, de la *cavité* de la coquille, du canal et de la queue. Ce sont les seules parties dont la figure et la proportion restent constantes, lors même que toutes les autres trompent notre attention; et c'est pourquoi les caractères demeurent toujours stables et fixés.

Quoique nous ayons un grand nombre de planches suffisantes pour exposer les caractères de plusieurs genres, j'ajouterai cependant un système général pour rendre tout très-évident.

Il est des co-quilles qui ont,

1°. une spirale ré-gulière ; et elles sont, relativement à l'ouverture,

dilatées : ex. les *cônes*, *cyprée*, *volute*, *bulle* ;

canaliculées : ex. la *mûre*, le *buccin*, le *strombe* ;

rétrécies ; l'*argonaute*, le *nau-tile*, le *sabot*, les *toupies*, l'*hé-lice*, la *nérite*, l'*ormier*.

2°. Spirale o , ou très-irrégulière, comme les *pa-telle*, *dentale*, *serpule*, *sabelle*, et les tarets.

Dans la fixation des genres des conques bivalves, *Linné* suit une méthode naturelle qu'il a imaginée ; il a égard aux charnières et aux dents qui leur sont propres. Mais il résulte de cet ordre naturel, que lorsqu'un animal adhère sur-tout aux dents, il doit changer en raison de leur conformation et de leur arrangement. Je soumets donc encore une nouvelle division.

Les conques bivalves se divisent en celles ,

1°. qui ont des dents , auxquelles adhèrent des char-nières. Mais ces dents sont ou

vuides, c'est-à-dire si la dent d'une valvule n'est pas reçue dans l'ouverture d'une autre coquille ou dans une fente , mais est absolument libre ; ex. les *myes*, le *solen*, la *telline* et le *donax* ;

intrusés, si la fente ou la fosse d'une valvule reçoit les dents de l'autre ; tels les *bucardes*, la *vénus*, le *spondyle* ; la *mactre*, la *came* et l'*arche*.

2°. En celles dépourvues de dents, comme l'huî-tre, l'anemie , le mytile et le jambonneau.

Les multivalves sont ou parasites, comme le *lépas* ; ou libres , comme le *pholas* et le *chiton*.

Ces fondemens une fois posés , il ne reste plus

qu'à examiner la méthode sous tous ses rapports, et à la rendre la plus conforme à la marche de la nature. Mais celui qui desire atteindre ce but, doit, comme je l'ai déjà dit, parfaitement con- noître les solides de ces animaux. Car les genres ont tellement été comparés, que l'un a de grandes connexions avec l'autre ; mais le passage de l'un à l'autre nous présente des espèces si ressemblan- tes, que nous sommes toujours incertains sur le genre auquel nous devons les rapporter ; et le seul moyen de rompre le nœud gordien, est de bien observer les animaux qui leur appartiennent.

§. V I.

Si nous ne desirons pas nous borner à l'étude superficielle de la testacéologie, mais la posséder à fond et l'enrichir de nos propres observations, nous n'en viendrons jamais à bout sans étudier avec opiniâtreté tout ce qui a été dit jusqu'à nous.

Nous avons trois moyens de nous satisfaire : ils sont tellement enchaînés les uns dans les autres, qu'on ne sait auquel accorder la préférence, parce que l'un ne peut être distrait des autres ; car la science des coquillages s'acquiert à l'aide des col- lections, des figures, et de bonnes descriptions.

Nous avons, sans contredit, un grand nombre de planches ; mais on voit enfin qu'il y en a très- peu de bonnes, lorsqu'on les compare à la nature. Les meilleures sont celles publiées par *Lister*,

Bonnami, *Rumph*, *Gualtieri*, *d'Argenville*, *Regenfuss* et *Martini* ; et ce sont les seules qui peuvent nous servir suivant nos desirs.

Nous savons que les anciens ont fait des dépenses énormes pour avoir de riches collections de coquilles ; et les Hollandais sur-tout sont ceux qui en ont fait un objet de commerce très-lucratif. Mais le nombre des amateurs n'est pas moins grand dans notre patrie. J'en ferai seulement connoître particulièrement quatre, dont nous devons nous enorgueillir, et dont les collections étonnent les regards. 1°. Le Musæum de Drottninghom a été fait sous les auspices de la très-clémente REINE *Louise-Ulric* ; celui de *Linné*, du maréchal DE GEER ; et enfin du très-savant pharmacien D. FRID. ZIR-VOGEL. La collection de la reine contient tout ce qu'il y a de plus précieux dans les testacés, et celle de notre illustre *président* n'est pas moins curieuse par ses raretés. Je dois d'autant plus citer ici *Zirvogel*, qu'il m'a constamment témoigné beaucoup d'amitié, et qu'il m'a fourni pour mes dessins tout ce qu'il avoit de plus rare et de plus riche. C'est un hommage et un acte de reconnois-sance que j'ai dû rendre public.

Pour que les coquilles de limaçons conservent le brillant naturel qui leur est propre, il faut néces-sairement en extraire les animaux encore vivans ; entr'autres moyens propres à parvenir à ce but, il faut les irriter à l'aide de substances corrosives et âcres : ils s'enfoncent d'abord dans leur coquille, pour en sortir bientôt et à demi morts. La poudre de tabac est excellente. Les animaux marins sont toujours imbus de particules salées ; il convient de les laver dans beaucoup d'eau douce avant qu'ils s'enferment dans leur enveloppe crétacée.

On trouve dans le système de *Linné* les descriptions des coquillages, et avant lui personne n'en avoit encore bien senti la nécessité. Les termes employés par notre président, outre leur brièveté qui rend les descriptions très-élégantes, sont concis, très-significatifs ; et celui qui connoît la langue latine et les mots dont ils sont des dérivés, en comprend très-facilement tout le sens, sur-tout si on lit en même temps sa dissertation sur les termes de botanique, et si l'on a recours au texte de l'ouvrage et à l'expression des figures qui l'accompagnent. Cependant, pour que la brièveté des descriptions ne retarde l'étude de qui que ce soit, nous ajouterons des définitions succinctes, nécessaires pour bien comprendre quelques termes des testacés.

§. V I I.

Mais avant de commencer cet ouvrage, je pense qu'il est nécessaire de dire ce que j'entends par le mot *testacé*. Car on en voit beaucoup disserter longuement sur les coquillages, rechercher ce qu'ils ont de plus caché, et ne pas savoir ce que c'est, et à quels caractères on les reconnoît des autres animaux également recouverts d'une croûte valcaire. Nous entendons donc par *coquillages, les étuis calcaires fabriqués par certains vers, distincts de leurs parois, et seulement fixés à leur sommet.*

Comme il n'y a d'adhérences qu'au sommet de ces domiciles, on peut très-bien les distinguer des *échinés*, qui ont des connexions avec chaque aréole.

Les *sabelles* sont environnées de sable ; et comme cela se fait à l'aide de la chaux, personne ne peut s'aviser de douter du fondement de la définition que nous venons de donner.

Pour ce qui concerne les *conques*, leurs animalcules sont, à la vérité, fixés à la charnière ; mais rien n'empêche que cette même définition ne soit valable, puisque la plupart des charnières sont comme plus saillantes, et présentent certaines pointes, ou dentiformes, ou calleuses.

§. VIII.

TERMINOLOGIE DES COQUILLES.

1. ANFRACTUOSITÉS (*ANFRACTUS*), circonvolutions circulaires autour d'une *colonne centrale.*

2. Doubles, *ancipites*, creusées longitudinalement sur les côtés de la coquille.

3. Bifides, *bifidi*, distinctes comme une suture, au moyen d'une ligne ou d'un sillon transversal.

4. Canaliculées, *canaliculati*, creusées d'une petite fossette vers la *suture* supérieure. C'est cette petite fossette qu'on appelle *canal*.

5. Grillées, *cancellati*, environnées de côtes longitudinales arquées vers la *suture des anfractuosités*.

6. Carénées, *carinati*, déprimées en angle qui circonscrit la totalité de l'anfractuosité.

7. Contiguës, *contigui*, divisées d'un côté, lorsque les anfractuosités sont réunies.

8. Couronnées, *coronati*, sommet environné d'une simple série d'éminences.

9. Désunies ou distantes, séparées de toutes parts sur les côtés.

10. Feuillées, *frondosi*, ce sont des varices qui s'élèvent en feuillages aigrettés, et artistement arrangés ; ex. le *murex touffu*.

11. Imbriquées, *imbricati*, carénés en bas, la carène couvrant la suture.

12. Indivises ou entières, *indivisi seu integri*, opposé au bifide.

13. Lamellées, *lamellati*, environnées d'excroissances, comme membraneuses et transversales.

14. Linéées, *lineati*, creusées de lignes profondes ou superficielles.

15. LIGNES, *LINEÆ*; quelquefois, comme dans les cônes, elles n'expriment que l'ornement; d'autres fois elles représentent des stries saillantes ou excavées.

    16. Longitudinales, *longitudinales*, s'étendant de la base au sommet.

    17. Transversales, *transversales*, suivant le trajet des anfractuosités.

    18. Striées, *striatæ*, hérissées de stries transversales.

19. Usées, *obsoleti*, suture oblitérée.

20. Scrobiculées, *scrobiculati*, parsemées de scrobicules ou de cicatrices excavées. Il est plus difficile de l'exprimer que de le concevoir, à l'inspection du *buccin cornu*.

21. Gravées, *scripti*, peints de différens caractères semblables à des lettres.

22. A gauche, *sinistri*, presque toutes les coquilles se portent à droite, comme on dit, contre le cours du soleil; il faut en excepter très-peu qui se dirigent vers lui: c'est ce qu'on nomme contraires ou à gauche, *contrariæ*, *seu sinistræ*.

23. Spinoso - radiées, *spinoso - radiati*, épines environnantes disposées en cercle.

24. ÉPINES *enchaînées*, SPINÆ *concatenatæ*, confluentes à la base.

    25. Soyeuses, *setaceæ*, atténuées comme une soie de porc.

26. Striées, *striatæ*, environnées de lignes très-fines, élevées ou excavées.

27. Stries ponctuées, *striæ punctatæ*, points élevés disposés longitudinalement le long des stries.

28. Les points sont ou élevés ou excavés.

29. Enchaînés, *concatenata*, comme on voit les anneaux d'un collier.

3o. Troués, *pertusa*, creusés si profondément qu'on les croiroit faits avec un stylet.

31. Sillonnés, *sulcati*, gravés de lignes plus larges, ou creuses, ou hérissées, ou saillantes.

32. Sillons moniliformes, *sulci moniliformes*, élevés, remplis de points enchaînés les uns dans les autres.

33. Toruleux, *torulosi*, gonflés entre les articulations.

34. Varices, sutures transversales, gibbeuses des anfractuosités.

35. Continues, *continuati*, parcourant toutes les anfractuosités.

36. Croisées, *decussati*, dirigées transversalement et longitudinalement.

37. Scrobiculées, *scrobiculati*, cavités sur les bords.

58. Sutures des anfractuosités : ce sont leurs agglutinations mutuelles.

59. Doublées ou accouplées, *duplicatæ seu ge-*

minatæ, ornées pour ainsi dire d'une double strie, qui réunit les anfractuosités.

40. Marginées, *marginatæ,* élevées, carène saillante.

41. ARTICLES, anfractuosités de plusieurs *nautiles* entre les genoux.

42. GENOUX, *GENICULA,* rétrécissement des anfractuosités, répondant à la cloison interne. Par leur moyen, les anfractuosités paroissent comme inarticulées, sur-tout où les genoux sont creusés ou évidemment rétrécis.

43. CÔTES, *COSTÆ,* grandes carènes dirigées du sommet à la périphérie.

44. Voûtées, *fornicatæ,* hérissées d'écailles longitudinales, et concaves en dessous.

45. RAYONS, *RADII,* stries élevées, dirigées du centre à la périphérie.

46. TACHES TUBERCULÉES, *MACULÆ TUBERCULATÆ,* coquille réticulée, tubercules saillans à la section des côtes.

47. LES BANDES, *CINGULA,* s'entendent différemment. Tantôt, comme dans les cônes, elles ne signifient qu'une zône; tantôt ce sont des *côtes;* souvent elles expriment un enchaînement de nœuds. Ce sont des grilles dans beaucoup de cas; ailleurs elles imitent des stries membraneuses suivant le même trajet des anfractuosités.

48. LE VENTRE OU LE CORPS, *VENTER seu COR-PUS*, dernière circonvolution de la coquille ; c'est aussi la plus gonflée.

49. LE DOS, *DORSUM*, signifie communément la face supérieure du ventre, apposée sur l'ouverture ; mais dans les *patelles* et dans les *ormiers*, nous indiquons par le dos, la face supérieure convexe de la coquille.

5o. LA BASE, *BASIS*, partie du ventre proche l'ouverture ; mais nous appelons aussi base la partie inférieure des lèvres, ex. dans les cônes et les volutes. Dans ce sens, elle est ou *échancrée*, sillonnée profondément, ou *entière*.

51. BOUCHE, *ROSTRUM*, lèvres longues, écartées de chaque côté, et atténuées.

52. SPIRE, *SPIRA*, anfractuosités supérieures prises ensemble.

53. Carieuse, *cariosa*, rongée comme par la carie ou par les vers, et décortiquée.

54. Capitée, *capitata*, terminée en massue, tête assez grosse.

55. Élégante ou brillante, *exquisita seu exserta*, très-atténuée.

56. Plane, *plana*, anfractuosités supérieures égales en hauteur, de sorte que la spire paroît tronquée.

57. Émoussée, *retusa*, anfractuosités inférieures de la spire ventrues.

58. Rétuso-ombiliquée, *retuso-ombilicata*, spire tellement réprimée, qu'elle paroît plutôt une cavité qu'une éminence.

59. SOMMET, *APEX*, sommité de la spire.

60. Décolé ou mutilé, *decolatus seu mutilatus*. On appelle ainsi le sommet de la coquille dont la spire tombe horizontalement, non par accident, mais très-naturellement ; ce que l'on connoît d'autant mieux, que les anfractuosités supérieures sont toujours closes ou consolidées ; car l'anfractuosité qui l'a été par hazard, conserve toujours une ouverture.

61. Papillaire, *papillaris*, opposé à aigu. C'est lorsque le sommet paroît sémi-globuleux.

62. CÎME, *VERTEX*. Si l'on en excepte la bulle ampullaire, on entend par cîme la partie supérieure, saillante des patelles.

63. Sous-marginale, *submarginalis*, placée proche le bord postérieur.

64. COLUMELLE, *COLUMELLA*, colonne moyenne autour de laquelle les anfractuosités montent en tournant. On conçoit ceci très-facilement, si l'on divise une coquille en deux parties égales.

65. Rompue ou tronquée, *abrupta seu truncata*,

base presque déchirée transversalement, et ne dégénérant pas en une lèvre prolongée.

66. Caudée, *caudata*, tellement alongée qu'elle proémine hors le ventre.

67. Plane, *plana*, se terminant en une lèvre applatie.

68. Plicée, *plicata*, remarquable par des duplicatures transversales. Presque toutes les volutes en sont des exemples.

69. Spirale, *spiralis*, caudée et contournée en spirale.

70. Tronquée, *truncata*, caudée, déchirure transversale.

71. OMBILIC, *UMBILICUS*, base de la colonne, visible en dessous.

72. Perforé ou ouvert, *perforatus seu pervius*, creusé d'une ouverture qui se continue jusqu'au sommet.

73. Fente ombilicale, ombilic presque recouvert, sous-consolidé, *rima umbilicalis*, *umbilicus sub-obtectus*, *sub-consolidatus*, sont synonymes : alors la lèvre se réfléchit sur l'ombilic excavé ; en sorte qu'il n'y a d'apparent que le bord de l'ouverture.

74. Denticule ombilical, *denticulus umbilicalis*, bord de l'ombilic perforé, orné d'une espèce de dent.

75. Bord columnaire, *margo columnaris*, bord

de la colonne centrale, constituant la paroi intérieure de l'ouverture.

76. Lèvre, *LABIUM*, bord interne de l'ouverture. On le prend aussi dans les *patelles* pour une membranule testacée, insérée dans leur fond ou sur les côtés de la cavité. Dans ces cas, elle est ou fornicale (en voûte), *fornicale*, ou *latérale*, attachée aux côtés de la coquille.

77. *Labrum*, contour extérieur de l'ouverture ; c'est ce que quelques-uns appellent la lèvre extérieure.

78. Antérieure, *anticum* ; c'est la partie qui se dirige vers la spire ; et postérieure, *posticum*, qui se porte vers la queue.

79. Rétrécie, *coarciatum*, rétractée vers la base de la coquille.

80. Digitée, *digitatum*, divisée jusqu'à la racine de la lèvre en lobes divergens, et atténués vers leurs pointes. Ex. *strombi digitati*.

81. Doigts, *DIGITI*, lobes du contour extérieur digités.

82. Rompu, *solutum*, qu'un sinus sépare des anfractuosités.

83. Fendu, *fissum*, comme disséqués dans leur milieu par un sinus linéaire.

84. Entier, *integrum*, sans fissure.

85. Pointu, *mucronatum*, se terminant en une seule pointe.

86. *Scrobiculo-canaliculé*, *scrobiculo-canaliculatum*, variqueux, cavités imprimées jusqu'à la varice de la lèvre.

87. QUEUE, *CAUDA*, bases alongées du ventre, des lèvres, et de la colonne centrale.

88. Raccourcie, *abbreviata*, plus courte que l'anfractuosité inférieure.

89. Fermée, *clausa*, canal solide, concret. *Murices caudigeri*.

90. Alongée, *elongata*, plus longue que l'anfractuosité inférieure.

91. Applanie, *explanata*, dilatée par ses bords.

92. Tronquée, *truncata*, comme déchirée transversalement.

93. CANAL, *CANALIS*, ouverture continuée en une queue jusques sur les côtés.

94. OUVERTURE, *APERTURA*, orifice de toute la coquille. Mais la continuation de l'ouverture, autant qu'il est permis de la suivre dans la cavité de la coquille, veut dire GORGE.

95. Bimarginée, *bimarginata*, à double bord.

96. Bilabiée, *bilabiata*, lèvre interne et externe. Opposé à celles qui sont dépourvues de lèvre interne.

97. Fendue, *dehiscens*, lèvre distendue infé-

M

rieurement, comme dans plusieurs cônes;
quand, ailleurs, elle a coutume d'être linéaire.

98. Rétrécie, *coarctata*, opposé à *évasée*, *effusa*,
lorsque le bord environne l'ouverture, sans
lacune postérieure.

99. Évasée, *effusa*, nullement rétrécie en arrière; mais les deux lèvres sont séparées par
une sinuosité : en sorte que l'eau dont elle
est remplie, s'échappe postérieurement.
Toutes les *cyprées* sont dans ce cas.

100. *Réfléchie*, *reflexa*, lèvre antérieure réfléchie vers l'anfractuosité inférieure.

101. Rampante, *repanda*, flexueuse par ses lèvres
rampantes.

102. Renversée, *resupinata*, regardant en haut.

103. Transverse, *transversa*, qui, dans la coquille spirale, est placée dans un plan parallèle à celui qui déchire. (*Voy.* plus bas,
n°. 128.)

104. OPERCULE, *OPERCULUM*, lamine avec laquelle plusieurs testacés ferment leur ouverture. Il a la dureté d'un ongle dans *unguis
odoratus*; celle d'un teste dans l'*umbilicus
veneris* des boutiques : il est membraneux
dans l'*helix pomatia*.

105. ÉPIDERME, *EPIDERMIS*, tunique extérieure
que l'on doit trouver dans plusieurs espèces,

et qui tombe spontanément, sans endommager en rien la surface de la coquille.

Il est des termes qui indiquent les propriétés générales et les configurations de toute la coquille ou de quelque partie ; ceux que nous allons examiner, paroissent avoir besoin d'explication.

106. TESTE antérieur, *TESTA antica*, (partie) qui se dirige vers la spire. Il est nécessaire de savoir que dans les descriptions à donner des coquilles , on appelle antérieure cette partie qui constitue la spire, et qui, du vivant de l'animal , est placée postérieurement ; la postérieure, au contraire, est celle qui forme la base.

107. Clavé, *clavata*, plus épais en haut, alongé vers la base.

108. Convolu , *convoluta*, lorsque les anfractuosités extérieures enveloppent en spirale les intérieures. Tous les CÔNES en sont des exemples.

109. Cortiqué, *corticata ;* c'est la même chose que la coquille recouverte de son épiderme.

110. Cylindrico-ombiliqué, *cylindrico-umbilicata*, dont l'ombilic est une cavité cylindrique.

111. Émarginé, *emarginata*, sinueux sur les bords.

112. Exombiliqué ou imperforé, *exumbilicata seu imperforata*, sans ombilic concave.

115. Fusiforme, *fusiformis*, tenant le milieu entre le cône et l'ovale, ou un peu ventrue.

114. Imbriqué, *imbricata*, inégal par des rides parallèles aux bords, et se recouvrant mutuellement.

115. Interrompu, *interrupta*, continu par de nouveaux accroissemens.

116. *Enveloppé*, *involuta*, lorsque le bord extérieur se recourbe en dedans. Ex. toutes les *cyprées*.

117. Hérissé de lignes, *lineis crispata*, couvert de lignes flexueuses.

118. Marginé, *marginata*, côtés de la coquille épaissis. Quelques *cyprées*.

119. Obovale, *obovata*, ovale, mais non plus étroit vers le sommet, et plus alongé vers la base.

120. Perfolié, *perfoliata*, environné d'une suture horizontale, comme s'il n'y avoit qu'une coquille appliquée sur l'autre.

121. Polythalame, *polythalamia*, interrompu intérieurement par différens diaphragmes. Les *nautiles*.

122. SIPHON, *SIPHO*, canal cylindrique perforant les diaphragmes.

125. Central, *centralis*, pénétrant le centre des diaphragmes.

124. Latéral, *lateralis*, situé sur les bords des diaphragmes.

125. Oblique, *obliquus*, coupant l'axe des anfractuosités.

126. Radiqué, *radicata*, attaché par sa base à un autre corps.

127. En museau, *rostrata*, extrémités alongées.

128. Spiral, *spiralis*, tellement tordu, qu'en supposant un plan qui traverseroit le milieu de l'anfractuosité la plus éloignée, il le partage en parties égales. Plusieurs *nautiles*.

129. Turrité, *turrita*, anfractuosités s'atténuant insensiblement pour former un cône. S'il en est une fois séparé, il tombe toujours; la longueur surpasse beaucoup la largeur. Toutes les *turrites*.

130. Turbiné, *turbinata*, ventre très-renflé, petite spire comme tirée du sinus du ventre.

131. Ombiliqué, *umbilicata*, ayant un ombilic. Mais dans les cyprées, on appelle ombiliquées celles dont la spire émoussée se trouve dans la cavité.

§. IX.

TERMINOLOGIE DES CONQUES.

Description générale des parties principales de la conque.

Que l'on prenne pour base du teste la *char-*

nière, ainsi qu'un de ses *côtés* ou son *bord infé-rieur*; on nommera *bord*, ou *côté supérieur*, celui qui lui est opposé. On donnera le nom de *nates* aux protubérances les plus remarquables au-dehors de la charnière. On appelle *hymen* (le plus souvent détruit dans les musées), cette mem-brane qui unit les valvules à l'opposé de la char-nière. Les *lèvres* de la vulve sont les bords de l'hymén. La *vulve* est la surface qui environne les lèvres. Les aspérités qui environnent cette partie, et qui s'étendent souvent jusqu'aux *nates*, forment le *pubis*, dont la partie supérieure a reçu le nom de *mont de Vénus*. Les *nymphes* sont le cartilage auquel l'hymen est attaché; et, pour soutenir la métaphore, l'écartement qu'on observe entre les nymphes est ce qu'on nomme *fente*. Le *bord antérieur* est le côté de la vulve. A l'opposé proche les *nates*, on trouve souvent une impres-sion; c'est l'*anus*, qu'avoisine le *bord postérieur* ou le côté postérieur. La *région*, la *face* et le *côté* ont la même acception.

Il nous reste à présent à déterminer plus parti-culièrement les termes qui désignent les différentes parties des coquilles.

132. *Coquille antérieure, testa antiquata*, sil-lonnée longitudinalement, mais interrom-pue par des appositions transversales et tes-tacées; en sorte que l'on croit que ce sont de

plus petites coquilles de l'année, sur-ajoutées vers les *nates*.

133. Oreillée, *aurita*, charnière élevée sur les
côtés des cuisses, *natium*, en angle saillant,
comprimé. L'*huître pectinée*.

134. Barbue, *barbuta*, surface garnie de poils
rudes.

135. Comprimée, *compressa*, une seule valvule
applanie vers l'autre, bosses moins élevées.

136. Dorsée, *dorsata*, carène dorsale obtuse. Ex.
chiton aiguillonné.

137. Édentée, *edentula*, bord très-entier, opposé
à *dentée*.

138. Béante, *hians*, valvules conjointes, écartées
dans quelque point, de manière que les bords
ne se touchent pas par-tout. Ex. les *pholades*
et *solènes*.

139. Courbée, *inflexa*, comme réfractée par le
bord antérieur, et de nouveau dirigée en-
devant. Les *tellines*.

140. Linguiforme, *linguiformis*, extrémités linéaires très-obtuses, arrondies.

141. Naviculaire, *navicularis*, figurant une nacelle.

142. Pectinée, *pectinata*, sillonnée ou striée longitudinalement ; mais les stries ou les sillons
antérieurs se réunissant à angle aigu.

143. Radiée, *radiata*, la charnière servant de

point central à des rayons longitudinaux qui divergent à la circonférence.

144. Rostrée, *rostrata*, extrémité antérieure alongée et étroite.

145. Fastigiée, *fastigiata*, se terminant en haut comme transversalement.

146. *Saccata*, en bosse vers le bas.

147. Tronquée, *truncata*, une certaine partie de la circonférence de la coquille très-obtuse et comme déchirée.

La *longueur* de la coquille se mesure depuis les *cuisses* jusqu'au bord supérieur.

La *largeur*, du bord postérieur à l'antérieur.

148. Les VALVULES de chaque coquille, dont l'ensemble forme la conque.

149. Équilatérales, *æquilaterales*, lorsque les deux bords antérieur et postérieur ont une grandeur et une figure égales. *Inéquilatérales*, signifient le contraire.

150. Équivalves, *æquivalves*, les deux valvules parfaitement semblables.

151. Inéquivalves, *inæquivalves*, ont un sens opposé. Ex. les *peignes*.

152. Droite et gauche, *dextra et sinistra*, si la coquille est imposée sur les cuisses de manière que la vulve regarde en devant, et l'anus en arrière ; et si les valvules sont pla-

cées et désunies dans cette position, la droite
se distinguera de la gauche.

153. Lacuneuses, *lacunosæ*, ornées d'une dé-
pression longitudinale.

154. Saillantes, *prominentes*, lorsque l'une s'a-
vance plus que l'autre dans un point d'étendue.

155. Sur-ajoutées, *succenturiatæ*; ce sont ces coquilles plus petites annexées à la charnière
des *pholades*.

156. Bord, *margo*, limite de la coquille.

157. Canaliculé, *canaliculatus*, environné d'une
petite fossette longitudinale à la région de
l'anus.

158. Cardinal, *cardinalis*, proche la charnière.

159. Unguiculé, *unguiculatus*, remarquable par
des écailles voûtées.

160. Contour, *orbitus*, circonférence même
des valvules.

161. Limbe, *limbus*, circonférence des valvules
entre leurs bords.

162. Base, *basis*, région de la coquille proche
la charnière.

163. Transversale, *transversa*, bord postérieur
terminé par une ligne droite.

164. Disque, *discus*, partie moyenne des valvules, ou celle qui est située entre le limbe
et la bosse.

165. Bosse, *umbo*, partie plus renflée, très-rapprochée des cuisses de la coquille.

166. Voûtée, *fornicatus*, excavée intérieurement entre les cuisses.

167. Cloison de la voûte, *dissepimentum fornicis*, lorsque le bord inférieur se prolonge en dedans.

168. La voûte, *fornix*, d'une bosse, signifie sa cavité.

169. Les cuisses, *nates*, constituent dans la plupart comme la base de toute la région de la coquille postérieure.

170. Auriformes, *auriformes*, voûte recourbée entre les cuisses.

171. Corniformes, *corniformes*, prolongemens droits, pointus.

172. Courbées en dedans, *inflexæ seu incurvatæ*, recourbées l'une sur l'autre.

173. Réfléchies, *reflexæ, seu incurvatæ, seu retrorsùm incurvatæ*, roulées vers l'anus.

174. Spirales, *spirales*, contournées en forme de spire.

175. Auricules. *Voy.* le mot *testa Aurita*, p. 183.

176. Égales, *æquales*, d'une grandeur égale dans chaque valvule. Plusieurs huîtres.

177. Disséquées ou excisées, *dissectæ seu excisæ*, séparées du contour de la coquille par une sinuosité.

Dans les *huîtres*, on appelle voûte la valvule droite, plus gibbeuse, à cause de la ressemblance avec une voûte ; et le nom d'*opercule* désigne souvent la valvule gauche qui est aussi plus plane. Nous nous servons très-souvent de ce mot *opercule*, pour désigner ces petites coquilles qui recouvrent les autres dans les *lépas*.

178. ANUS. (*Voy*. p. 182.)

179. Marginé, *marginatus*, environné d'un bord élevé.

180. Ouvert ou béant, *patulus seu hians*, bords de l'anus écartés.

181. Serreté, *serratus*, fente ou suture anale.

182. VULVE. (*Voyez* p. 182.)

183. Distincte, *distincta*, séparée des côtés de la coquille.par un sillon ou par une carène.

184. Courbée, *inflexa*, lèvres recourbées.

185. Gravée, *litterata*, représentant pour ainsi dire les caractères de quelques lettres.

186. LÈVRES, *LABIA*. (*Voy*. p. 182.)

187. Tombantes, *incumbentia*, une lèvre imposée sur l'autre.

188. L'HYMEN ferme toujours la fente, et est fixé entre les lèvres et les nymphes de la coquille.

189. LES NYMPHES, *NYMPHÆ*, sont cachées par l'hymen.

190. Béantes, *hiantes*, distantes les unes des autres.

191. Rétractées, *retractæ, seu intractæ*, qui ne sont pas saillantes.

192. Tronquées, *truncatæ*, plus courtes que la fente.

193. LE PUBIS, *PUBES*. (*Voyez* p. 182.)

194. Rameux, *ramosa*, orné de stries rameuses.

195. FENTE OU SUTURE, *RIMA seu SUTURA*, on entend par-là l'interstice qui sépare les valvules lorsque l'hymen est enlevé.

196. Fermée, *clausa*, nymphes épaissies recouvrant toute la fente.

197. CHARNIÈRE, *CARDO*, c'est le point d'adhérence des valvules. C'est la partie la plus épaisse de la coquille. Elle est plus étendue en dedans, où elle présente plusieurs éminences différentes.

198. Déprimée, *depressus*, dent applanie, qui prolonge la charnière en dedans.

199. Excisée, *excisus*, béante en dehors au moyen d'une fente transversale.

200. Longitudinale, *longitudinalis*, se prolongeant presque selon toute la longueur de la coquille, comme dans l'*arca*.

201. Latérale, *lateralis*, se portant d'un côté.

202. Réfléchie, *reflexus*, bord extérieur réfléchi : *pholade*.

203. Terminale, *terminalis*, placée à l'extrémité de la coquille.

204. Tronquée, *truncatus*, base de la coquille coupée transversalement ; charnière placée entr'elles.

205. Côte de la charnière, *costa cardinis*, ligne élevée en forme de côte, s'étendant en dedans vers le bord supérieur.

206. DENT, DENS, éminence aiguë, fixée en dedans de la charnière, pour réunir et affermir ensemble les valvules, et contenir l'animal.

207. Antérieure, *anticus*, proche la fente.

208. Anale, *analis*, près l'anus.

209. Compliquée, *complicatus*, membraneuse, et fléchie en angle aigu. Ex. *mactræ*.

210. Doublée, *duplicatus*, fendue profondément, comme bifide.

211. Déprimée, *depressus*, recourbée en dedans vers la voûte.

212. Élevée, *erectus*, valvule imposée sur la bosse, s'élevant perpendiculairement.

213. Longitudinale, *longitudinalis*, alongée selon le bord.

214. Mastiquante, *masticans*, lorsque la charnière est ornée de dents serrées qui se touchent quand les valvules sont closes, *arca*.

215. Primaire ou cardinale, placée entre les cuisses.

216. CAL, *CALLUS*, c'est un composé de deux
côtes raccourcies, adnées à leur base, con-
vergentes du sommet en arrière.

217. FOSSULE, FOVÉOLE, SINUS, SCROBICULE,
FOSSULA, FAVEOLA, SINUS, SCROBICULUS,
présentent le même sens. Il pourroit cependant y avoir une distinction dans ces différentes manières d'exprimer les fossules,
parce que si les dents de la fovéole remplie
d'un cartilage qui unit les valvules ne sont
point cachées, *immersi*, mais sont libres
entre la charnière, une telle cavité s'appelle
scrobicule. C'est au contraire une *fovéole*,
si elle est remplie par les dents.

218. SQUAMULES, petites écailles comme celles des
poissons, *squamulæ*.

219. Canaliculées, *canaliculatæ*, excavées longitudinalement.

220. Voûtées, *fornicatæ, seu cochleari-hemis-
phericæ*, concaves en dessous, convexes en
dessus.

221. Imbriquées, *imbricatæ*, placées par degrés
les unes au-dessus des autres, comme sur
un toit couvert de *tuiles*.

222. Tubuleuses, *tubulosæ*, repliées sur les côtés
en forme de tube.

223. STRIES, *STRIÆ*.

224. Raccourcies, *abbreviatæ*, non étendues jusqu'au bord.

225. Bifares, *bifariæ*, divergentes de manière que les unes se portent en devant et les autres en arrière.

226. Recourbées, *recurvatæ*, élevées, membraneuses ; bord dirigé vers les cuisses.

227. Inéquilignes, *inæquilineatæ*, non parallèles.

228. SILLONS, *SULCI*. C'est souvent la même chose que les *côtes*.

229. En voûte, *fornicati*, entourés d'écailles voûtées. (§. 8, p. 172.)

230. Imbriqués en arrière, vers l'origine des écailles.

231. RAYONS, *RADII*. (*Voy*. §. 8, p. 172.)

232. Échinés, *echinati*, longitudinalement hérissés de pointes.

233. Vésiculaires, *vesiculares*, garnis de nœuds, concaves en dedans, et étendus.

234. CÔTES, *COSTÆ*, rayons très-élevés, presque triangulaires, distincts et parallèles.

235. Concaves, *concavæ*, vides intérieurement.

236. INTESTIN, *INTESTINUM*, tube membraneux,

à l'aide duquel les *lépas* et les *anomies* adhèrent aux autres corps.

237. Cavité, *CAVITAS*, surface intérieure de la coquille.

Observations générales sur les testacés.

Ces animaux à sang blanc, dont les muscles sont très-irritables et dont la vie est très-dure, ont été diversement classés par un très-grand nombre de naturalistes. Nous n'avons pu nous permettre de suppléer au Mémoire de Murray, en exposant la plus grande partie des méthodes imaginées jusqu'à lui, et celles qui ont pu le suivre. Nous espérons être utiles au public, en lui faisant part des divisions tracées par le citoyen Cuvier, et sur-tout par le citoyen Lamarck qui professe cette partie intéressante de l'histoire naturelle, au Muséum de Paris.

Le citoyen Cuvier donne le nom général de *mollusques* à tous les testacés. On les nomme *céphalopodes*, lorsque leur manteau est en forme de sac, d'où sort une tête couronnée de grands tentacules sur lesquels ces animaux rampent : les *gastéropodes* ont le ventre applati, visqueux, discoïde, sur lequel ils rampent ; leur tête est libre et saillante. Enfin les *acéphales* n'ont pas de tête apparente : elle est remplacée par une bouche cachée sous le manteau. Les genres compris dans ces
trois

trois ordres, peuvent être nus, ou revêtus de coquilles.

§. I. CÉPHALOPODES.

Caract. génér. Corps sacciforme, tête libre,
couronnée par les pieds.

1. *Genre.* SEICHE, *SEPIA.* Nageoire de chaque
   côté du sac ; corps mobile, non articulé,
   placé vers le dos, entre les chairs et contenu
   dans ce sac ; tête ronde ; deux yeux gros,
   mobiles ; bouche sur le sommet de la tête ;
   mâchoires cornées et figurées comme un bec
   de perroquet ; tentacules 8, avec suçoirs ou
   ventouses ; les deux tentacules les plus longs
   n'ont de suçoirs qu'à leur extrémité.

2. POULPE, *OCTOPUS*, diffère de la seiche seulement par l'absence de la partie mobile placée dans le dos ; par la privation de ces deux
   longs tentacules qui n'ont de suçoirs qu'à
   leur extrémité ; enfin, par leurs tentacules
   qui sont beaucoup plus longs que ceux des
   seiches.

3. ARGONAUTE, *ARGONAUTA*, coquille naviculaire ; carène profonde, formée par les tours
   de spirale, tous enveloppés par le dernier
   qui est plus grand.

   L'animal qui habite cette coquille res-
   semble-t-il aux poulpes ?

4. NAUTILE, *NAUTILUS*, coquille univalve; spirale dont le dernier tour enveloppe les autres; cavité multiloculaire, divisée par des cloisons nombreuses; l'animal n'est reçu que dans la dernière loge; mais toutes les autres sont traversées par un tube non communiquant, et auquel le fixe un ligament.

§. II. GASTÉROPODES TESTACÉS.

Ces animaux sont divisés d'après le nombre de pièces dont leurs coquilles sont formées.

A. *Des Gastéropodes à coquilles de plusieurs pièces.*

5. OSCABRION, *CHITON*, l'animal a sur son manteau une suite longitudinale de pièces testacées; bords coriaces, lisses ou ridés, chagrinés, velus ou épineux. (Coquille elliptique, à plusieurs valves transverses, imbriquées, qu'un ligament circulaire réunit à leurs extrémités. LAMARCK.)

B. *Des Gastéropodes à coquille d'une seule pièce non spirale.*

6. PATELLE, *PATELLA*, tête à deux tentacules, derrière lesquels sont les yeux; tentacules plus petits et extensibles à volonté, situés autour du manteau. (Coquille en

bouclier ; spire complète o , entière au sommet, concave et simple en dessous. LA-MARCK.)

C. *Coquille d'une seule pièce en spirale ; bouche entière , ni échancrée , ni canaliculée.*

7. HALIOTIDE, *HALIOTIS*, ouverture de la coquille très-évasée ; spire très-petite, très-basse, percée de trous disposés sur une ligne parallèle au bord gauche. Animal à quatre tentacules, dont deux supérieurs plus courts, oculés.

8. NÉRITE, *NERITA*, ouverture de la coquille, entière, demi-circulaire, operculée ; columelle droite ; spire peu élevée. Tête de l'animal armée de deux tentacules très-fins à la base et en dehors desquels s'observent les yeux.

9. PLANORBE , *PLANORBIS* , coquille discoïde ; tours de spire visibles des deux côtés ; ouverture entière, plus longue que large, demi-circulaire ou arrondie. Yeux de l'animal placés en devant et à la base des deux tentacules.

10. HÉLICE, *HELIX*, coquille globuleuse ou orbiculaire, selon la disposition des tours de spire ; ouverture large, un peu moins haute, demi-circulaire, échancrée supérieurement

par la saillie convexe de l'avant-dernier
tour. L'animal habitant de ces coquillages
ressemble à la limace ; ses branchies sont à
l'intérieur ; il respire par un trou latéral ; il
a quatre tentacules dont les supérieurs sont
terminés par des yeux.

11. BULIME, *BULIMUS*, coquille ovale ou oblongue, ne différant du genre précédent que par
l'ouverture qui est plus haute que large ; columelle lisse, sans plis ; base ni tronquée ni
évasée.

12. BULLE, *BULLA*, coquille bombée ; dernier tour
plus vaste que les précédens, et les débordant
en haut et en bas.

13. SABOT, *TURBO*, coquille à spire plus ou moins
élevée ; ouverture arrondie, édentée, operculée ; bords disjoints supérieurement.

14. TOUPIE, *TROCHUS*, coquille conoïde ; ouverture presque quadrangulaire ou applatie
transversalement ; columelle oblique sur le
plan de la base. (LAMARCK.)

D. *Coquille d'une seule pièce en spirale, à bouche terminée par un canal.*

15. ROCHER, *MUREX*, coquille ovale ou oblongue,
canaliculée à sa base, et ayant constamment
à l'extérieur des bourrelets le plus souvent
tuberculeux ou épineux. (LAMARCK.)

Linné a réuni sous ce nom tous les coquillages

qui ont leur ouverture terminée par un canal droit. Ce genre, dont les espèces sont très-nombreuses, a été divisé par Bruguière en CÉRITHES, dont la coquille est turriculée et le canal court; en FUSEAUX, dont la coquille est turriculée et le canal long; enfin, en MUREX proprement dit, dont la coquille est à spire ovoïde ou applatie, et à canal plus ou moins long.

16. STROMBE, *STROMBUS*, ouverture de la coquille oblongue; canal terminal plus ou moins long, droit ou courbé à droite ou à gauche; lèvre profondément échancrée vers le bas, s'élargissant avec l'âge, et se digitant diversement dans quelques espèces.

17. CASQUE, *CASSIDEA* (Cuv.), *CASSIS* (Lamarck), spire peu saillante, dernier tour très-haut; ouverture alongée, dentelée; terminée à sa base par un canal très-court recourbé vers le dos de la coquille; columelle plissée intérieurement. (Ce genre comprend une grande partie des buccins de Linné.)

E. *Coquille d'une seule pièce en spirale, à ouverture échancrée par le bas.*

18. BUCCIN, *BUCCINUM*, spire plus ou moins saillante, coquille ovale ou alongée; ouverture ample; échancrure large, terminale à la base.

19. VOLUTE, *VOLUTA*, ouverture de la coquille plus ou moins alongée ; échancrure large, terminale ; des cannelures profondes contournent en spirale la columelle, et la font paraître comme plissée.

L'animal a deux cornes ou deux tentacules ; sa bouche et son canal de respiration se prolongent l'un et l'autre en manière de trompe.

20. OLIVE, *OLIVA*, coquille presque cylindrique ; spire applatie, canaliculée ; base échancrée ; columelle striée obliquement.

21. PORCELAINE, *CYPRÆA*, spire presque o ; dernier tour enveloppant presqu'en entier tous les autres ; figure de la coquille ovoïde ; ouverture étroite, longitudinale, dentée des deux côtés.

L'animal contenu a deux cornes ; son canal respiratoire est au-dessus de sa tête.

22. CÔNE, *CONUS*, spire applatie, ouverture linéaire, étroite et édentée ; figure conoïde renversée.

Deux tentacules munis de deux yeux près leur pointe, caractérisent cet animal, dont la trachée est tubuleuse et le manteau très-étroit; extrémité postérieure du pied garnie d'un petit opercule arrondi.

§. III. ACÉPHALES,

OU MOLLUSQUES SANS TÊTE DISTINCTE.

A. *Acéphales testacés, sans pied, à coquille inéquivalve.*

23. HUÎTRE, *OSTREA*, coquille présentant un ovale irrégulier, adhérente, épaisse; charnière édentée et creusée à chaque valve pour l'insertion d'un ligament.

24. SPONDYLE, *SPONDYLUS*, coquille épaisse, irrégulière, épineuse; valve convexe très-épaisse et pesante; valve applatie munie de dents courbes, logées dans la fossette de la valve précédente; le ligament s'implante dans une fossette remarquable dans le milieu de l'une et de l'autre.

25. PLACUNE, *PLACUNA*, coquille irrégulière; deux valves minces et plates; charnière o; ligament attaché à deux côtes tranchantes et divergentes, saillantes au-dedans des deux valves.

26. ANOMIE, *ANOMIA*, coquille à valves irrégulières, minces, dont l'une est convexe, et l'autre plate ou concave, et échancrée vers sa base pour le passage d'un muscle qui se fixe à une troisième valve adhérente aux rochers.

27. PEIGNE, *PECTEN*, charnière édentée, fossette à chaque valve pour l'attache du ligament; valves minces, régulières, ovales, auriculées.

B. *Acéphales testacés, munis d'un pied, à valves égales, à manteau ouvert par-devant.*

28. LIME, *LIMA*, coquilles à valves égales, obliquement ovales; ligament extérieur; charnière édentée.

29. PERNE, *PERNA*, coquille à valves égales; contour irrégulier; charnière composée de plusieurs dents linéaires, parallèles et rangées sur une ligne transverse. C'est dans leur intervalle que se trouvent les ligamens.

30. AVICULE, *AVICULA*, charnière édentée, droite sur le côté, voisine d'une échancrure pour le passage d'un *byssus* qui lui sert à se fixer; fossette ligamenteuse, oblongue, marginale.

31. MOULE, *MYTILUS*, coquille close, longitudinale; charnière à une ou deux petites dents, et quelquefois édentée; ligament extérieur.

32. PINNE, *PINNA*, coquille longitudinale, cunéiforme, pointue à sa base, bâillante en son bord supérieur, et se fixant par un *byssus*; charnière édentée; ligament latéral fort long. (LAMARCK.)

33. ANODONTITE, *ANODONTITES* (Brug.); ANO-

DONTE, *ANODONTA* (Lamarck), coquille transverse ; charnière édentée.

54. Unio, *UNIO* (MULETTE, Lamarck), coquille dont la charnière est munie, d'un côté, d'une dent qui entre dans une fossette pareille de la valve opposée, et, de l'autre, d'une lame longue reçue entre deux lames semblables.

55. Telline, *TELLINA*, coquille plate, oblongue ou ronde ; côté antérieur plissé ; charnière bi-dentée dans le milieu et bi-laminée sur les côtés sans engrenure.

56. Bucarde, *CARDIUM*, nates rendant la coquille cordiforme ; charnière bi-dentée dans le milieu ; à quelque distance de chaque côté, une lame reçue dans une fossette de la valve opposée.

57. Mactre, *MACTRA*, coquille ovale, large, moins longue, plate ; charnière lamellée sur les côtés ; fossette mitoyenne et ligamenteuse.

58. Vénus, *VENUS*, coquille sub-orbiculaire ou transverse ; trois dents cardinales rapprochées, dont les latérales sont plus ou moins divergentes. (Lamarck.)

Les *donaces*, qui ont la coquille transverse, inéquilatérale ; deux dents cardinales sur la valve gauche, et une ou deux dents latérales écartées sur chaque valve ; les *lucines*, dont la coquille est

sub-orbiculaire, non plissée sur le côté antérieur ;
à une ou deux dents cardinales et à deux dents
latérales écartées ; les *capses*, à coquille transverse ; à deux dents cardinales sur une valve ; à
une dent interposée ou entrante sur la valve opposée, forment trois genres distincts que le citoyen
Lamarck a distraits du genre *Vénus*.

39. CAME, *CHAMA*, coquille grosse, irrégulière ;
charnière à une seule dent épaisse et oblique
reçue dans une fossette semblable de l'autre
valve, et munie en devant d'une lame qui
entre dans un sillon.

Bruguière a réservé le nom de *cames* aux espèces irrégulières et fixes, voisines des huîtres et
des spondyles. Il a appelé *tridacnes* celles qui ont
une coquille régulière et des nates peu proémi-
nentes ; et, selon le même naturaliste, les *cardites*
comprennent les espèces qui ont la coquille régulière, les nates saillantes et contournées comme en
spirale.

Le citoyen Lamarck a adopté ces trois nouveaux
genres.

40. ARCHE, *ARCA*, coquilles longues ou oblongues plus ou moins convexes, ou bosselées.
La charnière consiste en de nombreuses dents
qui s'insèrent entre de semblables de la valve
opposée.

C. *Acéphales testacés, pourvus d'un pied ; à valves égales ; à coquille ouverte par les deux bouts ; à manteau fermé par-devant.*

41. SOLEN, *SOLEN*, coquille cylindrique, ouverte par les deux bouts ; charnière à une ou deux dents.

42. MYE, *MYA*, coquille transverse, bâillante ; valve gauche munie d'une dent cardinale, comprimée, arrondie, perpendiculaire à la valve, donnant attache au ligament. (LA-MARCK.)

43. PHOLADE, *PHOLAS*, coquille à deux grandes valves égales, bâillantes ; quelques autres plus petites attachées sur le ligament ou à la charnière.

44. TARET, *TEREDO*, coquille tubulée, cylindrique, ouverte aux deux bouts ; l'orifice inférieur à deux valves en losange, et le supérieur muni de deux opercules spatulés. (LAMARCK.)

45. FISTULANE (Brug. et Lamarck), coquille tubulée, en massue, ouverte à son extrémité grêle, et à deux valves intérieures non adhérentes. (LAMARCK.)

D. *Acéphales testacés, sans pied, munis de deux tentacules charnus, ciliés, roulés en spirale.*

46. TÉRÉBRATULE, *TEREBRATULA*, coquilles bivalves, régulières; *nates* de l'une plus avancées que l'autre; figurée comme un bec, et trouée à son extrémité; charnière bi-dentée. La valve non percée présente deux branches osseuses, grêles, fourchues qui servent de soutien à l'animal.

Le citoyen Lamarck donne le nom de *cranie* à une coquille composée de deux valves inégales, dont l'inférieure presque plane et sub-orbiculaire est percée, en sa face interne, de trois trous inégaux et obliques, et dont la supérieure, très-convexe, est munie intérieurement de deux callosités saillantes.

47. LINGULE, *LINGULA* (Brug. et Lamarck), coquille bivalve, oblongue, peu convexe; à nates pointues; égales entr'elles et à charnière édentée.

48. ORBICULE, *ORBICULA* (Müller), coquille orbiculaire, applatie, fixée; valve inférieure très-mince, adhérente aux corps marins; charnière inconnue. (LAMARCK.)

49. ANATIFE, *ANATIFA*, coquille cunéiforme; plusieurs valves inégales réunies à l'extré-

mité d'un tube tendineux, fixé par sa base ;
ouverture inoperculée.

50. BALANE, *BALANUS*, coquille en cône tronqué,
à base fixée sur quelque corps ; à l'opposé se
remarque une ouverture fermée à volonté
par un opercule quadrivalve. *Lépas* (Linn.).

On verra, sans peine, que les subdivisions que
nous avons adoptées, et qui sont extraites de l'ouvrage du citoyen Cuvier, sont autant relatives à
la structure de l'animal considéré seul, qu'à la
configuration et à la disposition des différentes parties solides qui constituent son habitation. Les
caractères propres à désigner chaque genre sont de
même pris par le citoyen Cuvier et dans l'organisation de l'animal et dans la manière d'être de son
teste. Nous avons cru ne pas nous écarter de la
marche tracée par ce savant naturaliste ; et nous
n'ignorons pas que, pour rendre notre travail
complet, il est besoin de faire connaître le mémoire
du citoyen Lamarck consigné parmi ceux de la
société d'Histoire naturelle de Paris, et qui a pour
titre : *Prodrome d'une nouvelle classification des
coquilles, comprenant une rédaction appropriée
des caractères génériques, et l'établissement d'un
grand nombre de genres nouveaux.* Nous ne pouvons pas faire connaître ce travail dans toute son
étendue ; il ne nous appartient pas davantage de
transcrire ici les descriptions de chaque genre nou-

veau ; il nous suffira, pour le moment, d'indiquer la marche que ce professeur célèbre veut bien nous tracer, et lui faire part de notre desir ardent de voir s'accomplir, le plutôt possible, la promesse qu'il fait aux naturalistes, d'un travail suivi et étendu, auquel il donne le titre d'*Elémens de Conchyliologie.*

Après avoir rendu justice aux travaux des *Lister,* des *Gualtieri* et des *d'Argenville,* sur la conchyliologie ; après être convenu que Linnæus est le seul qui ait établi les fondemens d'une bonne classification des coquilles, et les vrais principes à suivre pour en déterminer les genres et les espèces, on ne peut lire, sans une tendre émotion, l'éloge mérité que l'amitié donne à Bruguière, dont la mort prématurée excitera toujours les regrets des savans naturalistes. On voit le citoyen Lamarck orner la tombe de son ami infortuné des nombreuses découvertes qu'il devoit à son travail infatigable, à ses longs voyages et à son ardeur pour l'étude. Bruguière, convaincu de la bonté des principes de classification que le célèbre Linnæus a établis pour la distinction et détermination des coquilles, les a scrupuleusement respectés. Mais plus avantageusement situé, et profitant des lumières du savant Suédois, il conçut le projet de faire ce que Linnæus lui-même eût fait, s'il eût assez vu et assez vécu.

« En effet, Bruguière fit des corrections essen-
» tielles dans un grand nombre de genres, trop
» étendus par la nature des caractères qui les cir-
» conscrivoient. Il resserra, par exemple, les bor-
» nes du genre *voluta*, et il institua le genre *bu-*
» *limus*, en le composant de coquilles dont les
» unes étoient mal-à-propos placées parmi les *he-*
» *lix*, les autres parmi les *bulla*, et les autres
» parmi les *voluta*. Il corrigea le genre *buccinum*;
» et, de ses démembremens, il établit les genres
» du casque et de la vis ; il en écarta aussi les es-
» pèces à coquille épineuse ou tuberculée, avec
» lesquelles il forma son genre *purpura*; il resserra
» les limites du genre *murex* de Linnæus, et il en
» ôta les coquilles qui composent son genre *fusus*
» et son genre *cerithium*. Il restreignit pareillement
» le genre *ostrea* de Linné, et il institua les genres
» *pecten*, *perna*, et *placuna*, qui sont très-natu-
» rels. Il restreignit de même le genre *chama* ; et,
» de ses démembremens, il institua les genres *car-*
» *dites* et *tridacna*. Enfin, il corrigea les genres
» *mya*, *mytilus*, *anomia*, *patella*, *lepas*, &c.
» et on lui doit l'établissement des genres *unio*,
» *anodontites*, *terebratula*, *fissurella*, *anatifa*,
» et *balanus*. En outre, on voit, par les dessins
» qu'il laissa lorsqu'il partit pour son voyage, et
» par les noms qu'il y avoit mis, on voit, dis-je,
» que, quoiqu'il n'ait rien écrit sur les caractères
» des genres *houlette*, *lime*, *lucine*, *capse*, *cyclade*,

» *pandore* et *lingule*, il avoit conçu l'établissement
» de ces genres.... »

Tel est le point fixe d'où est parti le citoyen
Lamarck. On ne peut exposer plus clairement
l'état de la science, lorsque ce naturaliste célèbre
a commencé son travail. En donnant à Bruguière
ce qui lui appartient, c'est aussi indiquer tout ce
qui a été fait depuis lui. En effet, Bruguière
comptoit soixante-un genres de testacés, dans son
Tableau systématique des Vers (*Encycl. Vers.
Introduct. p.* xiv), et le citoyen Lamarck l'a accru
de plus du double.

En attendant que nous puissions jouir de l'avantage de lire les Elémens de Conchyliologie du citoyen Lamarck, nous allons encore extraire des
Mémoires de la Société d'Histoire naturelle, le
Tableau des genres de l'ordre des testacés, et indiquer le nom des individus compris et l'ordre de
leur disposition.

TABLEAU

TABLEAU SYSTÉMATIQUE

DES GENRES.

*COQUILLES UNIVALVES.

(a) COQUILLES UNILOCULAIRES.

*Ouverture versante, ou échancrée, ou canaliculée
à sa base.*

1. Cône, *conus.*
2. Porcelaine, *cypræa.*
3. Ovule, *ovula.*
4. Tarière, *terebellum.*
5. Olive, *oliva.*
6. Ancille, *ancilla.*
7. Volute, *voluta.*
8. Mître, *mitra.*
9. Colombelle, *columbella.*
10. Marginelle, *marginella.*
11. Cancellaire, *cancellaria.*
12. Nasse, *nassa.*
13. Pourpre, *purpura.*
14. Buccin, *buccinum.*
15. Vis, *terebra.*
16. Harpe, *harpa.*
17. Casque, *cassis.*
18. Strombe, *strombus.*
19. Ptérocère, *pterocera.*
20. Rostellaire, *rostellaria.*
21. Rocher, *murex.*
22. Fuseau, *fusus.*
23. Pyrule, *pyrula.*
24. Fasciolaire, *fasciolaria.*
25. Turbinelle, *turbinella.*

26. Pleurotome, *pleurotoma*. 27. Cérite, *cerithium*.

Ouverture entière, n'ayant à sa base ni échancrure ni canal.

28. Toupie, *trochus*.
29. Cadran, *solarium*.
30. Sabot, *turbo*.
31. Monodonte, *monodonta*.
32. Cyclostome, *cyclostoma*.
33. Turritelle, *turritella*.
34. Janthine, *janthina*.
35. Bulle, *bulla*.
36. Bulime, *bulimus*.
37. Agathine, *achatina*.
38. Lymnée, *lymnœa*.
39. Mélanie, *melania*.
40. Pyramidelle, *pyramidella*.
41. Auricule, *auricula*.
42. Ampullaire, *ampullaria*.
43. Planorbe, *planorbis*.
44. Hélice, *helix*.

45. Hélicine, *helicina*.
46. Nérite, *nerita*.
47. Natice, *natica*.
48. Sigaret, *sigaretus*.
49. Stomate, *stomatia*.
50. Haliotide, *haliotis*.
51. Patelle, *patella*.
52. Fissurelle, *fissurella*.
53. Crépidule, *crepidula*.
54. Calyptrée, *calyptrœa*.
55. Dentale, *dentalium*.
56. Vermiculaire, *vermicularia*.
57. Siliquaire, *siliquaria*.
58. Arrosoir, *penicillus*.
59. Argonaute, *argonauta*.

(*b*) COQUILLES MULTILOCULAIRES.

60. Nautile, *nautilus.*
61. Nautilite, *nautilites.*
62. Ammonite, *ammo-nites.*
63. Planorbite, *planor-bites.*
64. Camérine, *cameri-na.*

65. Spirule, *spirula.*
66. Baculite, *baculites.*
67. Orthocère, *orthoce-ra.*
68. Orthocératile, *or-thoceratiles.*
69. Bélemnite, *belemni-tes.*

** COQUILLES BIVALVES.

(*a*) COQUILLES IRRÉGULIÈRES.

70. Acarde, *acardo.*
71. Ostracite, *ostracites.*
72. Came, *chama.*
73. Huître, *ostrea.*
74. Vulselle, *vulsella.*
75. Marteau, *malleus.*

76. Avicule, *avicula.*
77. Perne, *perna.*
78. Placune, *placuna.*
79. Anomie, *anomia.*
80. Cranie, *crania.*

(*b*) COQUILLES RÉGULIÈRES.

81. Mye, *mya.*
82. Solen, *solen.*
83. Glycimère, *glyci-meris.*
84. Sanguinolaire, *san-guinolaria.*
85. Capse, *capsa.*

86. Telline, *tellina.*
87. Lucine, *lucina.*
88. Cyclade, *cyclas.*
89. Vénus, *venus.*
90. Mérétrice, *meretrix.*
91. Donace, *donax.*
92. Mactre, *mactra.*

93. Lutraire, *lutraria.*
94. Paphie, *paphia.*
95. Crassatelle, *crassa-tella.*
96. Bucarde, *cardium.*
97. Isocarde, *isocardia.*
98. Cardite, *cardita.*
99. Tridacne, *tridacna.*
100. Hippope, *hippo-pus.*
101. Trigonie, *trigonia.*
102. Arche, *arca.*
103. Pétoncle, *pectun-culus.*
104. Nucule, *nucula.*
105. Mulette, *unio.*

106. Anodonte, *anodon-ta.*
107. Modiole, *modiolus.*
108. Moule, *mytilus.*
109. Pinne, *pinna.*
110. Houlette, *pedum.*
111. Lime, *lima.*
112. Peigne, *pecten.*
113. Pandore, *pandora.*
114. Corbule, *corbula.*
115. Térébratule, *tere-bratula.*
116. Calcéole, *calceola.*
117. Hyale, *hyalæa.*
118. Orbicule, *orbicula.*
119. Lingule, *lingula.*

*** COQUILLES MULTIVALVES.

120. Pholade, *pholas.*
121. Char, *giænia.*

122. Taret, *teredo.*
123. Fistulane, *fistulana.*

***

124. Oscabrion, *chiton.*

****

125. Balane, *balanus.*
126. Anatife, *anatifa.*

QUATRIÈME PARTIE.

ENTOMOLOGIE.

I. THÉORIE.

Dans la théorie, on considère le genre, l'espèce et la critique.

I. Le *Genre* doit être désigné par un nom très-choisi.

Son caractère naturel et essentiel doit être emprunté des ailes, des élytres, des antennes, de la bouche, de l'aiguillon et des pieds.

La classe et l'ordre doivent appartenir au système le meilleur. Il faut démontrer l'ordre naturel, ainsi que la connexion des genres.

II. L'*Espèce*, nom *trivial*. En établissant les différences spécifiques, on doit les rendre invariables et très-courtes; il faut sur-tout examiner les boucliers, les cornes, la figure du thorax et des élytres, la longueur des antennes, la figure, la couleur, les stries, les points, les taches, les bandelettes, les lignes, les ailes et les élytres; la figure des fémurs, les épines, les dents, les

poils, le duvet, le velouté des parties, la structure de la queue, celle des antennes, &c. Mais
les meilleurs noms sont ceux que l'on tire de
l'habitude qu'ont les insectes de vivre sur certaines plantes et sur certains animaux.

La synonymie doit accompagner une description, et la figure être la mieux choisie.

III. La *Critique* consiste dans l'étymologie du
nom générique et spécifique ; dans la connoissance de l'époque de son invention et du nom
de l'auteur ; enfin, dans l'érudition historique,
critique et ancienne.

II. DESCRIPTION.

Les insectes sont des animaux polypodes, munis
de tégumens crustacés ; ils respirent au moyen de
stygmates latéraux et ont des antennes mobiles placées sur la tête. (Leur cœur est uniloculaire, à
une seule ouverture ; ils ont le sang ichoreux,
froid, non coloré.)

Dans un insecte, on doit considérer, examiner
et décrire les parties extérieures et les intérieures.

§. I. *Des parties extérieures.*

Les parties extérieures d'un insecte sont toutes
celles qu'on peut observer sans le secours de l'anatomie.

PREMIÈRE SECTION.

Du corps en général.

1. Orbiculé, *corpus orbiculatum*, ou arrondi, *Figure.* périphérie circinée (diamètre longitudinal égal au transversal).

2. Ové, *ovatum*, diamètre longitudinal plus grand que le transversal ; base circonscrite par un segment de cercle ; sommet plus rétréci.

3. Oval, *ovale*, d'orbiculé rendu oblong ; chaque extrémité également arrondie.

4. Oblong, *oblongum*, diamètre transversal un peu plus alongé que le longitudinal.

5. Linéaire, *lineare*, oblong, largeur égale partout.

6. Cutacé, *cutaceum*, mou, cédant à l'impres-*Tégumens.* sion du doigt.

7. Crustacé, *crustaceum*, duriuscule, élastique, résistant à l'impression du doigt ; substance ordinairement épispastique.

8. Calcaréo-crustacé, *calcareo-crustaceum*, crustacé, substance presque calcaire.

9. Membraneux ou foliacé, *corpus membrana-*Substance.*ceum seu foliaceum*, substance mince approchant beaucoup de celle de la feuille.

10. Térète, *teres*, presque cylindrique.

a 4

11. Comprimé, *compressum*, pulpeux, côtés plus applanis que le disque.

12. Cylindrique, *cylindricum*, linéaire, térète.

13. Hémisphérique, *hemisphæricum*, substance globeuse, convexe en dessus, plane en dessous, imitant un globe disséqué.

Surface. 14. Pubescent, velu, *corpus pubescens*, *villosum*, couvert de poils mous.

15. Tomenteux, *tomentosum*, couvert d'un tissu cotonneux qu'on ne peut discerner.

16. Poilu, *pilosum*, couvert de poils distincts et alongés.

17. Soyeux, *sericeum*, couvert de poils affaissés, brillans et très-mous.

18. Rugueux, *rugosum*, parsemé de rides.

19. Rude, *scabrum*, couvert de points saillans, rigidiuscules.

20. Ponctué, *punctatum*, parsemé de points excavés.

21. Hérissé, *hispidum*, abondant en poils rudes.

22. Nu, *nudum*.

23. Imbriqué, *imbricatum*, couvert d'écailles diverses, super-imposées.

24. Glabre, *glabrum*, surface lisse.

25. Brillant, *nitidum*, d'un poli luisant.

SECONDE SECTION.

Examen de chaque partie séparée du corps.

La *tête* est toujours munie d'*yeux* et d'*antennes*. Ordinairement il existe une bouche, souvent des *palpes* et des *couronnes*.

26. Ronde ou orbiculée (1), ovée (2). *Figure.*

27. Obtuse, si elle est terminée entre un segment de cercle (*caput obtusum*).

28. Angulée, *angulatum*, bord à figure anguleuse (à 3-6, &c. angles).

29. Entière, *integrum*, indivisée et sans sinuosités.

30. Lunée, *lunatum*, sous-arrondie, divisée à sa base par une sinuosité; angles postérieurs aigus.

31. Conique, *conicum*, térète, terminée en pointe.

32. Atténuée en devant, *attenuatum anticè*, base obtuse, sommet rétréci.

33. Atténuée en arrière, *attenuatum posticè*, souvent obtuse, base rétrécie.

34. Dentée, *dentatum*, bord muni de pointes saillantes et écartées.

35. Émarginée, *emarginatum*, terminée par une crénelure.

36. Rétuse, *retusum*, par un sinus obtus.

37. Tronquée, *truncatum*, par une ligne transversale.

Structure.58. Prolongée par un tube, *caput prolongatum tubo*, pointe finissant par un tube.

39. — par une vessie, — *vesicâ*, sommet représentant une vessie.

40. Cornue, *cornutum*, une partie de la tête se terminant par une corne.

Surface 41. Tuberculée, *caput tuberculatum*, inégale par
et
substance.　un seul point, ou par plusieurs rudes et saillans.

42. Rugueuse, *rugosum*, une ligne ondée, élevée ; ou plusieurs remarquables et transversales ou longitudinales.

43. Canaliculée ou sillonnée, *canaliculatum seu sulcatum*, excavée par une ou plusieurs lignes profondes.

44. Nue, *nudum*.

45. Émoussée, *muticum*, sans cornes et sans tubercules.

46. Gibbeuse, *gibbum*, ayant ses deux surfaces convexes.

47. Déprimée, *depressum*, disque plus grand que les côtés qui sont applanis.

48. En bouclier, *clypeatum*, couverte en dessus d'une substance foliacée, dilatée et applanie.

Insertion.49. Rétractile, *caput retractile*, si elle se rétracte et se cache à volonté entre le thorax.

50. Rétractée, *retractum*, située entre le thorax,

sans en pouvoir être distincte à l'extérieur.
(Les *cancres* et les *scorpions*.)

51. Élevée, *exsertum*, divisée par le thorax et bien
distincte.

52. Saillante, *prominens*, fixée au thorax et sur
la même ligne, mais beaucoup plus étroite.

53. Tendue, *porrectum*, saillante, alongée.

54. Infléchie, *inflexum*, non fixée au thorax sur
le même plan, mais de manière que le sommet regarde en bas.

55. Penchée, *nutans*, fixée au thorax dans une
direction transversale et à angle droit.

Les YEUX sont des organes à l'aide desquels les
insectes distinguent les objets.

56. Les yeux simples, *oculi simplices*, sont munis d'une seule lentille.

57. Les composés, *compositi*, en ont plusieurs,
et souvent un grand nombre, pour voir les
objets situés vis-à-vis d'eux et de côté.

58. Verticaux, *oculi verticales*, s'ils s'observent *Situation.*
sur le vertex de la tête.

59. Latéraux, *laterales*, s'ils en occupent les côtés.

60. Infères, *inferi*, s'ils sont situés sous la tête.

61. Contigus, *contigui*, se touchant d'un côté ou
par un seul point.

62. Rapprochés, *approximati*, voisins l'un de
l'autre.

65. Éloignés, *remoti*, écartés l'un de l'autre.

Insertion. 64. Immobiles, *oculi immobiles*, fixés à la tête de manière à ne pouvoir exécuter aucun mouvement.

65. Mobiles, *mobiles*, tellement adnés qu'ils peuvent se mouvoir.

66. Pédonculés, *pedunculati*, implantés sur un pédoncule.

Surface. 67. Convexes, *oculi convexi*, légèrement saillans sur la tête.

68. Applanis, *plani*, au même niveau que la tête.

69. Saillans, *prominuli*, très-élevés au-dessus de la surface de la tête.

70. Lunés, *lunati*, ressemblans à un croissant.

71. Concolorés, *concolores*, de la même couleur que la tête et le corps.

72. Colorés, *colorati*, diversement colorés que le corps.

73. Ponctués, *punctati*, parsemés de points variés.

74. Rubanés, *fasciati*, représentant des bandelettes transversales de différentes couleurs.

Nombre. 75. Doubles, *oculi bini*, un de chaque côté de la tête.

76. Quaternés, *quaterni*, quatre yeux distincts, tous verticaux, deux au-devant et deux en arrière des antennes; ou deux verticaux et

deux infères, ou deux verticaux et deux latéraux.

77. Six et huit, *seni et octoni*, six ou huit yeux distincts (dans les *araignées* et les *scorpions*).

78. Les STEMMES, *STEMMATA*, sont des yeux simples, au nombre de deux ou de trois, ordinairement adnés au vertex, et situés de manière que l'insecte peut voir les objets de loin et situés au-dessus de sa tête.

79. La BOUCHE, *os*, est l'organe dont les insectes se servent pour saisir les alimens qui leur sont propres.

D'après sa *figure* et ses *parties*, on l'appelle:

80. MUSEAU, *ROSTRUM*, qui signifie une bouche alongée, terminée en pointe.

Il est:

81. Corné, *corneum*, si sa substance est dure et élastique.

82. Cylindrique ou térète, *cylindricum seu teres*, linéaire, arrondi.

83. Conique, *conicum*, térète, à pointe acuminée.

84. Soyeux, *setaceum*, ténu, flexible, insensiblement atténué vers son sommet.

85. Tubuleux, *tubulosum*, creusé en tube, entier.

86. Bivalve, *bivalve*, deux valvules se réunissant pour former un tube.

87. Multivalve, *multivalve*, à plusieurs valvules.

88. Droit, *rectum*, sans courbure.

89. Tendu (53).

90. Géniculé, *geniculatum*, fléchi en angle.

91. Infléchi, *inflexum*, ni tendu, ni géniculé, se dirigeant vers le ventre et la poitrine.

92. Arqué, *arcuatum*, courbé par un segment de cercle.

93. Penché, *nutans*, fixé transversalement à la tête.

94. Aigu, *acutum*, terminé à son sommet par un angle aigu.

95. Obtus, *obtusum*, sommet terminé entre un segment de cercle.

96. Plus long que la *tête* et le *thorax*.

97. Très-long, plus long que le corps.

98. Long, plus long que la tête (*longirostris curculio*).

99. Court, plus court que la tête (*brevirostris curculio*).

100. TROMPE, *PROBOSCIS*, tube ouvert, souvent charnu, dilaté à son sommet.

101. Recourbée, *recurvata*, fléchie en bas, en sorte que l'arc regarde en haut.

102. Infléchie, *inflexa*, obliquement fixée à la tête, se portant vers la poitrine.

103. Rétractile, *retractilis*, susceptible d'être cachée à volonté entre les lèvres.

104. Plicatile, *plicatilis*, se repliant en arrière par son sommet.

105. A deux ou plusieurs valvules ; c'est-à-dire, incluse dans des membranules concaves (2 ou plusieurs).

106. LA LANGUE, *LINGUA*, est un organe membraneux ou charnu, intérieurement canaliculé.

107. Réplicatile, *replicatilis,* dont le sommet peut être replié en arrière.

108. Spirale , *spiralis*, ramassée en spire entre deux palpes.

109. Univalve, *univalvis*, formée d'une seule valve creusée et semi-cylindrique.

110. Bivalve, *bivalvis* , deux valves concaves se réunissant en un tube.

111. LES MACHOIRES, *MAXILLÆ*, sont des organes ordinairement semi-cylindriques; muriquées à leur sommet, se mouvant transversalement pour retenir et broyer les alimens.

112. Elles sont binées , *binæ* , au nombre de deux seulement.

113. Plusieurs , *plures.*

114. Divisées et bien distinctes de la tête, *exsertæ* (51).

115. Saillantes, *prominentes*, droites sur la tête et placées dans le même plan.

116. Tendues, *porrectæ* , saillantes et alongées.

117. Dentées, *dentatæ*, bords garnis de pointes visibles et écartées.

118. En ciseau, *forcipatæ*, qui imitent des ciseaux.

119. Fourchues, *furcatæ*, divisées en fourche à leur sommet.

120. Lunulées, *lunulatæ*, en forme de lunule ; c'est-à-dire, plus épaisses dans leur milieu, plus étroites à leur base et à leur sommet.

121. LES PALPES, *PALPI*, sont des organes souvent articulés, fixés à la bouche, quelquefois plus petits que les antennes.

122. Binés, *bini*, au nombre de deux seulement.

123. Quaternés, *quaterni*, dans la plupart, et rarement au nombre de six.

124. Simples, *simplices*, non articulés.

125. Articulés, *articulati*, divisés en plusieurs membres ou articulations convexes, pour multiplier la variété du mouvement.

126. Droits, *recti*, sans courbure.

127. Tendus, *porrecti*, qui regardent directement en devant.

128. Incurvés, *incurvi*, courbés en dehors vers le ciel.

129. Recurvés, *recurvi*, courbés en bas.

130. Pédiformes, *pediformes*, articulés comme des pieds.

131.

131. Subulés, *subulati*, linéaires à la base, atténués vers la pointe.

132. Soyeux, *setacei*, insensiblement atténués de la base vers le sommet.

133. Clavés, *clavati*, insensiblement épaissis vers le sommet.

134. Tronqués, *truncati*, terminés à la pointe par une ligne transversale.

135. Chélifères, *cheliferi*, ongle latéral, mobile, fixé au-devant du sommet.

136. Poilus, *pilosi*, recouverts de poils distincts, alongés.

137. Alongés, *elongati*, plus longs que de coutume (ou que la bouche).

138. LES LÈVRES, *LABIA*, sont les parties extérieures saillantes qui ferment la bouche.

139. Latérales, *lateralia*, apposées sur les côtés d'une bouche perpendiculaire.

140. Transverses, *transversa*, situées transversalement à la bouche.

141. LE PALAIS, *PALATUM*, partie intérieure de la lèvre, sur-tout transversale.

142. Terminal, *palatum terminale*, sur le sommet de la tête. *Situation.*

143. Infère, *inferum*, à la partie déclive de la tête.

P

144. Pectoral, *pectorale*, tube ou museau appliqué sur la poitrine.

145. LES ANTENNES, *ANTENNÆ*, sont deux ou quatre organes, la plupart articulés, crustacés, pour l'usage d'un sensorium à nous inconnu.

Structure. 146. Rameuses, *ramosæ*, à plusieurs rameaux latéraux.

147. Simples, *simplices*, indivisées jusqu'à leur sommet.

148. Moniliformes, *moniliformes*, filiformes, articulations distinctes sous-globeuses.

149. Perfoliées et imbriquées, *perfoliato-imbricatæ*, folioles concaves se recouvrant mutuellement, réunies dans leur milieu.

150. Articulées, *articulatæ*, articulations distinctes.

151. Exarticulées, *exarticulatæ*, sans articulations.

152. Filées, *filatæ*, antennes des mouches, et du taon, dépourvues de chapeau orbiculé, comprimé.

153. Subulées, *subulatæ*, linéaires à leur base, atténuées au sommet.

154. Clavées, *clavatæ*, peu à peu épaissies vers leur sommet.

155. Mucronées, *mucronatæ*, terminées par une pointe apparente.

156. Sétigères à leur sommet, *acuminato-seta-cæœ, seu apice setigeræ*, terminées par un poil rigidiuscule, atténué à son sommet.

157. Aigrettées, *cristatæ*, les antennes des mouches sont munies d'un chapeau orbiculé, comprimé, latéral, qui supporte une aigrette soyeuse.

158. Sétaires, *setariæ*, antennes aigrettées, soie simple et nue.

159. Plumées, *plumatæ*, antennes aigrettées, soie bipectinée.

160. Pectinées, *pectinatæ*, qui donnent de chaque côté des soies parallèles selon toute la longueur.

161. Lamellées, *lamellatæ*, pectinées par des écailles parallèles.

162. Verticillées, *verticillatæ*, poils disposés en verticille aux articulations.

163. Plumeuses, *plumosæ*, poils qui forment une plumule.

164. Chélifères, *cheliferæ*, sommet épaissi, et ongle latéral mobile.

165. Cylindriques, *cylindricæ*, térètes, linéaires. *Substance.*

166. Comprimées, *compressæ*, plus applanies par les côtés que par le disque.

167. Linéaires, *compresso-lineares*, d'une largeur égale.

168. Lancéolées, *lanceolatæ*, oblongues et atténuées à chaque extrémité.

169. Orbiculées, *lanceolato-orbiculatæ*, circinées par leur périphérie.

170. Prismatiques, *prismaticæ*, linéaires, côtés applanis, dont le nombre est de plus de deux.

171. Filiformes, *filiformes*, dont l'épaisseur est la même suivant la longueur.

172. Soyeuses, *setaceæ*, insensiblement atténuées vers leur sommet.

173. Fusiformes, *fusiformes*, épaisses vers leur milieu.

174. Lunées, *lunatæ*, sinuées en lune corniculée.

175. Clavées (154).

176. Crochues, *uncinatæ*, clavées, mucronées, pointe en crochet, presqu'à angle droit.

177. Capitées, *capitatæ*, clavées, sommet arrondi, ou en tête.

178. Fissiles, *fissiles*, capitées, tête divisée longitudinalement en plusieurs parties latérales.

179. Perfoliées, *perfoliatæ*, capitées, chapeau horizontalement fissile; base qui environne transversalement l'antenne.

180. Globeuses, *globosæ*, capitées, tête globeuse.

181. Tronquées, *truncatæ* (134).

182. Nues, *nudæ*, sans soies ni poils. *Surface.*

183. Poilues ou hérissées, *pilosæ seu hirsutæ*, recouvertes de poils distincts et alongés.

184. Barbues, *barbatæ*, poils fasciculés sur les nœuds des articulations.

185. Crépues, *hispidæ*, recouvertes de soies roides.

186. Ciliées, *ciliatæ*, soies parallèles en un sens, insérées selon la longueur de l'antenne.

187. Aiguillonnées, *aculeatæ*, armées de petites pointes.

188. Dentées en scie, *aculeato-serratæ*, aiguillons nombreux regardant le sommet.

189. Oncinées, *aculeato-uncinatæ*, aiguillons recourbés en crochet.

190. Épineuses, *spinosæ*, hérissées de grandes pointes subulées.

191. Dentées, *dentatæ*, aiguillons visibles, écartés, disposés dans le même sens.

192. Droites, sans courbure. *Direction.*
193. Roides, difficiles à se courber.
194. Penchées, ayant leur sommet recourbé en dehors et en bas.
195. Spiriformes, *spiriformes*, réunies en spire.
196. Pédées ou pédiformes, *pedatæ, seu pediformes*.

197. Coadunées à leur base, ou réunies entr'elles.

198. Distinctes à leur base.

199. Rapprochées, écartées, &c.

200. Pré-ophtalmes, *præ-ophtalmæ*, placées au-devant des yeux.

201. Catophtalmes, *catophtalmæ*, proche les yeux.

202. Hypophtalmes, *hypophtalmæ*, sous les yeux.

203. Hyperophtalmes, *hyperophtalmæ*, au-dessus des yeux.

204. Amphiophtalmes, *amphiophtalmæ*, envi-ronnées en tout ou en partie par les yeux.

Etendue. 205. Courtes, plus courtes que le corps.

206. Médiocres, de la même longueur.

207. Longues, un peu plus longues que le corps.

208. Très-longues, beaucoup plus longues que le corps.

209. Alongées, plus longues que la tête.
       Plus courtes.

210. Plus longues et plus courtes que les palpes.

211. Plus longues et plus courtes que le thorax.

212. LE TRONC, *TRUNCUS*, est cette partie du corps comprise entre la tête et l'abdomen, et à laquelle appartiennent les pieds. Ses parties sont le *thorax*, le *corselet*, la *poitrine* et le *sternum*.

213. LE THORAX, *THORAX*, est le dos du tronc.

Ses parties comprennent :

214. Le disque, *discus*, qui est la partie moyenne du thorax (rarement *lobé*).

215. Le bord, *margo*, parties environnant le disque.

216. Orbiculé, *orbiculatus*, périphérie circinée *Figure.* (diamètre longitudinal égal au transversal).

217. Arrondi, *rotundatus*, sans angles.

218. Sous-arrondi, *sub-rotundus*, figure presqu'orbiculée.

219. Ové, *ovatus*, diamètre longitudinal l'emportant un peu sur le transversal.

220. Ovale, *ovalis*, oblong-orbiculé, chaque extrémité également arrondie.

221. Oblong, *oblongus*, diamètre transversal un peu plus long que le longitudinal.

222. Linéaire, largeur égale par-tout.

223. Transverse, linéaire, mais transversalement.

224. Entier, *integer*, indivis et sans sinuosités. *Angles.*

225. Quadrangulaire ou tétragône, *quadrangularis seu tetragonus*.

226. Crucié, *cruciatus*, bras étendus, colomné en devant et en arrière.

227. Cordé, *cordatus*, sub-ové, sinué à sa base, *Sinuosités.* sans angles postérieurs.

228. Obcordé, *obcordatus*, obové et cordé.

229. Luné, *lunatus*, sous-arrondi, sinué à sa base, angles postérieurs aigus.

230. Lobé, *lobatus*, divisé en parties séparées et distantes.

231. Squarreux, *squarrosus*, divisé en lanières élevées et non parallèles au plan.

Bord. 232. Très-entier, *integerrimus*, bord linéaire, nullement découpé.

233. Crené ou crénulé, *crenatus seu crenulatus*, bord divisé par des dentelures qui ne regardent pas les extrémités.

234. Serreté, *serratus*, denté en scie, bord dont toutes les dents regardent la tête.

235. Cilié, *ciliatus*, bord garni de soies parallèles.

236. Épineux, *spinosus*, dents subulées, roides, piquantes.

Sommet. 237. Obtus, terminé entre un segment de cercle.

238. Émarginé, terminé par une crène.

239. Émoussé, *retusus*, terminé par une sinuosité obtuse, tronqué ou pointu.

Surface. 240. Ayant égard à sa surface, il paroît tantôt nu, glabre, luisant ; tantôt creusé de lignes longitudinales et colorées, de lignes parallèles et superficielles (strié), ou profondes (sillonné). Il est encore rugueux, velu, poilu,

couvert d'aspérités obtuses ou piquantes
(hérissé, aiguillonné).

241. Lorsqu'il est couvert de petits tubercules
rudes au toucher, on le dit tuberculé ; dans
le cas contraire, il est mutique ; enfin, il
paroît cornu, *cornutus*, si une de ses parties représente une corne.

242. Applani, *planus*, surface égale.   *Expansion.*

243. Inégal, *inæqualis*, surface élevée dans un
point, et déprimée dans un autre.

244. Convexe, *convexus*, surface élevée dans son
milieu, déprimée à sa circonférence.

245. Canaliculé, *canaliculatus*, sillon profond et
longitudinal creusé dans son milieu.

246. Membraneux, *membranaceus*, substance de   *Substance.*
la feuille.

247. Gibbeux, *gibbus*, disque élevé sans section
de globe.

248. Cylindrique, térétiuscule, globeux et conique.

249. Caréné, *carinatus*, partie supérieure et
moyenne du disque saillante longitudinalement, et en ligne droite.

250. Crété, *cristatus*, carène arquée, dentée,
comprimée.

251. Capuchonné, *cucullatus*, carène creusée en
devant en forme de capuchon.

Structure. 252. En bouclier, *clypeatus*, recouvert d'une membrane libre sur son bord, et dilatée au-delà du disque.

253. Marginé, *marginatus*, bord libre, élevé.

254. Sous-marginé, *submarginatus*, bord à peine libre et non élevé.

255. Immarginé, *immarginatus*, sans bouclier et sans bord.

256. LE CORSELET, *SCUTELLUM*, est la partie postérieure du thorax, souvent triangulaire, formant la partie transverse du thorax, où elle est divisée par une suture.

257. Il est plus long que l'abdomen, ou simplement sa longueur est la même.

258. Crêté, *cristatum*, carène comprimée.

259. Denté, *dentatum*, muni de dents ou de pointes.

260. LA POITRINE, *PECTUS*, est la partie inférieure du tronc auquel sont insérés les pieds.

261. Mucronée, *pectus mucronatum* (155), mutique (47).

262. Ensanglantée, *cruentum*, parsemée de taches de couleur sanguine.

263. Non ensanglantée, *incruentum* (opposé au précédent).

264. Tubé, *rostratum*, ayant un tube au lieu d'une bouche.

265. Caréné, *carinatum*, partie inférieure et moyenne, saillante longitudinalement par une ligne droite.

266. LE STERNUM, *STERNUM*, est la carène même de la poitrine.

267. On le dit mucroné (155), entier (224), bifide (77), tendu, &c.

268. On appelle ÉPIGASTRE, *EPIGASTRIUM*, cette lame située à la partie postérieure de la poitrine, entre les deux premières paires de pieds et les postérieurs (dans les *mordelles*).

269. L'ABDOMEN, *ABDOMEN*, est cette partie du corps distincte du thorax, occupant la partie postérieure de l'insecte, formée de segmens annulaires.

Ses parties sont les *spiracules*, le *dos*, le *ventre* et l'*anus*.

Considéré *généralement*, il est :

270. Égal, *œquale*, de la même largeur que le thorax.

271. Sessile, *sessile*, fixé dans toute sa longueur au thorax.

272. Pétiolé, *petiolatum*, fixé au thorax, au moyen d'un tube étroit et alongé.

273. Sous-pétiolé, *sub-petiolatum*, fixé au moyen d'un tube plus court, et dont la largeur égale à peine le thorax.

274. Applani, *planum*, surface du ventre plane.

275. Comprimé, *compressum*, côtés plus applanis que le disque.

276. Déprimé, *depressum*, disque plus applani que les côtés.

277. Voûté en dessous.

278. Foliacé, conique, en faulx (*falcatum*), lobé, &c.

279. Plissé et mamelonné, *plicato-papillosum*, papilles latérales plicatiles.

280. Barbu, *barbatum*, poils fasciculés sur les côtés ou sur le sommet.

281. Les bandes, *cingula*, sont des bandelettes colorées qui environnent l'abdomen.

282. LES SPIRACULES, *SPIRACULA*, sont des pores latéraux sur chaque segment de l'abdomen, solitaires de chaque côté, réunis aux conduits pulmonaires pour la respiration.

283. LA SQUAMULE, *SQUAMULA*, est une membrane droite placée entre le thorax et l'abdomen.

284. LE DOS, *TERGUM*, est la partie supérieure ou le dos de l'abdomen.

285. LE VENTRE, *VENTER*, est la partie inférieure de l'abdomen.

286. L'ANUS, *ANUS*, est cette partie postérieure

de l'abdomen perforée pour l'excrétion des matières fécales, et souvent pour contenir et faire paroître au-dehors les organes de la génération.

287. Il est denté, *dentatus*, muni de dents ou de pointes.

288. Simple, *simplex*, opposé au précédent.

289. Émarginé, *emarginatus*, terminé par une crénelure.

290. Barbu (280).

291. Laineux, *lanatus*, comme recouvert d'une toile d'araignée ; poils se recourbant spontanément.

292. Nu, soyeux, mamelonné, *papillosus*, garni de points élevés, charnus.

293. LES MEMBRES, *ARTUS*, sont différens instrumens du mouvement, tels que les ailes, les pieds, la queue et les *pecten*.

294. LES AILES, *ALÆ*, sont les organes au moyen desquels les insectes s'élèvent et volent dans les airs.

295. LES ÉLYTRES, *ELYTRA*, sont des ailes crustacées ou coriaces, qui se développent par l'action du vol ; se réunissant en suture, et recouvrant d'autres ailes membraneuses.

296. On considère dans les *élytres*, leur base, qui

est la partie la plus voisine du thorax, et où l'élytre est fixé au tronc.

297. Leur sommet, partie voisine de l'anus, opposée à la base.

298. Leur bord ou leur partie extérieure voisine du ventre, de la base au sommet.

299. Leur suture tracée par une ligne d'union sur le milieu du dos, entre la base et le sommet.

300. Leur disque comprend la partie moyenne entre la base, le sommet, le bord et la suture.

Structure. 301. Les élytres sont connés, *elytra connata seu coadunata*, réunis par une suture.

302. Distincts, *distincta*, chaque élytre séparé et non réuni par une suture.

303. Mobiles, *mobilia*, qui peuvent se mouvoir et servir au vol.

304. Immobiles, *immobilia*.

305. Entiers, *integra*, qui couvrent toute la longueur et la largeur du dos.

306. Mutilés, *mutilata*, qui ne recouvrent pas, &c.

307. Raccourcis, *abbreviata*, plus courts que le dos et quelques-unes de ses parties.

308. Dimidiés, *dimidiata*, qui recouvrent la moitié du dos.

309. Rétrécis, *angustata*, plus étroits que le dos.

Sommet. 310. Les élytres peuvent être tronqués, *truncata*, raccourcis et dirigés transversalement vers leur sommet.

511. Fastigiés, *fastigiata.*

512. Prémordus, *præmorsa*, terminés par un sommet obtus inégalement incisé.

513. Subulés, *subulata*, linéaires à la base, atténués au sommet.

514. Mucronés, *mucronata*, armés d'une ou plusieurs pointes terminales.

515. Flexibles, *elytra flexilia*, roides, &c.   *Substance.*

516. Mous, *mollia*, conservant l'impression du doigt.

517. Coriaces, *coriacea*, membraneux ou semblables à du cuir.

518. Crustacés, *crustacea*, plus roides que les précédens.

519. Membrano-crustacés, *membranaceo-crustacea*, crustacés.

520. A leur base et à leur bord, membraneux ailleurs, comme au sommet, au disque et à l'endroit de la suture.

521. Lisses, *elytra lævia seu nuda*, poilus, crê-   *Surface.*
pus ou recouverts d'un tissu de poils, hérissés.

522. Satinés, *sericea*, couverts de poils affaissés, mous, luisans.

523. Fasciculato - barbus, *fasciculato - barbata*, poils réunis en faisceaux.

324. Glabres, luisans, rudes, rugueux.

525. Linéés, *lineata*, nervures linéaires déprimées ; striés, sillonnés.

326. Porcés, *porcata*, lignes longitudinales élevées et saillantes ; ponctués, lineato-ponctués, muriqués.

327. Épineux, *spinosa*, bord garni de pointes subulées, roides, piquantes.

528. Carénés, *carinata*, saillans longitudinalement vers la suture.

Bord. 329. Dentés, serretés, marginés ou environnés d'un bord élevé, distinct.

33o. LES HÉMILYTRES, *HEMELYTRA*, sont des ailes qui, par leur substance, tiennent, en tout ou en partie, le milieu entre celles qui sont coriaces et membraneuses.

331. Cruciés, *cruciata*, bord intérieur de l'un imposé sur l'autre.

332. Applatis, *plana*, surface égale et non roulée.

333. Roulés, *convoluta*, cruciés et enveloppant le ventre.

334. Plissés, *plicata*, qui, dans le repos, forment des plis aigus que le vol développe.

335. Tombans, *incumbentia*, qui, dans le repos, recouvrent

recouvrent horizontalement l'abdomen en arrière.

536. Fléchis, *deflexa*, tombans, mais penchés sur les côtés.

537. Dressés, *erecta*, qui , dans le repos , se rapprochent mutuellement en haut.

538. Cruciato-compliqués, *cruciato-complicata*, hémilytres et autres tellement cruciés, qu'ils forment une double croix sur leurs bords sur-imposés.

539. On appelle AILES LÉPIDOPTÈRES, celles qui sont membraneuses , doubles , couvertes d'écailles imbriquées et colorées.

540. Les parties des ailes sont :

541. La *base* , fixée au thorax.

542. Le *sommet*, opposé à la base, terminant le bord antérieur ou la côte.

543. Les ailes *primaires ou supérieures* , situées antérieurement.

544. — *secondaires* , ou *inférieures* , ou *postérieures* ; on les voit en arrière, et qui, composées comme chez les phalènes, sont recouvertes par les supérieures.

545. N. B. *Primaires et secondaires* sont des termes propres aux papillons ; et les autres doivent être rapportés aux phalènes et aux gymnoptères tétraptères.

346. L'*angle postérieur* est la partie extrême de l'aile, opposée dans les supérieures à la base et au sommet.

347. Le *bord externe*, ou *antérieur*, ou *plus épais*, est compris entre la base et le sommet ; c'est ce que, dans les papillons, on appelle côte de l'aile.

348. Le *bord postérieur* est entre le sommet de l'angle postérieur et celui de l'anus.

349. L'*angle de l'anus* est l'angle postérieur dans les ailes inférieures.

350. Le *bord interne* ou *mince*, entre la base et l'angle postérieur.

351. Le *disque* est la partie moyenne de l'aile circonscrite par les bords, la base, le sommet et l'angle postérieur ou l'anus.

352. Le feuillet supérieur, *pagina superior*, est la surface de l'aile qui regarde le ciel.

353. L'inférieur est l'opposé.

Détermination. 354. Les plicatiles.

355. Les planes, *planæ*, ne peuvent se replier.

356. Les roulées, *convolutæ*, recouvrent le ventre ; surface supérieure convexe.

357. Dressées.

358. Horizontales, *horizontales*, dans leur repos, elles sont étalées horizontalement.

359. Ouvertes, *patentes*, horizontales, sans être conniventes ni tombantes.

360. Étalées, *patulæ*, presqu'horizontales, mais peu inclinées et non tombantes.

361. Incombantes, *incumbentes*, dans le repos, elles recouvrent horizontalement le dos. Cruciées.

362. Déprimées, *depressæ seu deflexæ*, incombantes, mais inclinées sur les côtes ; c'est-à-dire, ayant leur sommet et leur bord antérieur un peu défléchi en dehors.

363. Retournées, *reversæ*, défléchies, mais de manière que le bord des ailes inférieures dépasse le bord antérieur des premières.

364. Conniventes, *conniventes*, ailes qui, dans le repos, ont le rebord antérieur, postérieur ou intérieur, en partie contigu ; qu'elles soient droites ou tombantes.

365. Divariquées, *divaricatæ*, incombantes, divergentes en arrière, sans conniver.

366. Oblongues, lancéolées, linéaires, obtuses. *Figure.*

367. Rétuses, *retusæ*, émoussées, terminées par une sinuosité obtuse. Acuminées.

368. Alongées, *elongatæ*, ailes primaires plus longues par leur bord postérieur que par l'intérieur.

369. Angulées, *angulatæ*, bord postérieur circonscrit par des angles proéminens.

370. Arrondies.

371. En faulx, *falcatæ*, bord postérieur sinué et obtus.

372. Incurvées, *incurvatæ*, bord antérieur formant un arc tourné en dehors.

373. Rhombées , *rhombeæ*, de la forme d'un rhombe.

Bord. 374. Entières, *integræ*, indivises, sans aucune sinuosité.

375. Fendues ou digitées, *fissæ seu digitatæ*, divisions sinueuses, linéaires ; bords droits.

376. Caudées, *caudatæ*, l'une ou l'autre serreture, *serratura*, alongée en éminence.

377. Sous - caudées, *sub - caudatæ*, éminence à peine distincte de la serreture.

378. Excaudées , *excaudatæ*, sans alongement saillant.

379. Dentées, *dentatæ*.

380. Dentato-caudées, *dentato-caudatæ*, mélange de dents et de queues.

381. Rongées, *erosæ*, sinuées ; les plus petites sinuosités obtuses et lanières inégales.

382. Dentato - rongées , sinus alternés par des *dents*.

383. Crénées, *crenatæ*, incisures droites et dirigées vers aucune extrémité.

384. Serretées, *serratæ*, incisures dirigées vers l'extrémité.

385. Rampantes, *repandæ*, bord flexueux, cependant applani.

386. Ciliées, *ciliatæ*.

387. Denticulées, *denticulatæ*, dents distinctes et très-petites.

388. Très-entières, *integerrimæ*, sans découpures.

389. Nues. *Surface.*

390. Dénudées, *denudatæ*, particule des ailes seulement dépourvue d'écailles et opaque.

391. Hyalines, *hyalinæ*, entièrement dénudées, transparentes ou diaphanes.

392. Imbriquées, *imbricatæ squammis*, recouvertes d'écailles disposées comme des tuiles.

393. Nerveuses, *nervosæ*, vaisseaux très-simples étendus de la base au sommet.

394. Radiées, *radiatæ*, vaisseaux divergens comme des rayons d'un centre commun.

395. Réticulées, *reticulatæ*, vaisseaux veineux disposés en réseau.

396. Tessulées, *tessulatæ*, taches noires ordinairement disposées de manière à imiter un parquet.

397. Gonflées, *tumidæ*, membranes élevées entre les veines.

Puculées, *puculatæ*, membranes concaves et déprimées, très-brillantes, tomenteuses, barbues.

Couleur. 398. Colorées, *concolores*, les deux côtés de la même couleur, versicolores.

399. LE POINT, *PUNCTUM*, est une tache très-petite, ronde, distincte du reste de l'aile par sa couleur.

400. Les ailes ponctuées sont marquées de points.

401. Les ailes irrorées, *irroratæ*, sont remarquables par des points très-petits, ou des *atômes* disposés sans ordre.

402. Point calleux, *punctum callosum*, élevé, rude.

403. Rameux, *ramosum*, divisé en parties séparées et distantes les unes des autres.

404. Ocellaire, *ocellare*, orbiculaire, diversement coloré dans son milieu.

405. — *Sesquialterum*, formé de deux, distincts et contigus.

406. Double, *geminum*, deux points rapprochés, mais isolés.

407. LA TACHE, *MACULA*, partie de l'aile plus grande que le point, indéterminée par sa figure, mais distincte du reste par sa couleur différente.

408. Ailes maculées, remarquables par des taches.

409. Tache ovée, *macula ovata*, tache dont le diamètre longitudinal excède le transversal; dont la base est circonscrite par un segment de cercle rétréci au sommet.

410. Deltoïde, *deltoïdea*, presque triangulaire, rhombée.

411. Réniforme, base presqu'arrondie, sinuée profondément, sans angles postérieurs.

412. Annulaire, *annularis*, orbiculaire, moitié de la même couleur que le reste de l'aile.

413. Sous-annulaire, *sub-annularis*, ne faisant pas tout-à-fait l'anneau.

414. Sagittée, *sagittata*, triangulaire, angles postérieurs aigus, sans divisions.

415. En faulx, *falcata*, subulée, recourbée; linéaire.

416. *Flexueuse*, dirigée de côté et d'autre.

417. Divisée par six sutures.

418. Palmée, *palmata*, divisée au-delà de son milieu en lobes presqu'égaux.

419. Radiée, *radiata*, divisée en sinuosités anguleuses qui ont un centre commun d'où elles partent.

420. Marquetée, *tessulata*, tache remarquable par une autre couleur disposée par plaques.

421. LE STIGMATE, *STIGMA*, est une tache qu'on observe dans les ailes primaires pour l'anastomose des vaisseaux, proche le bord antérieur.

422. Simple, double, réniforme.

423. LITURE, *LITURA*, tache dont la couleur est

plus intense d'un côté, et plus foible de l'autre.

424. LUNULE, *LUNULA*, tache en faulx, subulée des deux côtés.

425. CICATRICE, *CICATRIX*, tache élevée, roide.

426. FENESTRE, *FENESTRA*, tache dénudée, hyaline (391), diaphane.

427. Ailes fenêtrées, *alæ fenestratæ*, ornées d'une ou de plusieurs fenêtres.

428. ŒIL, *OCELLUS*, tache orbiculée, point central diversement coloré, appelé *pupilla*, pupille.

429. Ailes ocellées, *ocellatæ*, remarquables par plusieurs points de cette espèce.

430. Oblitéré, *ocellus obliteratus*, pupille à peine distincte.

431. Aveugle, *cæcus*, œil placé parmi d'autres, sans pupille.

432. Bi-pupillé, *bi-pupillatus*, à deux pupilles.

433. Tri-pupillé, *tri-pupillatus*.

434. Didyme, *didymus*, deux contigus.

435. On nomme *sesquialter*, *seu sesquiocellus*, un œil plus grand qui en contient un autre plus petit.

436. Pupille hastée; une tache pupillaire sagittée (414), dont les angles postérieurs sont sinués et saillans sur les côtes.

437. Luné, *ocellus lunatus*, environné à moitié par une lunule.

438. Clignotant, *nictitans*, lunule à moitié renfermée par un autre anneau et par une autre lunule pupillaire.

439. Fenêtré, *fenestratus*, pupille hyaline, diaphane.

440. Dioptré, *dioptratus*, pupille fenêtrée, divisée transversalement par une ligne très-petite.

441. LA LIGNE est distincte du reste de l'aile par sa couleur différente. Elle est étendue longitudinalement; mais sa largeur est uniforme et peu considérable.

442. Ailes nébuleuses, *alæ nebulosæ*, remarquables par plusieurs petites lignes éparses et tronquées, très-nombreuses et dont la largeur varie.

443. Ondulées, *undulatæ*, lignes continues, parallèles, onduleuses et flexueuses.

444. On nomme caractères, *characteres*, des lignes diversement flexueuses, qui simulent des lettres d'écriture.

445. STRIE, *STRIA*, ligne longitudinale, largement étendue.

446. RUBAN, *INSTITA*, est une strie d'une largeur égale.

447. BANDELETTE, *VITTA*, ligne dont le bord est flexueux ou sinué.

448. STRIGE, *STRIGA*, c'est une ligne transversale très-mince, capilliforme : elle est ou droite ou arquée.

449. Oblique, ne traversant pas directement l'aile, mais la parcourant obliquement.

450. Ondée, *undata*, sinus flexueux, obtus.

451. Flexueuse, *flexuosa* ; rampante, *repanda*.

452. Anastomosante, *anastomosans*, décurrente selon les vaisseaux nerveux et leurs anastomoses.

453. Interrompue, *interrupta*, non la continuité d'une série ; mais interrompue en dessus ou en dessous.

454. ÉCHARPE, *FASCIA*. C'est une bande largement étendue. Elle est droite, arquée.

455. Usée, *obsoleta*, à peine distincte du reste de l'aile.

456. Commune, *communis*, propre à l'aile antérieure et postérieure.

457. Dimidiée, *dimidiata*, ne parcourant que la moitié de l'aile.

458. Raccourcie, *abbreviata*, étendue seulement sur le bord, sans atteindre le milieu ; interrompue.

459. Tachée (*ex maculis*), taches isolées telle-

ment disposées qu'elles représentent une
bande sur l'aile.

460. Articulée, *articulata*, écharpe faite de taches
contiguës.

461. Double écharpe, *sesqui-altera*, qui en environne une autre plus petite, ou occupant la
troisième partie de l'aile.

462. Triple, *sesqui-tertia*, qui en occupe la troisième partie.

463. Terminale, *terminalis*, voisine du sommet
et du bord postérieur.

464. Marginale, *marginalis*, rampante dans le
bord lui-même.

465. Hyaline, *hyalina*, dénudée, diaphane.

466. VEINES, *VENÆ*, vaisseaux épars dans l'épaisseur de l'aile ; noires.

467. Dilatées, *dilatatæ*, lorsque la couleur est
des deux côtés au-delà des vaisseaux.

468. AILES GYMNOPTÈRES, *ALÆ GYMNOPTERÆ*,
ailes membraneuses, hyalines, sans écailles.

469. Réticulées, *reticulatæ*, dont les vaisseaux
forment des rézeaux veineux, comme dans
les *névroptères*.

470. Étendues, *extensæ*, nullement appliquées
les unes sur les autres.

471. Planes, *planæ*, étendues horizontalement.

472. Incombantes, *incumbentes*.

473. Défléchies, *deflexœ*, incombantes et penchées sur les côtés.

474. Plissées, *plicatœ*.

475. Nerveuses, *nervosœ*, parcourues de nerfs trop forts pour la grandeur des ailes.

476. Plicatiles, *plicatiles*.

477. Planes, *planœ*, qui ne peuvent se plisser.

478. Gonflées, *tumidœ*, lancéolées; incombantes.

479. Le stigmate, *stigma*, est une tache marginale pour l'anastomose des nerfs.

480. Ouvertes; étalées (*patentes*), ni horizontales, ni conniventes, ni incombantes.

481. Onguiculées, *unguiculatœ*, munies jusqu'à la côte ou bord extérieur, d'une dent ou d'un ongle membraneux.

482. HALTÈRES, *HALTERES*, petites têtes pédonculées, fixées au thorax près des ailes. (Ex. les *diptères*.)

483. Écaillées, *cum squammulá halteres*, fixées sous une écaille membraneuse; *forniquées*, ou en voûte, *fornicatœ* ; nues, *nudœ*, sans écailles.

484. LES PIEDS, *PEDES*, sont des organes du mouvement propres à la marche ; fixés au thorax dans la plupart des insectes, et dans d'autres au thorax et à l'abdomen.

485. Les tétrapodes, *insecta tetrapoda*, sont ceux

qui ont, à la vérité, six pieds ; mais les antérieurs sont si petits et si foibles, qu'ils ne sont pas propres à la marche. (Certains *papillons.*)

486. Hexapodes, *hexapoda*, à six pieds ordinairement.

487. Octapodes, *octapoda*, huit pieds ; les *mites*, les *faucheurs*, les *scorpions*, les *araignées* et les *écrevisses.*

488. Polypodes, *polypoda*, un grand nombre de pieds ; les *scolopendres* et les *jules.*

489. Coureurs, *pedes cursorii*, propres à la course.

490. Sauteurs, *saltatorii*, fémurs gros, propres au saut.

491. Nageurs, *natatorii*, comprimés, ciliés et divisés en deux, doubles, et propres à la natation.

492. Émoussés, *mutici*, sans ongles ou épines.

493. Épineux, *spinosi*, armés de pointes subulées, roides et assez aiguës pour piquer.

494. Chélifères, *cheliferi*, sommet épaissi ; ongle latéral mobile.

495. Pectoraux ou onguiculés, *pectorales seu unguiculati*, fixés au thorax, onguiculés, formant les rudimens de pieds futurs, tels les larves des lépidoptères et des mouches à scie.

496. Temporaires , *temporarii* (dans les *larves* citées), ne renfermant aucun rudiment de pieds.

497. Caudaux ou sous-caudaux , *caudales seu sub-caudales* , temporaires, fixés à la queue des larves.

498. Intermédiaires , *intermedii* , temporaires , moyens entre les pectoraux et les caudaux. Les *larves*.

499. Annulés, *annulati* , alternativement environnés d'anneaux de couleur diverse.

500. Les parties des pieds sont les *cuisses* , les *jambes*, les *tarses*, les *ongles* , les *trochanters* et les *rotules*.

501. Les cuisses , *FEMORA,* sont les parties des pieds rapprochées du tronc , et fixées au thorax.

502. Simples, *simplicia* , proportionnées et sans épaisseur notable.

503. Très-épaisses , *crassissima* , épaissies , grandes et sous-globeuses.

504. Clavées , *clavata* , sommet renflé; arquées.

505. Dentées , *dentata* , armées d'un seul côté d'une ou de plusieurs pointes apparentes et écartées.

506. Épineuses , *spinosa* , émoussées , membraneuses , serretées.

507. La *base* des cuisses est la partie la plus voisine du thorax.

508. Le *sommet* est la plus voisine des jambes.

509. Cuisses ciliées, *ciliata*.

510. LES TROCHANTERS, *TROCHANTERES*, sont des corpuscules oblongs, mobiles, fixés sur les côtés de la base des fémurs proche le thorax, dans les *scarabées*.

511. LES ROTULES, *PATELLÆ*, sont des corpuscules orbiculaires, élevés, mobiles qui soutiennent la base des fémurs. On en trouve un exemple dans le genre *ichneumon*.

512. LES JAMBES, *TIBIÆ*, partie des pieds située entre les cuisses et les tarses.

513. Dentées, *dentatæ*, émoussées, épineuses, serretées, arquées, très-longues, &c.

514. Les genoux, *genicula*, forment la base des jambes, ou la partie la plus rapprochée des cuisses.

Jambes ciliées.

Foliacées, *foliaceæ*, doublées de part et d'autre d'une membrane.

515. LES PLANTES, *PLANTÆ*, partie infère des tarses. (Il vaut mieux dire face *sous-tarsienne*.) (LÉVEILLÉ).

516. Hémisphériques, *hemisphericæ*, orbiculées,

convexes en dessus, concaves en dessous,
dans les *dystiques mâles.*

517. LA CHÈLE, *CHELA*, extrémité du pied,
épaissie, munie d'un doigt latéral, mobile
(MAIN).

518. ONGLES, *UNGUES*, corpuscules subulés, arqués et crochus, fixés au sommet du tarse.

519. Simples, à un seul ongle.

520. Bi-onguiculés, *bi-unguiculati*, à deux ongles.

521. LA QUEUE, *CAUDA*, partie fixée derrière
l'abdomen.

522. Courte, *brevis*, plus courte que le corps.
(*Brachyura.*)

523. Alongée, *elongata*, de la longueur du corps.
\
524. Très-longue, *longissima*, plus } *Macroura.*
longue que le corps.

525. Émoussée, *mutica*, nulle ou presque nulle.

Structure. 526. Articulée, *articulata*, divisée par articulations.

527. Simple, *simplex*, sans articulation.

528. Solitaire, *solitaria*, indivise.

529. Bifide, *bifida*, divisée par un sinus linéaire;
bord droit.

530.

550. Bicorne, *bicornis*, divisée par un sinus luné, à sommets subulés.

531. Fourchue, *furcata*, divisée par un sinus arrondi ; sommets tendus.

532. Forcipée, *forcipata*, deux lames en faulx ; subulées.

533. Chélifère, *chelifera*, en forme de pinces.

534. Ovée, oblongue, linéaire, semi-ovale. *Figure.*

535. Obtuse, émarginée. *Sommet.*
536. Rétuse, *retusa*, terminée par un sinus obtus.
537. Tronquée, *truncata*, terminée par une ligne transversale droite.
538. Aiguë, *acuta*, terminée en pointe.
539. Mucronée, *mucronata*, terminée par une pointe.
540. Crochue, *uncinata*.
541. Pentaphylle, *pentaphylla*, cinq membranes distinctes.
542. Entières, *integra*, sans divisions, sans sinuosités.
543. Aigrettée, *aristata*, queue plus épaisse, terminée par une aigrette, une soie ou par un fil très-délié.
544. Fileuse, *filosa*, largeur égale, fil cylindrique.
545. Soyeuse, *setosa*, insensiblement atténuée, alongée, mince, 2 et *3-seta*.

R

546. Stilée, *stylata*, cylindre terminé par une ou plusieurs soies.

547. Style bifide, bifurqué.

548. Bidentée, *bidentata*, bord armé de deux denticules.

549. Aiguillonnée, *aculeata*, pointe alongée, piquante, souvent veineuse.

550. *Aiguillon* simple ou composé.

551. Vaginé, *vaginatus*, enfermé dans une gaîne bivalve.

552. Découvert, *exsertus*, nu, sans invagination.

553. Caché, *reconditus*, toujours rétracté entre l'abdomen, et ne paroissant que rarement.

554. Rétractile, *retractilis*, ordinairement à découvert, mais susceptible d'être caché. Droit.

555. Recurvé, *recurvatus*, courbé en bas, l'arc regardant en haut.

556. Spiral, *spiralis*, contourné en spire; flexible.

557. Roide, *rigens*, ne souffrant aucune flexion; serreté, lisse.

Substance. 558. Cornicule foliacée, *cornicula foliacea*, dont l'expansion est membraneuse.

559. Cylindrique, *cylindrica*, térète, largeur égale.

560. Triquètre, *triquetra*, queue subulée, à trois côtés longitudinaux.

561. Ensiforme, ensifère, *ensiformis, seu ensi-*

fera, à double base, insensiblement atténuée au sommet.

562. Hérissée, *hirsuta*.   *Surface.*

563. Glabre, *glaberrima*.

564. Roide, infléchie, réfléchie, mobile, droite. *Direction.*

565. Rostrée, *rostrata*, roide comme un bec ;
     tendue.

566. Les peignes, *pectines*, sont des corpus-
     cules alongés, munis de chaque côté d'un
     nombre inégal de dents, fixés dans les scor-
     pions entre la poitrine et l'abdomen.

§. II. *Des parties intérieures.*

Les parties internes, *partes internæ*, des
insectes, sont celles qui ne peuvent s'observer
sans dissection anatomique: c'est pourquoi nous
ne devons pas les considérer ici.

L'insecte, *insectum*, reçoit différens noms selon
qu'il a une certaine partie propre qui le caractérise et le sépare d'autres qui lui sont congé-
nères.

567. Scutellé, *scutellatus*, *scarabæus*, armé d'un
     bouclier.

568. Exscutellé, *exscutellatus* (*scarabæus*), sans
     bouclier.

569. A tête cornue, *cor nutus capite (scarabæus)*, tête munie d'une ou de plusieurs cornes.

570. A thorax cornu, *cornutus thorace (scarabæus)*, une ou plusieurs cornes sur le thorax.

571. Émoussé, *muticus (scarabæus)*, tête et thorax sans cornes.

572. Ponctuée, *punctata (coccinella)*, étuis rouges, jaunes; points ou taches noires.

573. Mouchetée, *guttata*, *cocc.* étuis rouges ou jaunes, tachetés de blanc.

574. Pustulée, *pustulata, cocc.* étuis noirs tachés de rouge.

575. Sautante, *saltatoria (chrysomela)*, cuisses très-grosses.

576. Alongée, *elongata*, *chrys.* linéaire, oblongue.

577. A bec long, *longirostris (curculio)*, charançon dont le bec est plus long que la tête.

578. A bec court, *brevirostris, curc.*

579. Aptère, *apterus (carabus, meloe, tenebrio)*. Sans ailes, élytres souvent réunis.

580. Ailé, *alatus (carab. tenebr.)* à ailes membraneuses.

581. Foliacée, *foliacea (cicada)*, thorax comprimé, membraneux.

582. Punaise écussonnée, *scutellaris cimex*, écusson de la longueur de l'abdomen.

583. Coléoptrée, *coleoptratus cimex*, élytres presqu'entièrement coriaces.

584. Membraneuse, *membranaceus cimex*, corps
déprimé, foliacé.

585. Phalène pectinicorne, *pectinicornis phalæna*, antennes pectinées.

586. Sétinicorne, *setinicornis*, antennes soyeuses.

587. A langue spirée, *spirilinguis*, langue contournée en spire.

588. Sans langue, *elinguis*, phalène dont la langue est si petite, qu'on la voit à peine.

589. Mouche sétaire, *setaria musca*, une simple
soie latérale sur les antennes.

590. Plumeuse, *plumosa*, plume latérale sur les
antennes.

591. Filées, *filatæ muscæ*, antennes ni soyeuses
ni plumeuses.

592. Écrevisse brachyure, *cancer brachyurus*,
queue plus courte que le corps.

593. Macroure, *macrourus*, plus longue ou de la
même longueur que le corps.

III. HABITUDE (*HABITUS*).

La génération, la manière de vivre, et les
mœurs constituent ce que l'on appelle les habitudes des insectes.

DE LA GÉNÉRATION.

Elle comprend le sexe, les noces, la reproduction et les métamorphoses.

§. I. LE SEXE, *SEXUS*, se distingue, 1°. par le nombre : alors il est,

Biné, *binatus*, si, dans le même genre, il n'existe qu'un mâle et qu'une seule femelle.

Terné, *ternatus*, mâles, femelles et neutres, comme dans les guêpes, les abeilles et les fourmis.

2°. Par les caractères extérieurs, qui sont :

(*a*) La *grandeur*, *magnitudo* : ordinairement dans les insectes, les femelles sont plus grandes que les mâles ; leur abdomen, rempli d'œufs, est presque toujours plus gros que celui des mâles.

(*b*) Les *antennes*, *antennæ* : ordinairement plus amples, pennées, pectinées et serretées dans les mâles, tandis que ces parties sont à peine distinctes dans les femelles.

(*c*) Les *cornes* de la tête ou du thorax qui ne se rencontrent que dans les mâles, comme dans le genre du cerf des mammaux ; nulles dans les femelles.

(*d*) Les ailes. Les mâles du ver luisant, du gallinsecte, de plusieurs phalénes et ceux de quelques ichneumons sont ailés, et leurs femelles sont aptères.

3°. Les *caractères* naturels ou essentiels.

(*a*) Les organes génitaux, *genitalia*, sont, dans la plupart des mâles, oblongs, tubuleux, et garnis de deux petits hameçons latéraux : dans les femelles, c'est un tube plus court et en forme de vagin ; dans les premiers, on observe des vaisseaux spermatiques ; et dans les secondes, un ovaire.

(*b*) *Lieu.* 1°. Entre l'anus dans le plus grand nombre.

2°. Dans les araignées, les mâles ont les palpes dans la tête ; dans les femelles, les parties génitales sont à la base de l'abdomen.

3°. Dans les écrevisses, ils sont à l'insertion de la queue ou à la base de l'abdomen.

4°. Les *libellules mâles* les ont à la partie inférieure de la poitrine, et les femelles à l'extrémité de leur long abdomen.

(*c*) *Nombre.* 1°. Un organe génital de l'un et l'autre sexe dans chaque insecte.

2°. Deux organes génitaux, dans les écrevisses et les araignées, comme dans les amphibies.

§. II. DES NOCES; *NUPTIÆ*.

(*a*) *Monogamæ*, monogames, lorsqu'un seul mâle suffit pour chaque femelle.

(*b*) Polygames, *polygamæ*, chaque insecte d'un seul sexe pour plusieurs d'un autre.

1. Monarsènes, *monarsenes*, un seul mâle suffisant pour plusieurs femelles (dans les *pha-lènes.*)

2. Monothélyes, *monothelyes*, une femelle fécondée par plusieurs mâles. (Les *abeilles.*)

(*c*) Cryptogames , *cryptogamœ* , femelle fé-condée produisant plusieurs femelles vivantes im-prégnées jusqu'à la cinquième génération (jusqu'à la neuvième suivant le citoyen Cuvier). Ex. les *pucerons.*

§. III. PORTÉE, *FŒTURA.*

(*a*) Vivipare, *vivipara*, rare : ex. les cloportes, la mouche de lierre, et les pucerons dans la première partie de l'été.

(*b*) Pupipare, *pupipara*, rare ; l'hippobosque de cheval.

(*c*) Ovipare, *ovipara* , communs , tels sont beaucoup d'insectes.

(*d*) Cœnogône, *cœnogona*, les pucerons , vi-vipares dans la première partie de l'été, ovipares en automne.

§. IV. MÉTAMORPHOSE.

594. L'œuf, *ovum*, contient le germe d'un nou-vel insecte.

Figure. 595. Globeux , *globosum*, térète , orbiculaire, diamètre égal par-tout.

596. Hémisphérique, *hemisphæricum*, en globe coupé par moitié.

597. Oblong, cylindrique.

598. Cydariforme, *cydariforme*, globe tronqué de côté et d'autre.

599. Tympaniforme, *tympaniforme*, cylindrique, contour élevé dans tous les points.

600. Pétiolé, *petiolatum*, en massue, fixé par un pétiole.

601. Urcéolé, couronné, *urceolato-coronatum*, forme de vase dont une extrémité est en couronne.

602. Très-glabre, et sillonné. *Surface.*

603. Réticulé, *reticulatum*, veines disposées en réseau.

604. Ponctué, *punctatum*, garni de points excavés.

605. Lacuneux et réticulé, *lacunoso-reticulatum*, disque déprimé entre des veines réticulées.

606. Porcé, *porcatum*.

607. Épars, *ova sparsa*, disposés sans ordre. *Disposition.*

608. En quinconce, *in quincuncem*, par séries alternatives, également distantes.

609. Annulés, *annulata*, environnant une branche comme un anneau.

610. En spirale, *spiralia*, environnant un rameau, comme le feroit une spire.

Couleur. 611. Albides, *albida*, presque blancs.

612. Bais, *badia*, couleur de châtaigne mûre et d'un fond brun.

613. Spadicés, *spadicea*, d'un pourpre obscur ou d'un brun intense.

614. D'un blanc margaritacé, couleur blanche, avec une commissure bleue, et resplendissant.

615. Jaunes, verts, bleus.

616. Roses, *rosea*, d'un pourpre tendre.

617. Unicolores, *unicoloria*, d'une seule et même couleur.

618. Bigarrés, *variegata*, tachetés et diversement colorés.

619. Changeant de couleur, ou la conservant constamment.

(*e*) *Lieu.* Conduits par un instinct qui leur est naturel, les insectes déposent leurs œufs dans des lieux favorables, où leur progéniture puisse trouver l'aliment qui leur est propre. On en trouve dans les eaux, sur les plantes aquatiques, déposés par les *dytisques*, et par presque tous les *névroptères*, les *cousins*, quelques *tipules*, les cancers, les monocles et les onisques ; dans la terre, à la racine des plantes, et qui appartiennent à certaines *phalènes*, aux *sauterelles*, au *scarabée* et au *hanneton* ; dans les plantes, on en rencontre entre l'épiderme et la substance parenchymateuse de la feuille ; dans les semences, tels sont les œufs du *charanson*, du *bruche*; entre le bois, tels les œufs des *cantharides*, de la *phalène rongeuse de bois*; dans les galles, qui ne sont que des excroissances fongueuses qui naissent de la piqûre faite par le cynips à une feuille ou à l'écorce d'une tige. Les poils du tarandus; la peau des bœufs; les narines et l'os frontal des bœufs et des oiseaux, reçoivent les œufs de l'*œstre*; ceux des *sphex*, des *ichneumons* se rencontrent dans l'intestin rectum des chevaux, dans les larves et les pupes des insectes. Sur les cadavres, on trouve les sylphes et les fourmis ; les mouches et les scarabées dans les excrémens ; enfin, dans la laine et le cuir, les *teignes* et les dermestes.

(*f*) *Défense* ou *vêtement contre l'inclémence* de l'air, du soleil, contre la pluie, &c.

1. Les œufs sont nus, *nuda*, sans défense aucune ; tels ceux de la phalène.

2. Vernissés, recouverts d'un gluten endurci.

3. Enfermés dans un follicule soyeux. (Quelques *araignées*.)

4. Enveloppés des poils de la mère.

5. Dans les cellules d'une ruche. (Les *abeilles*, les *guêpes*.)

6. La mère les porte autour d'elle dans un follicule.

7. On rencontre encore des œufs sous le cadavre de la mère morte. Les *gallinsectes* se comportent ainsi.

(*g*) *Nombre*. Quelques insectes ne donnent que peu d'œufs.

D'autres en déposent un très-grand nombre ; une seule abeille en fournit jusqu'à 40,000 dans une année.

620. LARVE, *LARVA*. C'est un animalcule chassé de l'œuf, humide, mou, plus grand, stérile, lent, vorace d'alimens qui lui sont propres.

621. Apode, *apoda*, sans pieds.

622. Polypode, *polypoda*. (Dans les phalènes, on compte 8 à 16 pieds ; les larves des coléoptères en ont ordinairement six, et les mouches à scie de 16 à 22.)

623. LA PUPE, *PUPA*, *NYMPHA*, *AURELIA*, *CHRYSALIS*, est un animalcule produit par une larve et d'une forme plus sèche, plus dure, rétrécie et sans bouche.

Vêtement. 624. Nue, sans aucun follicule poilu ou soyeux.

625. Folliculée, *pupa folliculata*, enfermée dans un follicule poilu, ou soyeux ; ou formé de feuilles, de laine, de balayures, de bois et de terre.

Mouvement. 626. Mobile, *pupa mobilis*. Immobile.

627. Complète, *completa*, ayant la jouissance de *Figure.* toutes ses parties. L'*araignée*, la *mite*, le *cloporte*.

628. Semi-complète, *semi-completa*, n'ayant que les rudimens des ailes. (Le *grylle*, la *cigale*, le *cimex*, la *libellule* et l'*éphémère*.)

629. Incomplète, *incompleta*, immobile des pieds et des ailes. (La *guépe*, l'*abeille*, la *fourmi*, la *tipule*.)

630. Recouverte, *obtecta*; cortiquée, *corticata*, thorax et abdomen distincts.

631. Folliculée, nue.

632. Resserrée, *coarctata*, parties non distinctes roulées en globe. (La *mouche*, l'*œstre*.)

L'IMAGE, *IMAGO*, est un animalcule produit de la pupe, *parfait*, déclaré, propre à la génération, agile, antenné. (Beaucoup ont des ailes, très-peu sont aptères.)

DU GENRE DE VIE. (*VICTUS.*)

Les insectes sont phytiphages et zoophages.

§. I. DES PHYTIPHAGES, *PHYTIPHAGA.*

1. Les *scarabées*, la *taupe-grillon*, se nourrissent sur-tout de racines de plantes.

2. *Phyllophages*, *phyllophagæ*, les larves des *papillons* et des *phalènes*; celles des *coccinelles*

et des *chrysomèles*, &c. mangent les feuilles des plantes.

3. Hylophages, *hylophaga*, les larves des *cérambiques*, de quelques *cantharides*, des *urocères*, de la *phalène rongeuse de bois*, pénètrent les arbres et rongent leur bois.

4. Les antophages, *antophaga*, ne vivent que de fleurs.

5. Les nectarimyzones, *nectarimyzones*, sucent le nectar des fleurs ; tels les *abeilles*, les *guêpes*, quelques *mouches* et les *papillons*.

6. Spermophages, *spermophaga*, qui rongent les semences. (Les *ptines*, les *charançons*, les *bruches*.)

§. II. ZOOPHAGES, *ZOOPHAGA*.

1. Ptomatophages, *ptomatophaga*, qui sont avides de cadavres. (Les *sylphes* et les *mouches carnivores*.)

2. Zontophages, *zontophaga*, qui ne vivent que d'animaux vivans ; alors on les distingue en hæmatophages, *hœmatophaga*, qui sucent le sang, comme les *poux*, les *puces*, les *cousins*, les *conops*, les *taons* ; en énotérophages, *enoterophaga*, qui vivent sous la peau après l'avoir pénétrée, tels les *œstres*, les *poux* ; enfin, en ceux qui, comme les *œstres*, pénètrent dans l'anus ou dans les narines.

3. Caprophages, *caprophaga*, qui ne vivent que de la fiente des animaux.

4. Ecdytophages, *ecdytophaga*, profitant des dépouilles des animaux, de leurs poils, laine, pennes, peaux et cuir.

5. Pupophages, *pupophaga*, dévorant les pupes des insectes.

6. Idiophages, *idiophaga*, qui n'épargnent pas leur propre espèce.

Mode et variété des alimens.

1. Pantophages, *pantophaga*, insectes qui mangent indistinctement les productions d'un seul règne de la nature. La *sauterelle de passage*, le *termite belliqueux*, la *fourmi omnivore*.

2. Eclectophages, *eclectophaga*, qui ne se nourrissent que d'un petit nombre de plantes choisies avec soin.

3. Monophages, *monophaga*, qui ne vivent que d'un seul genre de plante, ou qui n'en aiment qu'une espèce.

DES MŒURS, *MORES.*

§. I. SOCIÉTÉ, *SOCIETAS.*

Les insectes solitaires, *insecta solitaria*, se trouvent seuls et épars.

Ceux qui vivent en troupeau, *gregaria*, vivent très-étroitement unis, et en petite société.

Il en est de *policés, politica*, qui se réunissent. en grand nombre, qui se dirigent d'après des loix et des institutions, comme les habitans d'une grande ville bien ordonnée.

Les gynæcocratiques, *gynæcocratica*, vivent policés, et sont présidés par une seule femelle.

§. II. MŒURS PARTICULIÈRES, *MORES PECULIARES*.

1. Les uns tendent des filets pour prendre les mouches diptères et les névroptères. (Ce sont les *araignées*.)

2. Du nombre de ces mêmes animaux, il s'en trouve qui, par leurs sauts, saisissent différens insectes.

3. D'autres creusent dans le sable, un cône qui leur sert de retraite pour surprendre plus facilement les insectes qui viennent y tomber, et qui tentent de s'échapper. Tels les *fourmis-lions*.

4. Les *sphex* se saisissent ordinairement, des mouches, des phalènes ou des araignées ; les tuent, enfouissent leurs œufs, et préparent ainsi la nourriture à leur larve future.

5. Il est encore quelques espèces de *sphex* qui déposent leurs œufs dans la larve vivante d'une phalène, de sorte que le nombre de larvules qui viennent ensuite à éclore, vivent dans une autre larve et la dévorent.

6.

6. Les *phalènes* forment avec beaucoup d'art leur tombeau, dans un follicule soyeux.

7. Les *scarabées* déposent leurs œufs dans le fumier, et les recouvrent à l'aide de leurs pattes de derrière.

8. Les *cancers* vivent dans une coquille vide, comme Diogène dans son tonneau, et changent chaque année de demeure.

9. D'autres se retirent dans une coquille vive, et la garantissent d'être dévorée par les seiches ou par d'autres ennemis. Il est encore mille observations curieuses à faire sur les mœurs des insectes, et que nous ne pouvons pas rapporter ici.

IV. STATION, *STATIO.*

Il n'est pas de lieu qui ne soit la demeure d'un insecte : mais on les trouve plus constamment sur la plante ou l'animal qui leur servent de nourriture.

§. I. L'HABITATION, *HABITATIO*, des insectes, est :

PERPÉTUELLE OU FIXE, *PERPETUA seu FIXA*, lorsqu'elle est propre à un insecte pendant tous ses états et ses métamorphoses.

1. L'EAU SALÉE.

(*a*) *L'Océan*, mer profonde, éloignée des terres.

(*b*) La *mer*, peu étendue, environnée de rivages ; la mer Baltique, Méditerranée, Blanche,
le Pont - Euxin, la mer Caspienne, Persique,
Arabique, d'Ocho, la mer Rouge d'Amérique.

(*c*) Les *rivages* sablonneux, graveleux, couverts de montagnes.

(*d*) Les *écueils*, des bras de mers environnés
de rochers.

(*e*) Les *pierres littorales*, pierres situées sur
les rivages ; recouvertes par les eaux de la mer
pendant le flux, et à découvert lors de son reflux.

(*f*) Les *syrtes*, lieux formés par des bancs de
sable, environnés et plus ou moins couverts des
eaux de la mer.

2. L'EAU DOUCE.

(*a*) *Lac*, eau douce pure, fond stable.

(*b*) Les *fleuves*, eaux douces, abondantes et
courantes.

(*c*) Les *ruisseaux*, dont l'eau coule lentement, en petite quantité ; dont le fond est pierreux ou sablonneux.

(*d*) Les *marais* et les *étangs*. Eau stagnante,
fond boueux, couvert de plantes aquatiques.

Telles sont les habitations différentes d'une
quantité prodigieuse d'insectes.

3. SUR LA TERRE. (*Voyez* ce qui est dit p. 41
et 42.)

V. TEMPS, *TEMPUS.*

Art. I. DE LA GÉNÉRATION.

§. I. Le temps des noces et des amours s'observe durant cette partie de l'année ou des saisons,
qui nous permet,

(*a*) D'observer la florescence, la grossification,
la maturité et la récolte des fruits, &c.

(*b*) C'est toujours dans la dernière période de
la vie, lorsque l'insecte est parfait ; car la larve ou
la pupe ne produisent jamais.

(*c*) La durée de la copulation comprend des
jours entiers, des heures ou simplement quelques
momens.

§. II. Nidification ; pendant un ou deux jours,
comme le *sphex.*

§. III. L'exclusion des œufs.

§. IV. L'éducation.

1. De la *larve*, tant qu'elle demeure dans cet
état.

2. De la *pupe*, pendant la durée du second état.

(*c*) La métamorphose, tant qu'elle demeure un
insecte parfait.

Art. II. LE TEMPS DES ACTIONS VITALES.

Le genre de vivre et les alimens sont en raison de la période de la vie.

Il est des larves qui mangent, dont l'image, *imago*, est très-vorace, tandis que la pupe n'offre rien de semblable. Souvent la larve, la pupe et la chrysalide mangent. Ailleurs c'est la larve seule, et d'autres fois c'est la larve et la pupe qui satisfont à ce besoin.

Les insectes recherchent leur nourriture, le matin, pendant le jour, le soir ou durant la nuit ; par un beau soleil, par un temps pluvieux, venteux, nébuleux ; avant ou après la pluie. La larve et la chrysalide font usage d'alimens différens. Les larves de l'onisque et du gallinsecte dévorent leur mère toute vivante.

On ignore combien de temps ces animaux donnent à leur repos. Quelle est l'époque où ils le prennent, et où ils se cachent. Quand ils courent ou volent. Est-ce le jour ? est-ce la nuit ?

Art. III. DE L'ÉMIGRATION.

On ignore le lieu d'où ils viennent. (C'est de l'Arabie que sort *la sauterelle de passage* et la blatte.) Où ils se retirent. Est-ce au nord ? est-ce au couchant ?

On ignore de même le temps où ils ont été vus

pour la première fois. (C'est en 1670 que la *punaise des lits* a été observée en Angleterre.)

Quelles sont les causes de l'émigration ?

Durée. L'insecte ne vit-il qu'une, ou un plus grand nombre d'années?

VI. QUALITÉ, *QUALITAS.*

Art. I. L'ODEUR affecte les nerfs olfactifs et en général le système nerveux.

Art. II. LA SAVEUR affecte les fibres musculaires, par le moyen des sels.

Art. III. LA COULEUR est la réflexion des rayons du soleil de toute la surface de l'insecte ou d'une seule partie. Elle varie en raison de cette même surface.

(*a*) Principale. (*Voyez* la couleur des pétales des fleurs, &c.)

Pour l'étendue, on peut encore consulter l'art. Botanique.

VII. USAGE.

L'usage que l'on peut faire des insectes est indiqué ou par la nature ou par l'art.

De l'usage naturel. Il entre dans l'économie et dans les vues de la nature de se servir des insectes pour diminuer le nombre des espéces des plantes, et les multiplier dans une juste proportion ; de les employer pour purger l'eau, l'air et la terre, de toutes les infections ; parce qu'ils consomment et détruisent tout ce qui peut être pourri, nuisible et cadavéreux. Les insectes ont encore pour usage naturel de diminuer, d'atténuer les trop grosses particules de terre grasse, argileuse, qui devient par-là plus susceptible de recevoir les semences et d'aider à leur premier développement : ils se détruisent encore entr'eux, et c'est un moyen pour qu'ils ne soient pas trop multipliés; ils servent de nourriture aux mammaux, aux oiseaux, aux poissons, aux amphibies et à quelques insectes. Enfin, on peut les regarder comme *l'instrument fatal et terrible dont se sert la divine Providence* pour punir les royaumes, les provinces, les villes, les villages, en portant la mort dans les troupeaux ; le fléau destructeur dans les moissons, les pâturages, les fruits des jardins et des arbres.

La divine Providence s'occupe aussi du soin de multiplier les espèces les plus utiles, telles que les abeilles, les vers à soie, &c.

De l'usage artificiel. Il est culinaire, médical, économique, météorologique.

Culinaire. Les écrevisses forment un aliment agréable, sapide et salutaire. Les habitans des régions arides, sablonneuses et chaudes mangent les sauterelles et les grylles fraîches ou salées. Les larves du charançon des palmiers, du prione cerf-volant, sont recherchées des habitans de la Nigritie. Les Chinois mangent et conservent les larves du ver à soie, qu'ils débarrassent de ses enveloppes. Les Romains aimoient autrefois avec délices la larve de la *phalène rongeuse de bois*. La *monocle polyphéme* de Müller est regardée dans l'Amérique septentrionale et en Chine comme un excellent manger.

Médical. En général, les insectes sont diurétiques, stimulans; peu sont astringens. Rarement en trouve-t-on de résolutifs, et un petit nombre donne un esprit volatil analeptique. En particulier, la *cantharide des boutiques* est employée comme vésicatoire; elle est stimulante et diurétique. La cochenille, *coccus cacti*, est diurétique: le kermès, *coccus ilicis*, est astringent et fortifiant : les fourmis donnent un esprit volatil qui dissout le fer (*acide formique*), et fournit une teinture tonique, fortifiante et astringente. Les insectes, infusés dans l'eau bouillante, sont employés pendant le bain comme analeptique contre la paralysie. Dans l'Inde, on connoît, sous le nom de *lacca*, le produit des fourmis ou des guêpes qui donne une teinture que l'on emploie comme topique, et que l'on regarde comme tonique, fortifiante, consolidante, &c. Les *mille-pieds* ont une propriété résolutive et diurétique. On emploie comme absorbans les yeux et les pinces des écrevisses. Les galles que fait le cynips sur le chêne gallifère de l'Asie, sont un grand stiptique et un fort astringent. La manne qui exsude du frêne appelé *ornus*, par la piqûre de la *cigale de l'orne*, est purgative.

Économique. On élève des abeilles pour retirer le miel et la cire de leurs ruches. Le ver à soie fait l'occupation des femmes et des enfans pour la fabrication des étoffes. On se sert également des insectes pour la teinture. Les larves de la cochenille, de la cochenille de Pologne, donnent une teinture rouge. Les follicules d'une espèce de puceron, les galles d'une espèce de cynips, fournissent une couleur jaune; et le cynips de là galle des teinturiers donne le noir, &c.

Météorologique. Le stomoxe irritant (*conops calcitrans*, Fabr.) pique vivement lorsqu'il doit pleuvoir. Les cousins et les tipules réunis en très-grand nombre vers le soir, et voltigeant assez haut dans l'air, présagent une bonne saison. On dit aussi que les abeilles s'empressent de se refugier dans leurs ruches, lorsque la pluie les menace.

VIII. CARACTÈRES ET GENRES DES ORDRES.

§. I. COLÉOPTÈRES.

Étuis ou élytres réunis en une suture droite, recouvrant deux ailes membraneuses ; bouche composée d'une lèvre inférieure et de deux mâchoires.

A. ÉLYTRES ENTIERS, recouvrant tout le dos.

(a) *ANTENNES en massue*, ou épaissies à leur sommet.

1. SCARABÉE, *SCARABÆUS*, antennes en massue, comme fendues à leur extrémité ; *jambes* antérieures dentées ; *tarse* 5 articles.

2. LUCANE , *LUCANUS*, antennes en massue, dont le côté le plus large est pectiniforme : *mâchoires* tendues, avancées, dentées ; *jambes* antérieures dentées ; *tarse* 5 articles.

3. DERMESTE , *DERMESTES*, antenne en massue perfoliée, les trois dernières articulations plus épaisses ; *thorax* convexe, oblong, à peine débordé ; *tête* fléchie et cachée sous le thorax ; *jambes* antérieures dentées ; *élytre* émarginé ; *tarse* 5 articles.

4. ESCARBOT, *HISTER*, *antennes* terminées par une masse solide ; articulation inférieure

comprimée, incurvée; *tête* rétractile vers le tronc; bouche en pince; *jambes* antérieures dentées; *élytre* raccourci; *tarse* 5 articles.

5. CISTÈLE, *CISTELA*, *antennes* épaisses en dehors, perfoliées; *thorax* conique, à peine émarginé; *tête* rétractile, quelquefois infléchie; *corps* globoso-cylindrique; *pieds* comprimés, apprimés et reçus dans une fosse de l'abdomen, lorsque ces animaux sont morts, ou lorsqu'on ne fait que les toucher; *tarses* 5 articles que reçoit un sillon de la jambe.

6. BYRRHE, *BYRRHUS*, *antennes* en masse, solides, comprimées; *jambes* antérieures dentées; *tarse* 5 articles.

7. GYRIN, *GYRINUS*, *antennes* en masse, roides, comprimées, plus courtes que la tête; *yeux*, deux en dessus, et deux en dessous; pattes propres à la nage; *tarse* 5 articles.

8. SILPHE, *SILPHA*, antennes en masse; *tête* saillante; *thorax* applani, dilaté, échancré; *jambes* antérieures dentées; *tarse* 5 articulations. (Dans quelques espèces, les tarses postérieurs en ont 4.)

9. CHARANÇON, *CURCULIO*, *antennes* en masse, fixées sur un bec corné et saillant; *tarse* 4 articles.

10. ATTÉLABE, *ATTELABUS*, *antennes* plus épais-

ses vers le sommet; *tête* avancée, inclinée, atténuée en arrière; *tronc* cylindrique; *tarse* 4 articles.

11. ANTHRIBE, *ANTRHIBUS*, *antennes* en masse ; *tête* avancée; *thorax* large échancré ; *élytres* larges, courts; *tarse* 4 articles.

12. COCCINELLE, *COCCINELLA*, *antennes* brisées, terminées par une masse solide ; *palpes* cordés plus courts; *tête* à peine saillante hors du thorax ; corps hémisphérique; *thorax* et *élytres* échancrés ; *abdomen* plat ; *tarse* 3 articles.

(b) *ANTENNES FILIFORMES*, d'une égale grosseur selon leur longueur.

13. PTINE, *PTINUS*, *antennes* filiformes dont les trois derniers articles sont un peu plus gros; *thorax* arrondi, échancré, propre à recevoir la tête; *tarse* 5 articles.

14. BRUCHE, *BRUCHUS*, *antennes* filiformes s'épaississant insensiblement; *tête* à bec très-court; *tarse* à 5 articles.

15. LAMPYRIS, *LAMPYRIS*, *antennes* filiformes, *corselet* plat, demi-circulaire, recevant et cachant la tête en dessous; côtés de *l'abdomen* plissés et mamelonnés; élytres flexibles; *tarse* 5 articles. Les femelles manquent d'ai-

les et d'élytres dans quelques espèces. C'est ce qu'on nomme *ver-luisant*.

16. CASSIDE, *CASSIDA*, *antennes* filiformes épaisses en dehors ; *corselet* en bouclier, plat et échancré, recevant et cachant la tête en dessous ; élytres échancrés ; *tarse* 4 articles.

17. HISPE, *HISPA*, *antennes* courtes, cylindriques, rapprochées à leur base, situées entre les yeux (hyperophtalmes) ; *corselet* et *élytres* souvent aiguillonnés ; *tarse* 4 articles.

18. TÉNÉBRION, *TENEBRIO*, antennes moniliformes ou en chapelet, dont le dernier article est arrondi ; *tête* libre, saillante ; *corselet* plat, légèrement convexe, échancré ; *étuis* durs ; tarse 5 articles, ou 5 dans la première paire, et 4 dans les autres, ou 4 par-tout.

19. CHRYSOMÈLE , *CHRYSOMELA*, *antennes* en chapelet, plus épaisses en dehors ; *thorax* échancré, et non les *élytres*; *tarse* 5 articles à la première paire, 4 aux autres, ou 4 en général.

20. MÉLOÉ, *MELOE*, *antennes* moniliformes, dernier article ovale; *tête* tombant en devant, renflée ; *thorax* inégal, arrondi, non bordé; *élytres* mous, flexibles ; tarses 5 articles à la première paire, 4 dans les suivantes.

21. MORDELLE, *MORDELLA*, *antennes* filiformes, scrretées, articles trigônes ; tête *renfoncée*

sous le corselet ; *palpes* comprimés, en masse, obliquement brisés ; *élytres* recourbés en bas vers le sommet ; *épigastre* entre les jambes de derrière ; *tarse* à 5 articles dans la première paire, 4 dans les autres.

(c) *ANTENNES SOYEUSES*, insensiblement atténuées vers le sommet.

22. CAPRICORNE, *CERAMBYX*, *antennes* atténuées, placées en avant et au-dessous des yeux ; *corselet* calleux, tranchant par ses bords latéraux ; élytres linéaires ; tarse 4 articles.

23. LEPTURE, *LEPTURA*, *antennes* soyeuses ; tête avancée ; corselet ovale, lisse ; *étuis* diminuant insensiblement en arrière ; tarse 4 articles.

24. CANTHARIDE, *CANTHARIS*, *antennes* soyeuses ; tête avancée, libre au-devant du *corselet*, qui est échancré et plus court que la tête ; élytres flexibles ; *abdomen* plissé, mamelonné sur les côtés ; tarse à 5 articles pour la première et seconde paire, et 4 pour les autres.

25. TAUPIN, *ELATER*, *antennes* soyeuses, enfermées dans une crénelure de la tête ; *sternum* terminé par une pointe qui sort par une ouverture du bas-ventre ; *corselet* dont les

côtés sont à angles aigus, et situé vers la base des élytres ; *tarse* 5 articles.

26. CICINDELLE, *CICINDELLA*, *antennes* soyeuses ; *mâchoires* saillantes et dentées ; *yeux* saillans ; *thorax* arrondi, échancré ; *cuisses* munies d'un trochanter à leur base ; *tarse* 5 articles.

27. RICHARD, *PUBRESTIS*, *antennes* soyeuses de la longueur du corselet qui est court, large et recevant une bonne partie de la tête ; *étuis* et *corps* rétrécis vers l'anus ; *tarse* 5 articles.

28. CARABE, *CARABUS*, *antennes* soyeuses ; *corselet* arrondi en forme de cœur, tronqué à son sommet, rétréci, échancré ; *étuis* échancrés ; *cuisses* munies d'un trochanter ; *tarses* 5 articles.

29. DYTISQUE, *DYTISCUS*, *antennes* soyeuses ou en masse et perfoliées ; *pieds* postérieurs ciliés, nageurs ; *tarses* 5 articles.

B. ÉLYTRES MUTILÉS, plus courts ou plus étroits que le corps.

30. NÉCYDALE, *NECYDALIS*, *antennes* soyeuses ; *élytres* mutilés, plus courts et plus étroits que les ailes ; *queue* simple ; *tarses* 4 articles.

31. STAPHILIN, *STAPHILINUS*, *antennes* en chapelet ; *élytres* dimidiés ; *ailes* recouvertes,

plissées et retirées sous les élytres ; *queue* simple garnie de deux vésicules apparentes et oblongues ; dos nu en dessous ; *tarses* 5 articles.

32. PERCE-OREILLE, *FORFICULA*, *antennes* soyeuses ; élytres dimidiés recouvrant les *ailes* repliées ; *abdomen* terminé par une tenaille écailleuse ; *tarses* 3 articles.

§. II. HÉMIPTERES. Ailes hémélytres supérieures, demi-coriaces, se recouvrant par leur bord intérieur ; *bouche* et bec recourbés vers la poitrine.

33. BLATTE, *BLATTA*, *tête* recourbée et cachée sous le corselet ; *bouche* garnie de mâchoires ; palpes, 4 ; antennes soyeuses ; *corselet* plat, orbiculé, dilaté, échancré ; *hémélytres* oblongs, coriaces, plats ; *pieds* coureurs ; *tarses* 4 articles ; *queue* formée par deux petites cornes foliacées ; *femelles* à ailes mutilées.

34. MANTE, *MANTIS*, *tête* penchée en bas ; mâchoire munie de *palpes* ; *antennes* soyeuses ; *stemmes* 3 ; *ailes* 4, membraneuses, roulées, inférieures plissées ; *corselet* linéaire, alongé, rétréci ; *pieds* antérieurs comprimés, serretés en dessous, armés d'un ongle solitaire et d'un doigt soyeux latéral, articulé ;

les postérieurs écartés, plus longs, lisses, propres à la marche ; *tarses* 5 articles.

35. Sauterelle, *GRYLLUS*; *tête* recourbée ; *mâchoire* à deux dents ; *palpes* 4; antennes soyeuses ou filiformes ; *stemmes* 3 ; *ailes* 4, roulées, inférieures plissées ; *pieds* postérieurs propres pour le saut, et les autres pour la marche ; *tarses* 4, dans les *cigales*; 3 dans les *achètes* : dans tous, deux ongles.

36. Fulgore, *FULGORA*, *tête* à front très-large ; *antennes* hypophtalmes, à 2 articles, l'intérieur cylindrique, l'extérieur gibbeux, le plus grand perforé ; *bec* courbé; *ailes* courbées plus longues que le corps, les inférieures cruciées; *pieds* marcheurs; *tarses* 3 articles.

37. Cigale, *CICALA*, *bec* alongé, droit ; antennes soyeuses à 2 ou 5 articles ; *ailes* membraneuses, défléchies ; stemmes 2 dans les plus petites, trois dans les plus grandes ; *pieds* sauteurs; tarses 3 articles.

38. Notonecte, *NOTONECTA*, *bec* court, dirigé en arrière ; *antennes* très-courtes, hypophtalmes ; *ailes* 4 en croix, les antennes coriaces ; quelques-uns un *bouclier :* pieds postérieurs poilus, nageurs ; *tarses* 1 ou 2 articles.

39. Nèpe, *NEPA*, *bec* infléchi ; *antennes* très-courtes,

courtes, hypophtalmes ; quelques-unes avec
un *bouclier* ; ailes 4, cruciées, roulées, coriaces en devant ; *pieds* antérieurs chélifères, les 4 autres propres à la marche ;
tarses à 1 ou 2 articles.

40. PUNAISE, *CIMEX*, *bec* non fléchi ; antennes
plus longues que le thorax, à 3, 4 ou 5 articles ; *ailes* 4 cruciées et plissées, les supérieures coriaces en devant ; *dos* plat ; *corselet* échancré ; *pieds* coureurs ; tarses 3 articles.

41. PUCERON, *APHIS*, *bec* de 5 pièces plus long
que le corps ; *antennes* plus longues que le
thorax, de 6 à 7 articles dans les femelles,
10-20 dans les mâles ; 4 *ailes* droites ou
nulles ; *abdomen* bicorne en arrière ; pieds
marcheurs ; *tarse* à un seul article.

42. PSYLLES, *CHERMES*, *bec* pectoral situé entre
les pieds de la première paire ; *antennes*
plus longues que le thorax ; *stemmes* 3 ; thorax renflé ; *abdomen* terminé par une pointe ; ailes 4, défléchies ; *pieds* sauteurs ; tarses
2 articles.

43. GALLINSECTE, *coccus*, *bec* pectoral entre les
pieds de la première paire ; antennes soyeuses ou en chapelet, ou perfoliées ; *abdomen*
soyeux au sommet ; *ailes* 2, droites dans les
mâles ; femelles aptères.

T

44. THRIPS , *THRIPS*, *bec* gros , court, fendu longitudinalement ; *antennes* filiformes, de la longueur du thorax ; *corps* linéaire ; *abdomen* courbé en haut ; *ailes* 4 ; *hémélytres* duriuscules, rétrécis, longitudinaux, tombans sur le dos ; *tarses* vésiculeux.

§. III. LÉPIDOPTÈRES. Ailes 4 , membraneuses, et écailles imbriquées ; bouche dont la langue est tournée en spirale ; *corps* poilu.

45. PAPILLON , *PAPILIO*, antennes épaissies en dehors, souvent en masse ; *yeux* proéminens ; *ailes* droites et conniventes en haut ; *nymphe* découverte, nue.

46. SPHINX , *SPHINX*, antennes fusiformes, prismatiques ; ailes défléchies, les postérieures ordinairement plus petites que les antérieures (volant le matin ou le soir) ; *corps* renflé ; *tête* petite ; *yeux* proéminens ; *nymphe* découverte, folliculée.

47. PHALÈNE , *PHALÆNA* (papillon de nuit) ; antennes soyeuses ; *tête* petite ; abdomen atténué et moins renflé vers l'anus que dans les sphinx ; ailes souvent défléchies dans le repos.

§. IV. NÉVROPTERES. Quatre *ailes* nues, veinées ; queue sans arme et ordinairement munie de quelque support du sexe.

48. DEMOISELLE, *LIBELLULA, bouche* à plusieurs mandibules ; *antennes* soyeuses, plus courtes que le thorax ; *yeux* grands, hémisphériques, saillans ; *stemmes* 3, verticaux ou frontaux ; ailes planes, étalées, ne se recouvrant pas mutuellement ; *abdomen* alongé, grêle, linéaire, presque cylindrique ; *queue* du mâle crochue et en pinces ; *tarses* à 3 articulations.

49. RAPHIDIE, *RAPHIDIA, bouche* garnie de deux mâchoires ou de deux dents ; *palpes* 4 ; *tête* déprimée, obcordée ; *antennes* soyeuses, de la longueur du *thorax*, alongé et cylindrique ; *tronc* de la même longueur que le reste du corps, cylindrique ; 3 *stemmes* verticaux ; *ailes* défléchies ; *queue* de la femelle soyeuse, lâche et recourbée ; *tarses* à 4 articulations.

50. FRIGANE, *PHRYGANÆA, bouche* édentée ; *palpes* 4 ; *antennes* soyeuses plus longues que le thorax ; 3 *stemmes* ; *ailes* incombantes ou défléchies, les inférieures plissées ; *queue*, ou mutique, ou garnie de deux soies tronquées ; *tarses* à 3 ou 5 articulations.

51. Éphémère , *ephemera, bouche* édentée ;
palpes o ; *antennes* soyeuses de la longueur
du thorax ; 2 ou 3 *stemmes* très-hyperoph-
talmes ; *corps* alongé , mince, atténué vers
la queue ; *ailes* droites, les postérieures très-
petites ; *queue* à 2 ou 3 soies ; *tarses* à 5
articulations.

52. Hémérobe , *hemerobius, bouche* saillante
armée de deux dents falciformes ; 4 *palpes ;*
antennes soyeuses, tendues, plus longues
que le thorax, qui est convexe ; *stemmes* o ;
ailes défléchies (non plissées) ; tarses à 5
articles.

53. Panorpe, *panorpa, bouche* en bec alongé,
corné, cylindrique ; 2 lèvres ; 4 palpes à 4 et
6 articulations ; *antennes* soyeuses, plus
longues que le thorax ; la *queue* du mâle
pointue ; tarses à 5 articles.

54. Fourmi-lion , *myrmeleon, bouche* munie
de mâchoires, saillante ; 2 *dents ;* 4 *palpes*
alongés ; *antennes* clavées, comprimées, aussi
longues que le thorax ; *stemmes* o ; *ailes*
défléchies ; *queue* du mâle formée de deux
filamens rectiuscules ; *tarses* à 5 articles.

§. V. HYMÉNOPTÈRES. Quatre *ailes* membraneuses, nues, entre-coupées de nervures plus fortes en raison de l'étendue des ailes ; *bouche* munie de deux fortes mâchoires ; *stemmes* 3 ; *queue* des femelles armée d'un aiguillon.

55. ABEILLE, *APIS*, *bouche* à mâchoires dentées et à trompe infléchie ; *langue* enfermée par deux gaînes bivalves ; *tête* triangulaire ; front applani et courbé ; *antennes* souvent pédiculées ; première articulation plus longue que les autres ; *ailes* planes ; *aiguillon* piquant, caché, rétractile, serreté dans les femelles et dans les neutres ; *tarses* à 5 articulations, dont la première est de la longueur du tibia, comprimée, ciliée et sillonnée transversalement.

56. FOURMI, *FORMICA*, *bouche* à mâchoires fortes ; antennes pédées, *antennæ pedatæ*, première articulation plus longue que les autres ; *tête* presque triangulaire ; *stemmes* 3, verticaux ; *thorax* plus étroit que la tête ; *squammule* placée entre le thorax et l'abdomen ; *ailes* dans les mâles et les femelles, et point dans les neutres ; *aiguillon* caché dans les femelles et dans les neutres ; *tarse* à 5 articulations.

57. GUÈPE, *VESPA*, *bouche* à mâchoires fortes et

dentées ; *langue* membraneuse, infléchie ; *palpes* 2 à 4 articulations; *antennes* pédées, première articulation jusqu'au genou, les autres 10 ou 11 plus épaisses que celle du milieu, et plus étroites que les extrémités ; 3 *stemmes ; yeux* lunés; *corps* glabre ; *ailes* supérieures plissées, les inférieures plus petites dans l'un et l'autre sexe ; *aiguillon* piquant caché dans les femelles et dans les neutres, nul dans les mâles ; tarse à 5 articulations.

58. CHRYSIDE, *CHRYSIS*, *bouche* maxillée, palpée, et sans trompe ; *antennes* filiformes, première articulation plus longue que les 11 autres ; 3 *stemmes; thorax* presque tronqué en arrière et sur le côté par une dent sous-épineuse ; *abdomen* égal, ové, voûté en dessous, et garni de chaque côté par une écaille latérale ; *anus* denté ; *aiguillon* saillant; *ailes* planes ; *corps* doré ; *tarse* à 5 articles.

59. UROCÈRE, *SILEX*, *bouche* maxillée ; 2 *palpes* tronqués; *antennes* filiformes, plus de 24 articulations ; 3 *stemmes ; thorax* poilu dans la plupart; *abdomen* oblong sessile, pointe cornée, excavée, renfermant un aiguillon saillant, ringent, serreté, enfermé dans une gaîne bivalve; *ailes* lancéolées, planes ; *tarse* 5 articulations.

60. MOUCHE A SCIE, *TENTRHEDO*, *bouche* à deux mâchoires sans trompe ; *lèvre supérieure* toujours de la même couleur que les pieds ; *3 stemmes* ; *4 palpes*, les extérieurs à 4 articles, les intérieurs à 2 ; *antennes* variées ; *thorax* dans le *corselet*, formé de deux grains élevés, distans ; *abdomen* oblong, sessile ; aiguillon formé de deux lames serretées, à peine saillantes ; *ailes* planes, gonflées ; *tarses* à 5 articles.

61. CYNIPS, *CYNIPS*, *bouche* garnie de mâchoires, sans trompe ; *2 palpes* bien articulés ; *antennes*, ou soyeuses, ou clavées et pédées ; *3 stemmes* ; *abdomen* ovale, comprimé sur les côtés, sommet acuminé ; *aiguillon* spiral, souvent caché ; ailes inférieures plus courtes ; *tarse* 5 articles.

62. SPHEX, *SPHEX*, *bouche* maxillée, sans langue ; *antennes* filiformes, arquées, 10 articulations, rarement plus longues que le tronc ; *3 stemmes* ; abdomen pétiolé ; *aiguillon* piquant, caché ; *ailes* planes, incombantes, non plissées dans les deux sexes ; *tarse* 5 articles.

63. ICHNEUMON, *ICHNEUMON*, *bouche* à deux mâchoires, sans langue ; *2 palpes* ; *antennes* vibratiles, soyeuses, plus longues que le tronc, à 30 articulations ; *3 stemmes* ; tronc

large, arqué ; abdomen pétiolé, cylindrique, souvent falciforme ; *aiguillon* saillant
dans les femelles, contenu dans une gaîne
bivalve et cylindrique ; *ailes* supérieures
plus longues; pieds alongés ; *tarses* 5 artic.

64. MUTILLE, *MUTILLA*, *bouche* maxillée ; *ant.*
soyeuses ou pédées ; 5 *stemmes ; thorax*
rétus ; *corps* villeux ; *aiguillon* piquant, caché ; *ailes* nulles dans plusieurs espèces ;
tarses 5 artic.

§. VI. DIPTÈRES. *Deux* AILES *membra-*
neuses ; haltères clavés, solitaires proche cha-
que aile, souvent sous la squammule immédia-
tement.

65. TIPULE, *TIPULA*, *bouche ; tête* droite,
alongée ; mâchoire supérieure voûtée ; deux
palpes incurvés, articulés, plus longs que la
tête ; *trompe* très-courte, recurvée ; *anten-*
nes filiformes, pectinées, ou perfoliées, ou
verticillées ; 5 *stemmes ; thorax* gibbeux ;
abdomen linéaire, alongé ; *pieds* grêles,
alongés ; *tarses* 5 articulations.

66. COUSIN, *CULEX*, *bouche* cylindrique ; *suçoir*
formé par cinq soies renfermées dans une
gaîne commune; deux *appendices* alongés
dans les mâles, courts dans les femelles, et
situés sur les côtés de la gaîne; *antennes*
verticillées dans les mâles, pectinées dans

les femelles ; *stemmes* o ; *thorax* gibbeux ;
ailes recouvertes d'un petit nombre d'écailles ; *abdomen* alongé, grêle, cylindrique ;
pieds grêles, alongés ; *tarses* 5 articulations.

67. EMPIS, *EMPIS*, *bouche* à museau corné, infléchi, arqué, bivalve plus long que le thorax, à valvules horizontales; *antennes* moniliformes, soyeuses à leur sommet ; 3 *stemmes; corps* poilu; *tronc* gibbeux ; *abdomen*
cylindrique ; *pieds* alongés; *ailes* ovales ;
tarses à 5 articulations.

68. ASILE, *ASILUS*, *bouche* à museau corné,
droit, tendu, bivalve, barbu, ou environné
d'un faisceau de poils; *antennes* coniques,
acuminées ; 3 *stemmes; thorax* gibbeux;
abdomen grêle, rétréci à sa pointe ; corps
poilu; pieds alongés, ciliés ou soyeux; *tarse*
5 articulations cordées.

69. CONOPS, *CONOPS*, *bouche* à museau tendu,
géniculé, divisé, contenant un aiguillon;
antennes différentes ; 3 *stemmes; tarses*
5 articles.

70. BOMBYLE, *BOMBYLIUS*, *bouche* à museau tendu, soyeux, très-long, bivalve (non géniculé), valvules horizontales entre lesquelles
se trouvent les aiguillons soyeux ; antennes
articulées, soyeuses, tendues ; 3 *stemmes ;
corps* hérissé ; *abdomen* presque rond, plus

large que le thorax ; *ailes* souvent ponctuées et tachetées, ou en partie opaques ; pieds alongés, grêles ; *tarse* à 5 articulations.

71. Hippobosque, *HIPPOBOSCA, bouche* à museau cylindrique, obtus, bivalve, penché ; *antennes* très-courtes, soyeuses ; *stemmes* o ; *tête* et *tronc* comprimés ; abdomen arrondi, coriace ; ailes plus longues que l'abdomen ; *tarse* 5 articles ; *ongles* souvent au-delà de deux.

72. Mouche, *MUSCA, bouche* à trompe charnue, plicatile, qui peut être cachée entre deux lèvres latérales, longitudinales et sans *palpes* ; *antennes* différentes ; *yeux* grands, hémisphériques ; 3 *stemmes* ; *tarse* 5 articles.

73. Taon, *TABANUS, bouche* à trompe charnue, droite et terminée à son sommet par deux lèvres ; *museau* renfermé dans une gaîne à deux valves latérales, roides, subulées, et contenant 4 aiguillons soyeux et piquans ; *palpes* sur les côtés de la trompe ; antennes filées, lunulées, subulées ; *yeux* colorés dans la plupart, ponctués et rapprochés ; 3 stemmes ; *ailes* souvent tachetées ; *tarse* 5 articulations.

74. Œstre, *ŒSTRUS, bouche* nulle, tri-ponctuée, sans museau ni trompe saillante ; *antennes* soyeuses, fixées sur une articulation glo-

beuse ; 5 *stemmes* ; *corps* poilu ; *tarse* 5 articulations.

§. VII. APTÈRES, *dépourvus d'ailes dans l'un et l'autre sexe.*

75. FORBICINE, *LEPISMA*, coureurs à 6 *pieds* comprimés, imbriqués par des écailles ; *bouche* à deux palpes soyeux et à deux capités ; 2 *stemmes* ; queue soyeuse, soies étendues ; corps oblong, couvert d'écailles brillantes très-fines, et terminé par trois longues soies.

76. PODURE, *PODURA,* 6 *pieds* propres à la course ; *antennes* alongées, soyeuses ; deux *yeux* composés de six ou de huit ; *queue* fourchue se repliant sous l'abdomen, et faisant faire de très-grands sauts ; *corps* oblong, couvert d'écailles.

77. TERMITE, *TERMES,* six pieds propres à la course ; *antennes* soyeuses ; 2 *yeux* composés ; bouche *bi-maxillée, bi-palpée.*

78. POU, *PEDICULUS*, 6 pieds propres à la marche ; 2 yeux composés ; bouche munie d'un suçoir propre à s'alonger et à se raccourcir ; *antennes* filiformes, de la longueur du thorax ; *abdomen* déprimé, sous-lobé.

79. PUCE, *PULEX*, 6 pieds propres au saut ; 2 *yeux* composés ; *antennes* filiformes, courtes ; *bouche* garnie d'une trompe soyeuse,

infléchie et renfermant un piquant ; *abdo-*
men comprimé plus gros que les autres parties.

80. MITE, *ACARUS*, 8 *pieds* ; 2 *yeux* latéraux ;
bouche rostrée et formée par un suçoir ; *tête*
saillante, rétrécie vers la bouche ; *antennes*
avec deux tentacules articulés, pédiformes
et souvent fourchus.

81. FAUCHEUR , *PHALANGIUM* , 8 pieds , très-
longs dans la plupart ; chaque partie du pied
munie à sa base d'une petite articulation :
tarse à articulations infinies ; 2 *yeux* verticaux, contigus, 2 latéraux écartés ; *anten-*
nes pédiformes sur le front ; *bouche* avec
deux *palpes* chélifères, infléchies ; *tête* reçue
entre le thorax ; abdomen arrondi.

82. ARAIGNÉE, *ARANEA*, 8 pieds , chacun ayant
à sa base une très-petite articulation : *tarses*
onguiculés à leur sommet ; 8 *yeux* simples,
diversement disposés ; 2 *antennes* palpifor-
mes, courtes, articulées ; *bouche* à ongles
flexibles, en faulx, tubuleux ; tête reçue
dans le thorax ; *abdomen* ové, ayant à son
sommet 5 ou 6 papilles.

83. SCORPION, *SCORPIO*, 8 pieds chélifères, articulés ; *antennes* pédiformes , chélifères ,
frontales ; 8 yeux, dont deux verticaux et
trois latéraux de part et d'autre ; *bouche* à

deux palpes chéliformes; *tête* entre le thorax; *abdomen* oblong, à 7 segmens; *queue* alongée à 6 articulations, dont la cinquième plus longue, la sixième plus ample, terminée par une pointe arquée, et percée de trois petits trous; 2 *peignes* en dessous, entre la poitrine et l'abdomen, de 6 à 32 dents.

84. ÉCREVISSE, *CANCER*, 8 pieds (rarement 6 ou 10); deux mains chélifères; 2 *yeux* composés, écartés, pédonculés, alongés, mobiles; *antennes* alongées, soyeuses et à articulations nombreuses; *bouche* à 2 *palpes* dentés, chélifères; en outre, deux dents et d'autres plus petites que les palpes; *tête* reçue entre le thorax; *queue* articulée, inerme, fléchie sous l'abdomen : les organes génitaux du mâle sont à la base de la cinquième paire des pieds; et ceux des femelles à la troisième paire.

85. MONOCLE, *MONOCULUS*, *pieds* très-nombreux, propres à la nage; 2 *yeux* composés, rapprochés, innés au teste; *antennes* soyeuses, souvent bi ou tri-furquées; *bouche* dentée; deux *palpes* courts, articulés; *corps* recouvert d'une croûte ou d'un teste; *queue* ou simple ou bifurquée, formée de plusieurs soies dans le plus grand nombre.

86. CLOPORTE, *ONISCUS*, 14 *pieds*; 2 *yeux* com-

posés, petits, latéraux ; *antennes* pédées , soyeuses (rarement 4) ; corps ovale, cou- vert de lames ; *bouche* à deux palpes.

87. SCOLOPENDRE , *SCOLOPENDRA* , *pieds* très- nombreux aussi multipliés que les segmens du corps ; *2 yeux* composés ; *antennes* soyeuses ; bouche à 2 *palpes* articulés ; corps déprimé, alongé.

88. JULE , *JULUS* , pieds très-nombreux et de cha- que côté doublant les segmens du corps ; 2 *yeux* composés ; *antennes* moniliformes ; bouche à deux *palpes* articulés ; *corps* cy- lindrique.

NOTICE des principaux ouvrages des auteurs modernes sur les insectes.

Il en est de l'entomologie comme des autres branches de l'Histoire naturelle ; les savans qui en ont fait leur étude particulière sont extrème- ment multipliés, sur–tout si l'on se rapproche beaucoup du temps où nous vivons. Il ne peut ni ne doit entrer dans notre plan de mettre le lecteur au courant de tout ce qui a été fait ou dit ; car le travail serait immense, et sans doute peu instruc- tif. Nous nous bornerons à faire connoître avec plus ou moins de détail ; les ouvrages de Geoffroy, Fourcroy, Fabricius, Olivier, Latreille et Cuvier, parce qu'ils se trouvent entre les mains de tous ceux qui étudient les insectes, et nous dirons ensuite un mot de la méthode de Forster comparée avec celle de Linné.

Quant à nos considérations particulières sur la masse générale des auteurs entomologistes, nous dirons qu'on peut les diviser en *anciens* et *modernes*. Les uns n'ont considéré dans les insectes que leurs habitudes ou leur manière de vivre ; ce sont les *historiens*. D'autres n'ont remarqué que quelques parties externes des insectes ; et d'après leur forme, leur structure et leur position, ils ont établi des classes, des ordres, des sections et des genres ; ce sont les *méthodistes*, dont les plus célèbres sont Linné, de Géer, Geoffroy, Fabricius, Latreille, Cuvier, &c. Parmi ces méthodistes, on en trouve qui ont traité de tous les insectes en général, tandis que d'autres se sont bornés à ce qu'ils ont pu observer dans leur propre pays. Le citoyen Geoffroy en est un exemple, puisqu'il n'a parlé que de ces insectes qui habitent les environs de Paris. Swammerdam, Walisnieri, Malpighi, Leuwenhoek, Réaumur et Lionnet ont aussi considéré les insectes sous le point de vue anatomique; ils ont décrit leur organisation, la structure de leurs parties, et les différens mouvemens qu'ils exécutent. Harris, Roesel, Schœffer et autres, n'ont donné que des figures ; enfin les *monographes* n'ont traité que de quelques espèces d'insectes en particulier.

Cette esquisse prouve suffisamment combien seroit pénible le travail auquel nous nous livrerions, s'il falloit, dans de simples élémens, faire l'exposé succinct de tout ce qui a été dit sur cette partie. Le temps ne nous permet pas de nous y livrer, non plus que le peu de moyens que nous pourrions avoir, afin de pouvoir espérer quelqu'heureux succès.

C'est en 1772 que le citoyen Geoffroy publia son ouvrage dont on vient de donner une nouvelle édition. Il a pour titre : *Histoire abrégée des Insectes qui se trouvent aux environs de Paris*, 2 vol. *in-4°*. Un mérite que peut avoir cet ouvrage sur tous les autres qui l'ont précédé, c'est d'avoir employé la grandeur individuelle comme caractère de l'espèce, et de l'avoir jointe à tous ceux qui sont propres à faciliter la classification d'un insecte quelconque. Ce savant auteur ne se borne pas à décrire et à nommer les espèces ; chacune est encore précédée d'un précis historique et de généralités convenables à tous les insectes. Dans le premier chapitre, on trouve des notions sur la *description générale des insectes*, ou *l'énumération de leurs différentes parties externes. L'histoire de leur génération, de leurs métamorphoses ou développement*, est l'objet principal du second et du du troisième ; enfin , le quatrième et le cinquième traitent de leur *nourriture*, et de *leur division en sections.*

L'auteur divise les insectes en six sections ; dans la première, il range les *coléoptères ou les insectes à étuis ;* ils ont les ailes couvertes d'étuis ou de fourreaux , et la bouche armée de mâchoires dures. Dans la seconde sont les *hémiptères ou insectes à demi étuis ;* on leur trouve les ailes supérieures presque semblables à des étuis , la bouche armée d'une trompe aiguë, repliée en dessous le long du corps. Les *tétraptères à ailes farineuses* ont quatre ailes chargées de poussière écailleuse. Ils forment la troisième section. Dans la quatrième se trouvent les *tétraptères à ailes nues , ou les insectes à quatre ailes nues.* Leur caractère principal est d'avoir quatre ailes membraneuses nues et sans poussière. Les *diptères ou insectes à deux ailes* constituent la sixième. On leur observe deux ailes ; un petit balancier sous l'origine de chacune. Enfin , la sixième section comprend tous les *aptères ou insectes sans ailes ,* dont l'unique caractère bien tranché consiste dans *un corps sans ailes.*

Chaque section est ensuite divisée par le citoyen Geoffroy en *articles,* ceux-ci en ordres, ceux-là en genres, et ces derniers en espèces.

v

PREMIERE SECTION.

ARTICLE PREMIER. *Insectes à étuis durs qui couvrent tout le ventre.*

ORDRE PREMIER. *Insectes qui ont cinq articles à toutes les pattes.* Il comprend les genres suivans : Le cerf-volant, dont les espèces divisées en deux familles, ont les *antennes* coudées *ou entières;* la panache, *ptilinus ;* le scarabée, l'escarbot, le dermeste, la vrillette, l'anthrène (*anthrenus*), la cistèle, le bouclier (*peltis*), le taupin (*elater*), le bupreste, la bruche, le ver-luisant, la cicindèle, l'omalyse (*omalysus*), l'hydrophyle, le dytique, le tourniquet.

ORDRE SECOND. *Quatre articles à toutes les pattes.*

Genres. La mélolonthe, le prione, le capricorne (*cerambix*), la lepture, le sténocore (*stenocorus*), le gribouri, le criocère, l'altise (*altica*), la galéruque, la chrysomèle, le mylabre, le becmare, le charançon, le bostriche, le clairon, l'antribe, la scolite, la casside, l'anaspe. On voit dans l'ouvrage même du citoyen Geoffroy, que les sections sont divisées d'après les ailes ; les articles d'après les étuis ; les ordres d'après le nombre de pièces aux différentes pattes, et les genres d'après les antennes et la forme du corselet.

ORDRE TROISIÈME. *Trois articles à toutes les pattes.*

Genres. Coccinelle, tritome (*tritoma.*)

ORDRE QUATRIÈME. *Cinq articles aux deux premières paires de pattes, et quatre seulement à la dernière.*

Genres. Diapère (*diaperis*), la cardinale (*pyrochroa*), la cantharide, le ténébrion, la mordelle, la meule (*notoxus*), le cérocome.

ART. II. *Étuis durs qui ne couvrent qu'une partie du ventre.*

ORDRE Iᵉʳ. *Cinq articles à toutes les pattes.* Il comprend 25 espèces du genre *staphilin.*

ORDRE II. *Quatre articles à toutes les pattes.* La nécydale.

ORDRE III. *Trois articles à toutes les pattes.* Le perce-oreille.

ORDRE IV. *Cinq articles aux deux premières paires de pattes, et quatre seulement à la dernière.* Le pro-scarabée, *melae.*

ART. III. *Étuis mous et comme membraneux.*

L'ordre premier ne comprend que le genre *blatte,* dont les antennes sont filiformes; et qui a deux longues vésicules placées au côté de l'anus, et ridées transversalement.

ORDRE II. *Deux articles à toutes les pattes.*
Le thrips.

ORDRE III. *Trois articles à toutes les pattes.*
Le grillon et le criquet.

ORDRE IV. Dans celui-ci se trouve la sauterelle
à trois petits yeux lisses, et à antennes filiformes
plus longues que le corps.

ORDRE V. *Cinq articles à toutes les pattes.*
Ex. la mante, *mantis.*

SECONDE SECTION.

Elle comprend les insectes à demi étuis, ou
hémiptères. L'auteur ne l'a pas divisée, comme la
précédente, en articles et en ordres, mais seulement en genres. Il continue cependant de compter
les pièces des tarses, ou les articles des pattes, et
il en indique le nombre en tête des caractères des
genres ; ce qui est une sorte de continuation de la
division de la section en ordres, sans faire de cette
division, comme pour la précédente, des ordres
séparés.

Les genres cigale, punaise, naucore, *noctonata*
ou punaise à aviron, corize, scorpion aquatique,
psylle, puceron, kermès, cochenille, composent
entièrement cette deuxième section.

Tel est l'apperçu général des objets contenus
dans le premier volume de l'ouvrage du citoyen
Geoffroy.

La troisième section commence le second volume. Elle est précédée de quelques généralités relatives aux tétraptères qui en sont l'objet, et dont le caractère général est d'avoir quatre ailes farineuses. Ces généralités sont suivies d'une table méthodique, dans laquelle la section est divisée en cinq genres ; ceux-ci en familles, et celles-là en paragraphes.

TABLE MÉTHODIQUE
DES TÉTRAPTÈRES.

GENRES.	CARACTÈRES.	FAMILLES.	PARAGRAPH.
Ire. PAPILLON. *Papilio.*	Antennes en masse, chrysalide nue.	**Deux.** Iere. à 4 pieds, pattes antérieures sans onglet, faisant souvent une espèce de palatine. IIe. à 6 pieds ; toutes les six pattes sans onglet; chrysalide horizontale suspendue par un fil dans son milieu.	**Trois.** Ier. à chenilles épineuses et ailes anguleuses. II°. à chenilles épineuses et ailes arrondies. IIIe. à chenilles sans épines, et pattes antérieures courtes ; mais qui ne font pas la palatine.
IIe. Le SPHINX. *Sphinx.*	Antennes prismatiques, chrysalide nue.	**Trois.** Iere. *Sphinx-bourdons.* Antennes prismatiques, presqu'égales partout ; point de trompe. IIe. *Sphinx-éperviers.* Antennes prismatiques, presqu'égales partout ; trompe en spirale ; chenille nue portant une corne sur la queue. IIIe. *Sphinx-éperviers.* Antennes prismatiques, plus grosses au milieu; trompe en spirale ; chenille velue, sans corne.	

GENRES.	CARACTÈRES.	FAMILLES.	PARAGRAPH.
IIIᵉ. PTÉROPHORE. *Pterophorus.*	Antennes fili-formes, trompe en spirale; ailes composées de plusieurs branches barbues; chrysalide nue et horizontale.		
IVᵉ. LA PHALÈNE. *Phalæna.*	Antennes qui vont en décrois-sant de la tête à la pointe; chry-salide dans une coque; chenille nue.	Deux. Iᵉʳᵉ. à antennes en peigne. IIᵉ. à antennes filiformes.	Trois pour cha-que famille. Iᵉʳ. sans trom-pe. IIᵉ. avec une trompe et les ailes rabattues. IIIᵉ. avec une trompe et les ailes étendues. Iᵉʳ. de la secon-de famille, avec une trompe et les ailes éten-dues. IIᵉ. avec une trompe et les ailes rabattues. IIIᵉ. sans trom-pe.
Vᵉ. LA TEIGNE. *Tinœa.*	Antennes fili-formes décrois-sant de la base à la pointe; tou-pet de la tête élevé et évasé; chenille cachée dans un four-reau; chrysali-de dans le four-reau de la che-nille.		

QUATRIEME SECTION.

Tétraptères à ailes nues, ou insectes à quatre ailes nues.

ART. Ier. *Trois pièces aux tarses.*

Il comprend la demoiselle et la perle.

ART. II. *Quatre pièces aux tarses.*

Genre unique. Raphidie.

ART. III. *Cinq pièces aux tarses.*

Genres. L'éphémère, la frigane, l'hémérobe, le fourmillon, la mouche-scorpion, le frêlon, l'urocère, la mouche à scie, le cynips, le diplolèbe, l'eulophe, l'ichneumon, la guêpe, l'abeille et la fourmi.

CINQUIÈME SECTION.

Diptères ou insectes à deux ailes.

Genres. Œstre, taon, asile, mouche armée, mouche stomoxe, volucelle, némotile, scatopse, hippobosque, tipule, bibion, cousin.

SIXIEME SECTION.

Insectes aptères ou insectes sans ailes.

Genres. Le pou, la podure, la forbicine, la

puce, la pince, la tique, le faucheur, l'araignée, le monocle, le binocle, le crabe, le cloporte, l'aselle, la scolopendre, l'iüle.

Tel est le nombre et la disposition des genres contenus dans l'ouvrage du citoyen Geoffroy. Il se trouve aux environs de Paris 118 genres d'insectes, et un très-grand nombre d'espèces qui ont également été décrites dans l'ouvrage que nous analysons.

Il existe aussi un petit ouvrage du citoyen Fourcroy. Il est intitulé : *Entomologia Parisiensis, seu Catalogus Insectorum quæ in agro parisiensi reperiuntur :* 2 vol. *in-*12. Dans cet ouvrage, l'auteur suit la même marche que le citoyen Geoffroy. On y trouve la description de plus de deux cent cinquante espèces nouvelles, et même quelques réformes dans les genres. Par exemple, le genre *eulophe* est supprimé, parce que l'insecte à qui on avoit donné ce nom a paru n'être qu'un *cynips*. Enfin, l'ouvrage du citoyen Fourcroy est un catalogue portatif, clair, étendu, autant qu'il est nécessaire, et dont on ne peut se dispenser dans les courses entomologiques.

Nous ne nous étendrons guère sur l'ouvrage de M. Fabricius qui est, lui-même, fort étendu, et dans lequel on trouve la description d'un nombre prodigieux d'insectes. Ce naturaliste célèbre a conservé la plupart des noms triviaux de Linné ; il en a chan-

gé très-peu : et, dans un premier ouvrage publié
en 1775, il a proposé un nouveau système entièrement fondé sur les parties de la bouche des insectes, relativement au nombre de ces parties, à
leur figure, à leur proportion et à leur situation.
On reproche à ce savant auteur de s'être attaché à
des caractères peu apparens, difficiles à remarquer
dans le plus grand nombre des insectes, d'une
extrême difficulté à saisir dans les petits, dans la
plupart de ceux qui sont desséchés, que l'œil peut
seul rarement découvrir, qui exigent presque toujours le secours de la loupe, et aisés à confondre
dans tous, ou très-difficiles à déterminer à cause de
la petitesse, de la situation, de l'enfoncement des
parties cachées, environnées, couvertes par d'autres.

D'ailleurs, on ne voit pas, dit le citoyen Olivier, le rapport qu'il y a entre la bouche d'une
libellule et celle d'une araignée ; d'un monocle et
celle d'un ichneumon ; d'un œstre, d'un bibion,
d'une mouche, et celle d'un pou, d'une mitte ;
cependant ces insectes sont placés dans les mêmes
classes. N'y a-t-il pas, continue le même auteur,
beaucoup de ressemblance dans la bouche et dans
toutes les parties du corps, entre un hémérobe,
un fourmillon et une libellule ; un itile et un cloporte ; une araignée, un scorpion et une mitte ?
Malgré cette ressemblance, ces insectes sont placés

dans des classes différentes. (Voyez *Encyclop. méthod. Hist. nat. Insectes* , t. 4 et 5.)

TABLEAU de la division, systématique des Insectes, d'après M. FABRICIUS.

Bouche munie de mâchoires et de quatre ou de six antennules.

1. Mâchoire nue, libre, *ELEUTERATA*.

2. Mâchoire couverte d'une galète (*galeá*) obtuse, *ULONATA*.

3. Mâchoire unie avec la lèvre, *SYNISTATA*.

4. Point de mâchoire inférieure, *AGONATA*.

5. Bouche munie de mâchoires et de deux antennules. Mâchoire inférieure souvent armée d'un onglet, *UNOGATA*.

6. Bouche munie d'antennules et d'une langue en spirale, *GLOSSATA*.

7. Bouche munie d'un bec : gaîne articulée, *RYNGOTA*.

8. Bouche munie d'un suçoir : gaîne inarticulée, *ANTLIATA*.

La première classe, celle des *éleutérates*, répond à celle des coléoptères des autres auteurs. Elle est divisée en six sections. 1. *Antennes en masse lamellée* ; 2. *antennes en masse perfoliée :* 3. *antennes en masse solide :* 4. *antennes monili-*

formes : 5. antennes filiformes : 6. antennes séta-
cées.

La seconde classe répond aux orthoptères du
citoyen Olivier. Elle comprend la famille des sauterelles, les mantes, le forficule et la blatte. Selon
M. Fabricius, le *galea* seul distingue cette classe
de la précédente, dans laquelle on ne l'observe
pas sur les mâchoires des insectes qui la composent.
M. Fabricius divise les ulonates en trois sections.
1. *Antennes filiformes : 2. antennes ensiformes :*
3. *antennes sétacées.*

La classe des synistates comprend les insectes
sans langue et ceux qui ont une *langue avancée.*
Le citoyen Olivier observe que M. Fabricius a
placé dans cette classe des insectes très-différens
entr'eux, non-seulement par toutes les parties du
corps, mais principalement par les parties de la
bouche. Le Naturaliste français dit que le caractère des synistates ne convient qu'aux hyménoptères, en supposant que les deux pièces latérales
de la trompe des abeilles, des ichneumons, &c.
soient des mâchoires, et que la trompe elle-même
soit la lèvre inférieure. Dans le myrmilion et l'as-
calaphe, la forme de la bouche, le nombre et la
structure des différentes pièces qui la composent,
classent ces deux genres parmi les éleutérales ou
les coléoptères.

Presque tous les crustacés sont rangés dans la-

quatrième classe, dont le caractère est de n'avoir point de lèvre inférieure. On objectera que les hémiptères, les lépidoptères, les diptères, sont également sans lèvre inférieure et ne sont pas de cette classe : et on se demande pourquoi le monocle qui n'a pas plus de lèvre inférieure que les autres crustacés, ne se trouve pas placé dans cette classe ?

Le vrai caractère de la cinquième classe consistera donc, dit le citoyen Olivier, dans la présence des mâchoires, et en même temps dans le nombre des antennules que M. Fabricius fixe à deux. Effectivement, les unogates n'ont que deux antennules ; et comme ils doivent avoir en même temps des mâchoires, les lépidoptères, les diptères en sont exclus, parce qu'ils n'en ont point, et quoiqu'ils n'aient que deux antennules. Mais quel rapport ont entr'elles les bouches de la libellule, de l'iüle et du scorpion ? N'est-il pas évident que ces trois genres devraient, dans un arrangement systématique fondé sur les parties de la *bouche*, être placés dans trois classes différentes ? La bouche du trombidion diffère à peine de celle de l'acarus, et cependant M. Fabricius place le premier dans la classe des unogates, et le second dans celle des antliates.

La sixième classe répond exactement à celle des lépidoptères.

La septième à celle des hémiptères. M. Fabri-cius a seulement ajouté le genre *puce*.

La huitième comprend les diptères, auxquels sont ajoutés les genres *acarus* et *pediculus*. (*En-cyclop. méth. t.* 5 , *Insect. au mot* Bouche.)

Tableau de la division méthodique des insectes, par le citoyen Olivier.

1. *Quatre ailes découvertes.*

ORDRE I.
{ Quatre ailes membraneuses , re-couvertes d'une poussière écail-leuse.
Bouche; trompe roulée en spi-rale.
Papillon , phalène. } *Lépidoptères.*

ORDRE II.
{ Quatre ailes nues , membraneu-ses , réticulées.
Bouche munie de mandibules et de mâchoires.
Section I. Trois articles aux tarses.
          Libellule.
Section II. Quatre articles aux tarses.
          Raphidie.
Sect. III. Cinq artic. aux tarses.
          Frigane. } *Névroptères.*

ORDRE III.
{ Quatre ailes nues , membraneu-ses , veinées , inégales. Bouche munie de mandibules et d'une trompe , souvent très-courte , imperceptible.
Section I. Bouche sans trompe apparente.
          Fourmi.
Sect. II. Bouc. avec une trompe.
          Abeille. } *Hyménoptères.*

2. *Deux ailes cachées sous des étuis.*

ORDRE IV.

{
Deux ailes croisées sous des étuis
mous, à demi membraneux.
Bouche ; trompe aiguë recourbée sous la poitrine.

SECT. I. Élytres d'égale consistance.
Cigale.

SECT. II. Élytres moitié coriaces,
moitié membraneux.
Punaises.
}

Hémiptères.

ORDRE V.

{
Deux ailes pliées longitudinalement sous des étuis mous, presque membraneux.
Bouche munie de mandibules et
de mâchoires.
Mante, sauterelle.
}

Orthoptères.

ORDRE VI.

{
Deux ailes pliées transversalement sous des étuis durs et coriaces.
Bouche munie de mandibules et
de mâchoires.

SECT. I. Cinq articles aux tarses.
Scarabée.

SECT. II. Cinq articles aux tarses
des quatre pattes antérieures,
et quatre aux deux postérieures.
Ténébrion.

SECT. III. Quatre art. aux tarses.
Capricorne.

SECT. IV. Trois articles aux tarses.
Coccinelle.
}

Coléoptères.

3. *Deux ailes découvertes.*

ORDRE VII.

{
Deux ailes nues, membraneuses,
veinées.
Deux balanciers.
Bouche. Trompe droite ou cou-
dée, rétractile.
Mouche, asile.
}

Diptères.

4. Point d'ailes.

ORDRE VIII. {
Point d'ailes dans les deux sexes.
Bouche variable.
SECT. I. Six pattes.
Pou.
SECT. II. Huit pattes.
Araignée.
SECT. III. Dix pattes, ou un nombre plus considérable.
Crabe, iüle.
} *Aptères.*

Linné divise les insectes en sept classes, d'après la forme, le nombre, la position des ailes. Les insectes compris dans les cinq premières classes, ont quatre ailes.

1ère Classe. *Coléoptères.* Deux ailes supérieures coriacées ; *élytres.*

2°........ *Hémiptères.* Ailes supérieures demi-coriacées et en recouvrement.

3°........ *Lépidoptères.* Quatre ailes membraneuses couvertes de petites écailles.

4°........ *Névroptères.* Ailes membraneuses ; anus sans aiguillon.

5°........ *Hyménoptères.* Ailes membraneuses; ventre armé d'un aiguillon.

6°........ *Diptères.* Deux ailes à la base desquelles sont placés deux balanciers.

7°........ *Aptères.* Sans ailes.

La première et la septième classe sont sous-divisées

divisées chacune en trois ordres. Les caractères des trois ordres de la première classe sont déduits de la forme des antennes.

Iere CLASSE.
{
ORDRE Ier. Antennes en masse ; c'est-à-dire, dont la pointe est renflée, et plus grosse que le reste de l'antenne.

ORDRE IIe. Antennes filiformes, ou de grosseur égale dans toute leur étendue.

ORDRE IIIe. Antennes sétacées, ou qui vont en diminuant de grosseur de la base à la pointe.
}

VIIe CLASSE.
{
ORDRE Ier. Insectes aptères qui ont six pattes, dont la tête et le corselet ne sont pas joints intimement.

ORDRE IIe. Depuis huit jusqu'à quatorze pattes ; la tête et le corselet joints ensemble.

ORDRE IIIe. Quatorze pattes ou davantage ; la tête et le corselet ne sont pas intimement joints.
}

Ces sept classes, les trois ordres de la première, et les trois de la dernière, sont sous-divisés en quatre-vingt-cinq genres, d'après la forme des antennes, celle du corselet et du corps, et quelquefois d'après quelques caractères accessoires.

C'est à dessein que nous avons fait précéder l'exposition de la méthode du citoyen Olivier, avant de parler de celle de Linné. Nous avions pour but de faire voir immédiatement les rapports de cette dernière avec celle de *Forster*.

Il n'y a de différence que dans la septième classe

x

dont Forster a supprimé toutes les sous-divisions.
Quant aux genres, cet auteur n'a donné que la
description d'un très-petit nombre. Il a choisi pour
cela, les insectes dont les caractères sont très-distincts et faciles à découvrir au premier coup-
d'œil; et il ne paroît pas avoir eu en vue de parler
de tous les genres d'insectes. Nous allons suppléer,
aussi laconiquement qu'il nous sera possible, à ce
qui manque, en donnant le système combiné du
citoyen Cuvier. Mais, avant tout, nous croyons
devoir encore dire un mot de l'ouvrage du citoyen
Latreille, qui suit les traces de Fabricius, et à qui
l'Histoire naturelle doit des découvertes intéressantes sur plusieurs genres d'insectes.

Le citoyen Latreille n'a pas voulu, dans son
ouvrage qui a pour titre : *Précis des caractères
génériques des insectes disposés dans un ordre
naturel*, développer le système qu'il a adopté,
parce qu'il réserve son explication pour un ouvrage plus étendu qu'il se dispose de publier. Il se
contente d'observer que l'arrangement systématique est, quant au fond, celui de Linné, fortifié
par les caractères pris des parties de la bouche.
Leur forme, leur disposition, combinées avec le
nombre des pattes, lui ont servi pour établir les
coupes des aptères. Ce Naturaliste a, de même, eu
recours aux rapports anatomiques, à ceux de
l'habitus, des métamorphoses, pour former les

familles auxquelles il s'est dispensé de donner des noms, parce qu'il prévoyoit qu'il seroit contraint d'y faire plusieurs changemens, et qu'il auroit ainsi exposé la nomenclature à une vicissitude très-contraire à l'avancement de la science.

Quant au langage entomologique, le citoyen Latreille prévient qu'il entend par *lobes maxillaires* les divisions qui terminent souvent, au nombre de deux, les mâchoires ; que les mots *ganache* ou *gaîne* s'entendent d'une pièce coriacée ou écailleuse qui couvre au moins la base antérieure de la lèvre inférieure, presque plane dans les coléoptères, demi-cylindrique ou demi-conique dans les hyménoptères. C'est ici que le nom de *gaîne* convient le mieux, et l'auteur appelle langue la lèvre qu'elle renferme. Le *palais* est un avancement membraneux situé au milieu de la bouche, qu'on remarque dans les orthoptères, les libellules, et sur lequel est appuyée la lèvre inférieure. Le *suçoir* signifie l'ensemble des soies contenues dans le canal de la trompe. Enfin, le citoyen Latreille définit le mot *insecte : animal sans vertèbres, dont le corps et les pattes sont de plusieurs pièces.*

DIVISION GÉNÉRALE DES INSECTES.

* AILÉS.

CLASSE I.	Deux élytres durs, coriaces, couvrant deux ailes plus longues, pliées transversalement. Bouche munie de mandibules, de mâchoires, de lèvres, &c. Mâchoires nues.	COLÉOPTÈRES, *COLEOPTERA*, *synistates*, Fab.
CLASSE II.	Deux élytres mous, presque membraneux, couvrant deux ailes plus larges, plissées en éventail. Bouche munie de mandibules, de mâchoires, de lèvres, &c. Mâchoires couvertes d'une galète. Un palais.	ORTHOPTÈRES, Oliv. *ORTHOPTERA*, *ulonates*, Fab.
CLASSE III.	Deux élytres à moitié ou entièrement membraneux, couvrant deux ailes croisées, un peu plus larges. Un bec articulé, renfermant trois soies.	HÉMIPTÈRES, *HEMIPTERA*, *ryngotes*, Fab.
CLASSE IV.	Quatre ailes ordinairement égales; réticulées, nues. Bouche munie de mandibules, de mâchoires, de lèvres, &c. lèvre inférieure plane, dégagée dans le repos.	NÉVROPTÈRES, *NEVROPTERA*, *synistates*, *odonates*, } Fab.
CLASSE V.	Quatre ailes inégales, nues, veinées; inférieures plus petites. Bouche munie de mandibules; une langue ou lèvre inférieure renfermée à sa base dans une gaine coriace qui s'emboîte sur les côtés dans les mâchoires.	HYMÉNOPTÈRES, *HYMENOPTERA*, *synistates*, *piezates*; } Fab.

CLASSE VI.	Quatre ailes couvertes d'écailles. Trompe roulée en spirale ; deux à quatre antennules.	Lépidoptères, *LEPIDOPTERA*, *glossates*, Fab.
CLASSE VII.	Deux ailes. Trompe coudée, bilabiée, renfermant un suçoir variable Deux antennules.	Diptères, *DIPTERA*, *antliates*, Fab.

** A P T È R E S.

CLASSE VIII.	Tête distincte, antennifère.
	    Trompe articulée, renfermant un suçoir de deux soies; deux écailles à sa base.
	    Six pattes.
		Suceurs, *SUCTORIA*, *ryngotes*, Fab.

CLASSE IX.	Tête distincte, antennifère.
	    Bouche munie de mandibules, de deux mâchoires, de deux lèvres, et d'antennules sensibles.
	    Six pattes.
		Thysanoures, *THYSANOURA*; *synistates*, Fab.

CLASSE X.	Tête distincte, antennifère, un tube très-court, renfermant un suçoir ; légère apparence de mandibules ou de mâchoires, &c. dans d'autres. Six pattes.	Parasites, *PARASITI*; *antliates*, Fab.
CLASSE XI.	Organes de la bouche ou quelques-uns tenant lieu de tête. Antennes o. Six à huit pattes.	Acéphales, *ACEPHALA*; *unogates*, *antliates*, } Fab.

CLASSE XII.	Tête confondue avec le corps renfermé sous un têt d'une ou deux pièces. Antennes (*souvent rameuses*).
	    Mandibules sans antennules. Deux rangs, au plus, de feuillets maxillaires. Lèvre inférieure o.
	    Six à huit pattes plus communément.
		Entomostracés, *ENTOMOSTRACA*, Müll. *synistates*, *agonates*, } Fab.

CLASSE XIII.	Tête confondue avec le corps renfermé ordinairement sous une caparace. Antennes (*quatre*).	CRUSTACÉS, *CRUSTACEA*, *agonates*, Fab.
	Plusieurs rangs de feuillets maxillaires et d'antennules, dont deux insérées et couchées sur les mandibules. Lèvre inférieure o.	
	Dix pattes communément.	
CLASSE XIV.	Tête distinguée du corps, antennifère.	MYRIAPODES, *MYRIAPODA*, *synistates*, *mitosates*, }Fab. *unogates*,
	Mandibules ayant un avancement conique à leur base, des dents écailleuses implantées sur le contour de l'extrémité.	
	Deux rangs de mâchoires au plus. Une lèvre inférieure.	
	Quatorze pattes et plus.	

La méthode tracée par le citoyen Cuvier pour la classification des insectes, résulte de la combinaison des marches suivies par *Swammerdam*, qui divise les insectes d'après la métamorphose ; par *Linnæus*, qui considère l'absence ou la présence des ailes, leur nombre et leurs tégumens ; par *Fabricius*, qui ne considère que les organes de la mastication ou de la déglutition.

ORDRE PREMIER.

Des insectes pourvus de mâchoires et sans ailes.

Cet ordre comprend plusieurs familles naturelles, savoir :

Iʳᵉ FAMILLE. *Les crustacés qui ont plusieurs paires de mâchoires.* (AGONATA, Fab.)

Cette première famille comprend les genres

monocle (85), *écrevisse* (84), *cloporte* (86).

M. Fabricius et les citoyens Latreille et Cuvier divisent ce premier genre :

1°. En *limule*, dont le corps entier est couvert d'un large bouclier crustacé auquel il adhère. Ce *bouclier* est partagé en deux pièces par une suture transverse, et terminé par un long stylet. *Antennes* o.

2°. En *calyges*, genre plus particulièrement dû à Müller. *Corps* couvert d'un bouclier d'une seule pièce ; leurs membres sont ou des pieds ou des palpes ; la première paire se nomme antennes. *Yeux* rapprochés, n'en formant, pour ainsi dire, qu'un.

3°. En *cyclope*. *Écaille* de la tête et de la queue ne s'avançant que très-peu sur le corps qui, du reste, est libre, articulé, caudiforme, et terminé, dans les femelles, par une masse d'œufs divisée en une ou deux grappes ; *œil* dorsal formé par la réunion de deux ; deux ou quatre *antennes* longues et sétiformes.

Les écrevisses sont sous-divisées en celles qui ont la queue courte et mince, sans nageoire terminale, se reployant dans une fossette entre les pieds, comme les *crabes et les araignées de mer* (INA-CHUS, Fab.), et en celles dont la queue est épaisse, alongée, à feuilles écailleuses ou nageoires terminales. Parmi ces dernières, on compte les *her-mites* (*PAGURUS*, Fab.), les écrevisses propre-ment dites (*ASTACUS*, Fab.), les *langoustes* (*PALINURUS*, Fab.), les *cigales et les mantes de mer* (*SCILLARUS* et *SQUILLA*, Fab.); enfin, les *cloportes* comprennent les *aselles* (*PHYSODES*, Fab.), qui ont plusieurs paires de mâchoires et 4 antennes sétacées; les *cloportes proprement dits*, à plusieurs paires de mâchoires et à 2 antennes sétacées; et les cymothoés (*CYMOTHOA*, Fab.) qui n'ont pas de mandibules, mais seulement deux très-petites mâchoires et quatre antennes courtes.

II° FAMILLE. *Millepieds. Corps composé de beaucoup de segmens, portant des pieds, et n'ayant pas plusieurs mâchoires.* (*MITOSATA*, Fab.)

Cette famille ne comprend que les deux genres *iüle* (88) et *scolopendre* (87).

III° FAMILLE. *Aracnéides.* Une seule pièce pour la tête et le corselet; octopode; abdomen apode. (*UNOGATA*, Fab.)

Les *scorpions* (83), les *araignées* (82), les *faucheurs* (81), composent cette famille. Il faut aussi leur adjoindre le genre *hydracné*, qui ne se trouve pas dans Forster.

HYDRACNÉ (*HYDRACHNA*, L.) *trombidium*, Fab. *Corps* d'une seule pièce ovale; *abdomen* non distinct du thorax. Les espèces de ce genre nagent en tournoyant, et ne vivent que de larves aquatiques et de monocles.

IV° Famille. *Phtyréides.* Tête distincte ; corselet *hexapode* ; abdomen *apode.* Ici se trouvent les genres *podure* (76), *forbicine* (75), et les *ricins.*

Ricin (*RICINUS*). Oliv. Latreille, Cuv. *Pediculus,* Linn. Geoff. Fab. Apparence de mandibules ou de mâchoires et d'une lèvre inférieure ; antennes plus courtes que la tête ; corps ovale, applati ou oblong, de trois parties ; tête grande, angulaire, deux yeux ; corselet étroit, de deux pièces, à six pattes, terminées par deux ongles. (Latreille.)

ORDRE SECOND.

Insectes pourvus de mâchoires, à quatre ailes réticulées. (Névroptères.)

Ire Famille. *Libelles. Quatre grandes ailes non ployées ; mâchoires pourvues d'un palpe non articulé ; lèvre enveloppant toute la bouche, sans palpes.* (*Odonata,* Fab.)

Cette famille ne comprend que le genre *libellule* (48), dont on a fait les agrions et les æsnes.

Agrion, Fab. Latr. Cuv. *Libellula,* Linn. Geoff. Oliv. Lèvre inférieure de trois pièces ; celle du milieu échancrée, les latérales prolongées en une pointe écailleuse; *tête* courte, large; *yeux* latéraux saillans; trois petits yeux lisses sur le derrière; ailes droites; *abdomen* très-long et fort menu. (LATREILLE.)

ÆSNE, Fab. Latr. Cuv. *Libellula*, Linn. Geoff. Oliv. Lèvre inférieure de trois pièces; celle du milieu entière; les latérales armées de deux dents : tête grosse occupée postérieurement par les yeux ; trois petits yeux lisses sur le milieu du front; cor- selet gros, arrondi; *ailes* étendues, horizontales; *abdomen* oblong, cylindrique. (LATREILLE.)

IIe FAMILLE. *Les perles: ailes se jetant sur le dos dans l'état de repos ; mâchoires et lèvres pourvues de palpes articulés ; bouche pourvue de mandibules.*

Les TERMITES, *termes*, Linn. Fab. Oliv. Latr. Cuv. *hemerobius*, Linn., ayant le corps et la tête applatis horizontalement; les doigts 3-articu- lés; les antennes en chapelet; des mandibules; des mâchoires à un palpe; une lèvre inférieure 4-fide et à deux palpes 2-articulés : l'*hémérobe* (52), dont on a formé les genres *semblides*, distincts par leurs antennes sétiformes ; par 4 palpes fili- formes à articles courts, et par de très-petites mandibules; les *fourmis-lions* (54), et les *asca- laphes* à antennes très-longues, terminées par une grosse masse ; à six palpes filiformes : les *panor-bes* (53), les *raphidies* (49), sont autant de genres qui composent cette seconde famille.

IIIᵉ FAMILLE. Les *agnathes*. *Mâchoires et lèvres pourvues de palpes articulés , sans aucune mandibule.*

Exemple : les *friganes* (50) et les *éphémères* (51).

ORDRE TROISIÈME.

Insectes pourvus de mâchoires, à quatre ailes veinées et non réticulées. HYMÉNOPTÈRES (*PIEZATA* , Fab.).

Cet ordre non divisé par familles comprend , 1°. les *abeilles* (55), distinguées en *abeilles* proprement dites, en *eucères*, en *nomades, andrènes* et *hylées.*

EUCÈRES, Fabr. Latr. *apis* , Linn. Geoff. Langue de 5 pièces ; antennes souvent plus longues que le corps, dont la forme est presque la même que celle de l'abeille.

NOMADE, *nomada* , Fabr. Latr. *apis* , Linn. *vespa* , Geoff. *Bouche* à 4 palpes longs , sétacés , à 4 articles ; *corps* lisse ; *abdomen* court. Ces insectes sont ordinairement tachetés de jaune ou de gris sur un fond noir.

ANDRÈNE, *andrena* , Fabr. Latr. Oliv. *apis* , Linn. Geoff. antennes filiformes ; langue oblongue ;

division du milieu en *pointe refendue*. (LA-
TREILLE.)

HYLÉES, *HYLÆUS*, Fab. Latr. lèvres et mâchoires plus courtes que dans les andrènes ; *langue*
large, concave et échancrée par-devant.

2°. Les *guêpes* (57), les *sphex* (62), qui composent les figules, les fouisseurs et les sphex proprement dits, sont aussi de cette famille.

FIGULES, *étuis* fendus ; *langue* courte, tronquée, 3-fide.

SPHEX, *étuis* entiers ; *langue* longue, bifide,
ayant une soie grêle de chaque côté.

FOUISSEUR ; *étuis* alongés et grêles ; *langue*
simple, longue et grêle, fourchue par le bout ; *tête*
plate en dessus ; *abdomen* ayant un pédicule filiforme.

Ces sous-genres sont, dans l'ouvrage du citoyen
Cuvier, suivis de plusieurs autres qui appartiennent à M. Fabricius. Ce sont :

LES BEMBÈCHES (*BEMBEX*), *tête* à front plat ;
yeux grands, alongés, ovales ; *lèvre* supérieure
très-avancée, mobile ; langue longue, fléchie de
trois pièces, dont les deux latérales sétacées se
cachent sous celle du milieu qui est bifide.

MASARE, *MASARIS* (Fabr. Latr.), antennes
guère plus longues que la tête dans les deux sexes ;
terminées en masse arrondie ; antennales très-
courtes de 3 et 4 articles ; mâchoire et langue alon-

gées; celle-ci de deux pièces, renfermées dans une espèce de tuyau, outre la gaine. (LATREILLE.)

TIPHIE, *TIPHIA* (Fabr. Oliv. Latr.), langue courte, voûtée, 3-lobée; *étuis* fendus.

SCOLIE, *SCOLIA*; lèvres et mâchoires longues; étuis très-courts; langue à trois divisions linéaires, très-ouvertes, presqu'égales.

CRABRON, *CRABRO*; étuis courts, entiers; langue demi-cylindrique entière, spatulée.

ÉVANIE, *EVANIA*, antennes sétiformes; pieds postérieurs alongés; abdomen très-petit, ové, supporté par un pédicule long fixé sur le dos du corselet.

3°. Les *chrysides* (58), les *mouches à scie* (60), les *ichneumons* (63), les *urocères* (59), les *fourmis* (56), les *mutilles* (64), terminent cet ordre. Il est encore quelques genres nouveaux qui lui appartiennent. Nous en sommes redevables aux travaux des Fabricius, Geoffroy, Latreille, et de beaucoup d'autres savans.

CHALCIDE, *CHALCIS* (Fab.); antennes courtes, en massue, tronquées; abdomen sessile acuminé; cuisses grosses, propres au saut; abdomen des femelles fendu pour recevoir leur aiguillon.

EULOPHE, *EULOPHUS* (Geoff.); mâles à antennes branchues.

LEUCOSPIS, *LEUCOSPIS* (Fabr. Latr.); abdomen

ovalaire, comprimé, reçu par sa base dans une cavité du corselet qui est obtus en arrière.

ORDRE QUATRIÈME.

Insectes pourvus de máchoires, à deux ailes recouvertes par deux étuis de substance cornée, sous lesquels elles se reploient. COLÉOPTÈRES (*ELEUTERATA*, Fabr.).

Iere FAMILLE. *Coléoptères dont les antennes sont terminées par une masse feuilletée ; c'est-à-dire, composée de feuillets attachés par un bout, et libres de l'autre. Tous ont cinq articles à tous les doigts.*

On trouve dans cette famille les genres *lucane* (2), divisés par Fabricius en lucanes ou cerfs-volans, et en passales. Le citoyen Latreille a aussi fait de ce genre les platicères.

CERF-VOLANT, *LUCANUS* (Fabr.), mandibules longues, dentelées et en forme de corne de cerf, dans les mâles; mandibules courtes dans les femelles appelées *biches.*

PASSALE, *PASSALUS* (Fabr.), mandibules courtes ; lèvre inférieure cornée ; mâchoire à deux dents pointues.

PLATICÈRE, *PLATICERUS* (Latr.), mandibules courtes ; lèvre inférieure à divisions peu apparentes ; ganache demi-circulaire.

SYNODENDRE, *SYNODENDRUM* (Fabr.), corps cylindrique ; étuis rudes ; corselet tronqué par-devant ; tête petite ; masse des antennes pectiniforme.

Le citoyen Latreille a, du genre *scarabée* (1), créé les STERCORAIRES, dont le corps est ovale et convexe ; la lèvre supérieure mobile ; les mandibules fortes ; la lèvre inférieure fourchue et les mâchoires membraneuses fendues : le citoyen Geoffroy a de même créé le genre BOUSIER, qui a la bouche recouverte par sa tête large et applatie ; sans lèvre supérieure ; à mandibules membraneuses très-petites ; mâchoires fendues, et à lèvre inférieure presqu'entière. Les HANNETONS qui dérivent du même genre, qui ont le corps oblong, convexe, non épineux, non tuberculé ; antennes à dix articles ; mandibules renflées ; mâchoires écailleuses à dentelures terminales ; ganache entière, &c. appartiennent à M. Fabricius, ainsi que les genres CÉTOINE et TROX. Dans le premier, on trouve des antennes 10-articulées ; des mandibules minces et presque membraneuses ; mâchoires bilobées à leur extrémité, et antennules postérieures insérées en devant. Dans le second, on distingue des mandibules épaisses ; des antennules presqu'en masse ; des mâchoires onguiculées, et le premier article des antennes très-poilu.

IIᵉ FAMILLE. *Coléoptères dont les antennes sont*

*portées sur un bec qui n'est qu'un prolongement
de la tête, et au bout duquel est la bouche. Tous
ont quatre articles à tous les doigts.*

Les *charançons* (9), parmi lesquels on trouve
les *attelabes* de Linnæus, de Fabricius, d'Olivier,
et le *rhinomacer* de Geoffroy, dont le corps est
ovale; le bec oblong, courbé en dessous; à antennes non brisées, en chapelet et en massue terminale : les BRENTES de Fabricius, dont le bec est
long et droit, ainsi que le corselet et l'abdomen ;
et dont le bec porte des antennes en chapelet à
masse terminale : les ANTRIBES de Fabricius, dont
le corps est ovale ; le bec court, applati en devant,
sous le tranchant duquel sont des antennes non
brisées à masse perfoliée terminale : les BRACHI-
CÈRES de Fabricius à corps épais et ramassé ; bec
court et quarré, portant deux antennes très-courtes, longitudinalement perfoliées : enfin, les
RHINOMACRES, dont le bec court porte des antennes
filiformes, forment une petite famille distincte des
bruches (14), qui terminent cette seconde famille
adoptée par le citoyen Cuvier.

III° FAMILLE. *Coléoptères dont les antennes
sont en forme de massue, et qui n'ont que trois
articles aux doigts.*

On ne trouve dans cette section que les coccinelles (12).

IV°

IV° FAMILLE. *Coléoptères dont les antennes sont terminées en forme de massue, et qui ont cinq articles à tous les doigts.*

Le genre *sylphe* (8) est, dans cette famille, divisé par Fabricius en *porte-morts*, *bouclier*, *nitidule*, et *élophore*.

Premier genre. *Caractère.* Antennes plus courtes que le corselet, masse arrondie; division interne des mâchoires très-aiguë; lèvre inférieure presque cordiforme; tarses antérieurs larges, plats et velus en dessous.

Second genre. *Caractère.* Antennes un peu plus longues que le corselet, en masse de trois à quatre articles; bouche avancée; mâchoires onguiculées; lèvre inférieure échancrée.

Troisième genre. *Caractère.* Étuis débordant le corps de toutes parts; masse des antennes ovale et solide.

Quatrième genre. *Caractère.* Corps oblong, peu débordé; masse des antennes arrondie, à trois pièces; étuis ridés.

Les genres *parnus* de Fabricius, et *dryops* d'Olivier et Latreille, se rapprochent beaucoup des précédens. Ils n'en diffèrent que par le second article de leurs antennes, qui est armé en dedans d'un crochet plus long que toute leur masse.

L'HYDROPHILE (Geoffr. Fabr. Oliv. Latr.),

Y

DITISCUS (Linn.), a les antennes en masse dis-tinctement perfoliées, plus courtes que les anten-nules antérieures dans le grand nombre; divisions de la lèvre inférieure réunies, contiguës. (LA-TREILLE.)

SPHÆRIDIE (Fabr.) ; antennes en masse perfo-liée ; 4 palpes filiformes; corps ovale ; jambes an-térieures épineuses.

SCAPHIDIE, *SCAPHIDIUM* (Oliv. Fabr. Latr.) ; corps ovale, convexe, pointu aux deux bouts ; tête petite, plate, un peu enfoncée dans le corselet à peine débordé : élytres tronqués ; palpes longs.

Les *escarbots* (4) sont aussi suivis du nouveau genre LETHRUS, dont les antennes sont terminées par une masse solide et tronquée ; dont le corselet est grand, et les élytres soudés : aptère. Les *byr-rhes* (6), compris dans cette famille, ont de même donné le genre ANTHRÈNE, dont les caractères sont d'avoir les antennes solides et le corps légèrement convexe en dessus et en dessous. Cette section est terminée par le genre *dermestes* (3).

V° FAMILLE. *Coléoptères dont les antennes sont terminées en forme de massue, et qui ont quatre articles à tous les doigts.*

Ici se trouvent les *bostriches* de Fabricius, qui ont la masse des antennes solides, dont le corps est presqu'un cylindre parfait, et dont la tête se ren-

fonce entièrement dans le corselet; et les *apates*
du même auteur. Ils ont la masse des antennes
composée de trois lames distinctes. Les *colydies*,
dont la masse des antennes est à 3 pièces; les *lyctes*,
dont la masse des antennes est solide; les *trogos-
sites*, dont les mandibules sont saillantes et la
masse des antennes à plusieurs articles; les *ips*, à
masse des antennes perfoliées; les *mycétophagues*,
à antennes grossissant insensiblement vers le bout
en une masse oblongue; enfin, les *clairons*, à antennules postérieures plus grandes; lobe extérieur
des mâchoires alongé, presque lacinié; yeux en
croissant; corselet étroit, cylindrique, rétréci postérieurement.

VI° FAMILLE. *Coléoptères à quatre palpes; à
antennes filiformes; à cinq articles à tous les
doigts, et à élytres durs.*

Les *ptines* (13) ont, selon Fabricius, l'abdomen
ovale, convexe; le corselet plus étroit, et les antennes à articles à-peu-près égaux. Ils diffèrent
des *vrillettes* qui leur ressemblent beaucoup, parce
que ceux-ci ont le corps cylindrique, *et les trois
derniers articles des antennes plus gros et plus
longs que les autres.* Les *taupins* (25) ne diffèrent
des *mélases* de Fabricius, que par les *pointes du
corselet*, et *la faculté de sauter*, qui caractérise
ces derniers. Les *richards* (27) terminent cette famille.

VII° FAMILLE. *Coléoptères à quatre palpes ; à antennes filiformes ou sétiformes ; à cinq articles aux doigts ; à élytres flexibles.*

Les *lampyris* (15) ont fourni à M. Fabricius le genre *lisque*. L'insecte qui le forme a, d'après Latreille, les antennes filiformes, comprimées, quelquefois en scie ; la bouche au bout d'un museau ; les mandibules arquées, édentées ; les antennules un peu renflées au bout ; les mâchoires entières ; le pénultième article des tarses bilobé. Les cantharides, divisées en *cantharides*, *malachies*, *lime-bois*, forment, avec les *tilles* et les driles, le complément de cette famille.

CANTHARIDES, *CANTHARIS* (24), corps plat et plus alongé ; palpes en forme de hache.

MALACHIES, *MALACHIUS* (Fabr.), corps un peu plus court ; élytres plus convexes ; palpes subulés.

LIME-BOIS, *LYMEXYLON* (Fabr.) ; corps cylindrique, alongé, étroit ; antennes courtes et en chapelet. (Voyez *Cuvier*, Tabl. élém. p. 539.)

DRILE, *DRILUS*, corps oblong, bordé ; palpes en massue ; antennes pectiniformes.

TILLE, *TILLUS*, corps alongé ; corselet étroit, cylindrique ; antennes en scie ; palpes maxillaires filiformes, les labiaux très-grands, en forme de hache.

VIIIe FAMILLE. *Coléoptères à quatre palpes, dont les antennes sont en forme de fil ou de chapelet, quelquefois renflées vers le bout ou dans le milieu, et qui ont cinq articles aux quatre doigts de devant, et quatre à ceux de derrière, et des élytres flexibles.*

Fabricius a subdivisé les *méloés* (20), en méloés *proprement dits*, en *lyttes, mylabres, cérocomes* et *notoxes.*

MÉLOÉ, aptère; élytres plus courts que l'abdomen; antennes des mâles renflées dans le milieu, et recourbées irréguliérement.

LYTTE, élytres couvrant entièrement les ailes et l'abdomen; antennes filiformes, minces et égales.

MYLABRE, antennes en chapelet, et grossissant insensiblement vers le bout.

LES CÉROCOMES ne différent des précédens que par les antennes, qui sont *très-irrégulièrement courbées dans les mâles.*

NOTOXE, antennes filiformes en massue; palpes en forme de hache.

LES CARDINALES ont une tête inclinée, un corselet plat, arrondi; l'abdomen et les élytres grands et plats; les antennes en scie ou pectiniformes.

LES LAGRIES ont le corps velu, oblong; la tête courte; le corselet court, cylindrique, et plus étroit que les élytres : antennes en massue; palpes maxillaires en hache; les labiaux en massue.

Les *cystèles* (5) sont dans cette famille suivies des *édémères* (*œdemera*. Oliv.). Ils ont pour caractère : corps mince ; tête 3-ang.; yeux saillans ; corselet étroit, cylindrique; élytres subulés ; antennes filiformes.

IX° FAMILLE. *Coléopteres à quatre palpes; à antennes filiformes; à cinq articles aux quatre doigts de devant, et quatre seulement à ceux de derrière; élytres durs.*

Les ténébrions ont fourni plusieurs sous-genres.

1. *Ténébrion* (18), antennes moniliformes ; dernier article des antennules renflé, obtus ; limbe supérieur de la lèvre intérieure presque droit : ganache entière, quarrée.

2. *Blaps* (Fabr.), corps ovale, convexe; aptère. Derniers articles des antennes globulaires; antennules antérieures avancées, en masse sécuriforme; postérieures en masse arrondie ; lèvre inférieure échancrée; ganache arrondie.

3. *Scaure* (Fabr.), corps oblong, convexe; aptère : élytres soudés, obtus; corselet arrondi ; palpes filiformes.

4. *Sépidies* (Fabr.), aptères; élytres embrassant le thorax; corselet anguleux.

5. *Erodies* (Fab. Oliv.), corps ovale, court,

convexe; tête large; élytres soudés, aptères; antennes arquées; les trois derniers articles en masse
obtuse presque perfoliée; antennules courtes; dernier article renflé, obtus.

6. *Pimélie* (Fabr. Oliv.), corps ovale, plus
étroit en devant; corselet court, renflé, arrondi,
rebordé; écusson o; abdomen renflé, embrassé par
les élytres.

7. *Eurychore* (Thunb. Latr.), corps court,
aptère; élytres embrassant l'abdomen; corselet en
nacelle, cilié, écusson o.

8. *Opatre* (Fabr.), corps long, renflé, tête
petite reçue dans le corselet, qui est échancré et
rebordé latéralement.

SERROPALPE (Bosc.), tête penchée obtuse,
yeux alongés; corselet sans rebords, demi-circulaire, cambré; élytres longs.

DIAPÈRES (Geoff.), corps ovale, court, convexe; antennes perfoliées; palpes filiformes.

HYPOPHLÉ (Fabr.), corps long, étroit, peu
convexe; antennes fusiformes.

Les mordelles (21) terminent cette famille.

X° FAMILLE. *Coléoptères à quatre palpes, dont
les antennes sont en forme de fil ou de chapelet,
se renflant quelquefois au bout, et qui ont quatre
articles à tous les doigts.*

Les *cassides* (16), les *chrysomèles* (19) et les
hispes (17), complètent cette famille.

Fabricius a encore distingué dans les chrysomèles :

1°. La *chrysomèle*, proprement dite ; son corps
est ovale, convexe ; ses antennes en chapelet sont
insérées au-devant des yeux, et se terminent en
grossissant.

2°. Les *galéruques* à corselet ridé ; antennes
entre les yeux, et égales par-tout.

3°. Les *altises*, pieds de derrière très-gros, avec
lesquels ils font de grands sauts.

4°. Les *gribouris*, corps cylindrique, et de
même largeur par-tout ; yeux échancrés ; antennes
filiformes.

5°. *Criocères* (Geoff. Fabr.), corselet plus étroit
que les élytres.

6°. *Lupères*, élytres mous ; articles des antennes
plus ou moins alongés.

XIe FAMILLE. *Coléopterès, dont les antennes
sont sétiformes, composées le plus souvent d'articles alongés ; qui ont quatre palpes à la bouche et quatre articles à tous les doigts.*

Les *capricornes* (22) comprennent :

1°. Les *priones* (de Geoff. et de Fabr.), corselet déprimé ; bords latéraux tranchans, den-
telés ou épineux.

2°. Les *saperdes* (Fabr.), corselet lisse, ainsi
que tout le corps, qui est cylindrique.

5°. Les *callides* (Fabr.), corselet globuleux ou circulaire.

4°. *Spondyle* (Fabr.), corps alongé; corselet globuleux.

5°. Les *rhagies* (Fabr.), tête distincte du corselet épineux, par un étranglement quarré; yeux ovales, séparés par les antennes rapprochées.

Les *leptures* (23) sont suivies des *donaces*, dont les yeux sont arrondis et saillans; le corselet étroit, cylindrique; les élytres acuminés.

Les *nécydales* (33) ont les élytres rétrécis et pointus en arrière, et les *molorques* les ont tronqués; plus courts que l'abdomen; leurs ailes sont grandes et étendues. (*Voyez* Fabr.)

XII° FAMILLE. *Coléoptères à antennes filiformes; à six palpes à la bouche, et cinq articles à tous les doigts.*

Les *dytisques* (29), les *gyrins* (7), les *carabes* (28), dont on distrait les *scarites*, qui ont les jambes antérieures palmées; les *cicendèles* (26), distinctes, d'après Fabricius, des *élaphres* à mâchoire inférieure entière tandis qu'elles en ont une trifide, composent cette famille.

XIII° FAMILLE. *Coléoptères, dont les élytres sont beaucoup plus courts que l'abdomen, et*

recouvrent néanmoins entièrement les ailes lorsqu'elles sont repliées.

Les *staphylins* (31) composent cette famille
entière. On les divise en *staphylins*, à antennes
en chapelet; à corps plat, souvent velu; à tête
large, ronde ou quarrée; à palpes filiformes, à lèvre
inférieure 3-fide.

En *pédères*, à palpes maxillaires en massue.

En *oxypores*, à antennes perfoliées; à palpes
labiaux très-grands et en forme de hache.

En *stènes* (Latr.), antennes renflées par le bout;
corps chagriné; tête large; yeux globuleux et
saillans.

ORDRE CINQUIÈME.

*Des insectes pourvus de mâchoire, dont les ailes
se replient sous des élytres mous ou demi-
membraneux, qui ne se joignent point par une
suture exacte.*

ORTHOPTÈRES, Olivier. (ULONATA, Fabr.)

Les genres compris dans cet ordre cinquième
sont les *perce-oreilles* (32), les *blattes* (33), les
mantes (34), et les *sauterelles* (35). Fabricius
divise les sauterelles en *locustes, achètes, cri-
quets, sauterelles* et *truxale*.

LOCUSTE, *LOCUSTA*, (Fabr.) *TETTIGONIA*,
(Linn.), antennes longues, grêles, sétiformes;
pointe double, écailleuse, ensiforme et terminale

de l'abdomen dans les femelles; lèvre supérieure arrondie, inférieure bilobée; extrémité de la mâchoire tridentée; galète, casque, *galea*, à-peu-près cylindrique; doigts à 4 articles.

ACHÈTE, doigts à 3 articles; deux longs stylets velus à la queue.

CRIQUET, *ACRYDIUM* (Fabr.), *BULLA* (Linn.) d'après Cuvier, *ACRYDIUM* (Geoff. Olivier), *GRYLLUS* (Linn. Fabr. selon Latreille). Antennes filiformes; thorax terminé par une pointe plus longue que l'abdomen; lèvre supérieure ronde; l'inférieure 4-fide; mâchoire 2-dentée; *galea* pointu; palpes 4 filiformes; doigts 3-articulés.

SAUTERELLES. Lèvre supérieure échancrée; inférieure 2-lobée; mâchoire bidentée à la pointe.

TRUXALE, *TRUXALIS* (Fabr. Oliv.), *GRYLLUS* (Linn.), *ACRYDA* (Linn.), tête très-inclinée; 3 yeux alongés, petits, lisses.

ORDRE SIXIÈME.

Des insectes sans mâchoires, pourvus d'un bec recourbé sous la poitrine, dont les ailes se replient sous des élytres moitié coriaces, moitié membraneux.

HÉMIPTÈRES (Linn.), *RYNGOTA* (Fabr.).

Les *punaises* (40) diffèrent entr'elles, en ce que les unes ont le corps excessivement plat et comme

membraneux. Ex. les *acanthies* (Fabr.). D'autres
ont les antennes 5-articulées; leur corps est ovale,
arrondi; tels les *cimex* (Fabr.). On en trouve qui
ont aux antennes 4 articles, dont le dernier est
en massue : le corps oblong et les élytres débordés
par l'abdomen. Les corées, *coreus* (Fab.) sont
dans ce cas. Les *lygées*, (*lygeus*, Fabr.) ont 4
articles aux antennes filiformes; corps oblong; le
bec court, recourbé, étroit; les antennes sétiformes ; la longueur des 4 jambes de derrière caractérise les *gerres*, (*gerris*, Fab.). On reconnoît les *hydromètres* de Latreille à leur tête très-
alongée, rétrécie dans son milieu, terminée par
des antennes sétacées de 4 pièces; à leur bec recourbé dans une fente sous la tête, et à leur corps
filiformes. Enfin les *réduves* ont leur bec court,
arqué, et leurs antennes frontales.

Les *nèpes* (39) sont divisées en *ranatres* à corps
long, très-étroit, à abdomen, terminé par deux
soies, dont la réunion forme un canal à l'aide
duquel l'animal respire sans sortir de l'eau; à
antennes fourchues; en *nèpes* à antennes courtes,
hypophtalmes ; bec court conique , incurvé ;
tarses à deux articles; ceux de derrière propres à
la nage; en *naucores*, qui ne diffèrent des précédens que par le corps qui est déprimé. Les *corises*,
sigara (Fabr.), provenant du genre *notonecte* (38),
ont le bec court, strié transversalement , perforé

vers l'extrémité, et les tarses antérieurs en pince ; et les *notonectes* elles-mêmes ont le bec mince, dirigé en arrière ; le corps oblong, convexe, et les élytres séparés par un écusson.

Les différentes espèces de *cigales* (37) donnent les genres *fulgores* à tête pointue et en museau ; à 2 petits yeux lisses ; élytres et ailes en toit : *cigales*, antennes terminées par une soie fine, en avant de 3 yeux lisses sur le milieu du front ; élytres transparens et veinés : *cicadelles*, élytres opaques, 2 yeux sur le sommet de la tête : *membraces*, antennes entre les yeux 2-articulées, et terminées par une soie ; corselet dilaté. Les *thrips* (44), les *pucerons* (41), les *psylles* (42), et les *gallinsectes* (43), sont encore de cet ordre.

ORDRE SEPTIÈME.

Insectes sans mâchoire, pourvus d'une trompe qui se roule en spirale, à quatre ailes, revêtues d'écailles semblables à une poussière fine. LÉPIDOPTÈRES (Linn.), GLOSSATA (Fabr.).

Plusieurs tribus forment le genre papillon (45) ; les *nymphes* sont de la première ; elles sont à ailes dentelées, à pieds de devant courts, cachés et sans doigts. Les *danaïdes*, qui sont de la seconde, ont les ailes rondes édentées et tous les pieds semblables. Dans la troisième, les *parnassiens* se recon-

noissent à leurs ailes rondes sans écailles. Le caractère de la quatrième, des *héliconiens*, est d'avoir
les ailes longues et étroites, celles de devant sur-
tout. Les *guerriers* ont le bord externe de leurs
ailes plus long que le postérieur. Les ailes des *plé-
béiens* sont ou en queue ou rondes. Les *hespéries*
de Fabricius ont les antennes terminées par un
renflement alongé, souvent crochu. Le dernier
article des antennules est nu ou presque nu.

Le genre *sphinx* (46) se subdivise en trois. Les
sphinx, proprement dits, ont les antennes prismatiques en massue; les *sésies* (Fabr.) ont les
antennes cylindriques, la langue alongée, tronquée, et l'anus velu. Les *zygènes* ont les antennes
longues, renflées près du bout; la langue alongée, pointue.   ‚

Les *phalènes* (47) fournissent à Fabricius le
genre *bombyx*; langue courte, charnue; antennes
filiformes dentelées, pectinées ou plumées : le *cos-
sus*, qui n'a aucun vestige de trompe : les *hé-
piales*, qui ont un vestige de trompe, des antennes
courtes en chapelet, et des ailes en toit alongé : les
noctuelles, à antennes longues, sétiformes, et à
trompe cornée. Les *phalènes*, proprement dites,
ont la trompe membraneuse. Les *tordeuses* (*pha-
loena pyralis*), se distinguent par leurs palpes
dilatés dans le milieu. On trouve dans les *trignes*
quatre palpes, deux de chaque côté, dont les antérieurs sont plus longs ; on n'en apperçoit que

deux, souvent bifides dans les *aluoites*; enfin les *ptérophores* ont les ailes digitées et comme plumées. Toutes ces divisions appartiennent à M. Fabricius.

ORDRE HUITIÈME.

Des insectes sans mâchoire, à deux ailes nues, sous lesquelles sont deux balanciers. DIPTÈRES (Linn.), *ANTLIATA* (Fabr.).

Les *tipules* (65), dont le citoyen Bosc a séparé le *kéroplate*, à antennes comprimées, plus larges dans leur milieu et à quatorze articles, et dont les antennules recourbées sont d'un seul article. Ce genre a aussi donné le *scathopse*; antennes en chapelet, palpes non articulés comme ceux des autres tipules. Les *cousins* (66), les *mouches*(72), les *taons* (73), les *empis* (67), les *bombyles* (70), les *conops* (69), les *asiles* (68), les *hippobosques* (71) et les *œstres* (74), complètent cet ordre.

Fabricius a encore divisé les mouches; 1°. en mouches proprement dites qui ont les antennes 3-articulées; le dernier article portant une soie latérale; deux soies placées à la base de la trompe, et l'une devant l'autre, forment leur suçoir: 2°. en *sylphes*, dont le suçoir est de quatre soies: 3°. en *mouches-armées*, à antennes brisées; dernier article fusiforme; trompe courte, palpe 2-articulé, suçoir de deux pièces; écusson 2-ponctué; 4°. en *céries*, à 2 antennes fusiformes portées sur une

tige commune : 5°. en *némotèles,* à antennes comprimées et en fuseau : 6°. en *anthrax ;* antennes
courtes, à 3 articles globuleux, dont le dernier
est en pointe roide ; corps velu, ailes toujours étendues : 7°. en *bibions ;* antennes un peu plus longues
que la tête ; grosses, perfoliées et de 10 articles :
antennules longues, courbées, de 5 articles : 8°. en
rhagion ; antennes moniliformes : dernier article
un peu plus grand, terminé par un poil alongé ;
antennules coniques, avancées, velues ; trompe à
découvert.

Le même Naturaliste a aussi divisé les conops,
1°. en ceux qui ont la gaine coudée à sa base, et
dirigée en avant, et dont les antennes sont longues,
brisées et fusiformes ; 2°. en ceux qui ont la gaine
coudée à sa base, dirigée en avant ; mais les antennes courtes, portant une soie latérale : 3°. enfin,
en conops, dont la gaine est 2-coudée, et l'extrémité dirigée en arrière ; et dont les antennes courtes
portent une soie latérale : les *conops,* proprement
dits, les *stomoxes* et les *myopes* sont les genres dont
les caractères viennent d'être successivement énon-
cés.

ORDRE NEUVIEME.

Insectes sans mâchoire, sans ailes, pourvus de
membres articulés.

Ce dernier ordre ne comprend que les genres
puce (79), pou (78), et *mites* (80).

CINQUIÈME PARTIE.

TERMINOLOGIE BOTANIQUE.

ESQUISSE DE LA PLANTE.

I. THÉORIE.

1°. Le Genre exige un nom *très-choisi*.
Le *caractère* est ou naturel, essentiel ou artificiel.

La classe et l'ordre du *meilleur système*.

Il faut toujours démontrer un ordre naturel.

2°. L'Espèce demande un nom trivial.

La différence spécifique doit être *très-certaine et très-courte*.

La synonymie se fait d'après une description ou une figure choisie.

3°. La Critique comprend l'étymologie du nom *générique* et *spécifique*, le nom de son inventeur, le temps où il vivoit, l'érudition historique, critique et ancienne.

z

II. DESCRIPTION.

§. I. Racine. C'est l'organe qui charie les sucs nourriciers de la plante.

Durée. 1. D'après sa durée, une plante est *annuelle*, si elle meurt dans l'espace d'un an. ☉

2. *Bis-annuelle*, si elle ne végète que deux ans. ♂

3. *Vivace*, si elle reproduit pendant plusieurs années. ♃

Forme et structure. 4. Simple, *simplex*, sans ramifications.

5. Frutiqueuse, *fruticosa*, formée de couches concentriques et solides comme les troncs d'arbres.

6. Fibreuse, *fibrosa*, composée de radicules fibreuses.

7. Rameuse, *ramosa*, sous-divisée en fibres latérales.

8. Fusiforme, *fusiformis*, oblongue, épaisse, atténuée.

9. Mordue, *præmorsa*, sommet tronqué en dehors.

10. Rampante, *repens*, étendue et s'enracinant de côté et d'autre.

11. Articulée, *articulata*, interrompue par des articulations.

12. Dentée, *dentata*, moniliforme, qui, étant articulée, présente à chaque articulation

plusieurs éminences latérales en forme de dent.

13. Globeuse, *globosa*, arrondie, articulations latérales.

14. Tubéreuse, *tuberosa*, charnue, courte, arrondie. Ex. la pomme de terre.

15. Fasciculaire, *fascicularis*, parties charnues, à base sessile, réunies en faisceau.

16. Palmée, *palmata*, à lobes charnus.

17. Bulbeuse, *bulbosa*, munie d'un bulbe ou oignon.

18. Granulée, *granulata*, parsemée de particules charnues.

19. Simple, *simplex*, composée d'une seule fibre.

20. Composée, *composita*, d'un plus grand nombre.

21. Parasite, *parasitica*, qui croît aux dépens d'une autre plante.

22. Filamenteuse, *filamentosa*, formée de fibrilles fines et sétiformes.

23. Chevelue, *comosa*, fibrilles multipliées et ressemblant à des cheveux.

24. Noueuse, *nodosa*, composée de petits corps ronds très-multipliés, réunis comme des grains de chapelet.

25. Rétiforme, *retiformis*, fibrilles disposées en réseau.

Direction. 26. Perpendiculaire, *perpendicularis*, qui s'en‑fonce perpendiculairement dans la terre.

27. Horizontale, *horizontalis*, plus ou moins en‑foncée dans la terre, et dans une direction parallèle à l'horizon.

28. Turbinée, *turbinatá*, contournée en spirale.

29. Flexueuse, *flexuosa*, courbée en plusieurs sens.

§. II. LE TRONC est l'organe qui multiplie la plante.

Les espèces sont la tige, le chaume, la hampe et le stipe.

30. La tige, *caulis*, supporte les feuilles et la fructification.

31. Le chaume, *culmus*, est propre aux grami‑nées.

32. La hampe, *scapus*, .e supporte que le fruit et non les feuilles.

33. Le stipe, *stipes*, est le tronc qui dégénère en feuilles, comme dans les fougères.

Durée. 34. Herbacé, *herbaceus*, annuel (non ligneux).

35. Sous‑frutescent, *suffruticosus*, permanent à sa base, et, chaque année, se dépouillant de ses rameaux.

36. Frutiqueux, *fruticosus*, vivace, avec plu‑sieurs tiges.

37. Arbré, *arboreus*, vivace, tige simple.

38. Solide, *solidus*, texture intérieure très-resserrée.

39. Vide, *inanis*, spongieux intérieurement.

40. Fistuleux, *fistulosus*, tubuleux en dedans.

41. L'étendue se mesure d'après la proportion et l'épaisseur des feuilles et des autres parties.

42. Droit, *erectus*, s'élevant perpendiculairement. *Direction.*

43. Resserré, *strictus*, perpendiculaire, sans courbure.

44. Roide, *rigidus*, impossible à courber.

45. Lâche, *laxus*, facile à fléchir en arc.

46. Oblique, *obliquus*, s'écartant de la ligne perpendiculaire ou horizontale.

47. Ascendant, *ascendens*, arqué en haut.

48. Décliné, *declinatus*, arqué en bas.

49. Penché, *nutans*, sommet réfléchi en dehors.

50. Diffus, *diffusus*, rameaux écartés.

51. Procombant, *procumbens*, tombant sur terre comme par débilité.

52. Stolonifère, *stoloniferus*, qui produit de nouvelles plantes à la racine.

53. Sarmenteux, *sarmentosus*, filiforme, articulations radicantes.

54. Rampant, *repens*, couché sur la terre, et donnant des radicules.

55. Radicant, *radicans*, jetant des racines distinctes de la principale.

56. Géniculé, *geniculatus*, entrecoupé de nœuds.

57. Flexueux, *flexuosus*, formant plusieurs courbures sur un même plan.

58. Grimpant, *scandens*, qui monte très-haut, et se soutient sur les arbres, ou sur tous autres corps voisins.

59. Volubile, *volubilis*, qui se roule en spirale au moyen d'autres corps.

60. *Dextrorsùm*, de droite à gauche, contre le mouvement du soleil.

61. *Sinistrorsùm*, de gauche à droite, dans le même sens que le soleil.

62. Tortueux, *tortuosus*, courbé inégalement en divers sens.

63. Humifuse, *humifusus*, étalé en tous sens sur la terre.

Figure. 64. Térète, *teres*, sans angles.

65. Sémi-térète, *semi-teres*, presque térète d'un côté et plan de l'autre.

66. Comprimé, *compressus*, deux côtés latéraux opposés et plans.

67. Ancipité, *anceps*, deux angles opposés, acutiuscules.

68. Angulé, *angulatus*, creusé longitudinalement de plus de deux angles qui sont de 3 à 10.

69. Acutangle, obtusangle, *acutangulus*, *obtusangulus*, d'après la figure des angles.

70. 3-6gône, *3-6gonus*, 3-6 angles longitudinalement saillans.

71. 3-5quètre, *3-5queter*, 3-5 côtés exactement plans.

72. Cylindrique, *cylindricus*, d'une grosseur à-peu-près égale dans toute sa longueur.

73. Strié, *striatus*, lignes parallèles alternativement élevées, peu saillantes, et peu profondes.

74. Sillonné, *sulcatus*, excavé de lignes parallèles très-profondes.

75. Nu, *nudus*, opposé aux cinq suivans. *Vestiture.*

76. Aphylle, *aphyllus*, sans feuilles.

77. Feuillé, *foliatus*, garni de feuilles.

78. Vaginé, *vaginatus*, environné par des gaines de feuilles.

79. Écailleux, *squammosus*, recouvert de petites écailles.

80. Imbriqué, *imbricatus*, recouvert, en sorte qu'il ne paroît pas nu.

81. Oligophille, *oligophillus*, à une, deux ou trois feuilles.

82. Squarreux, *squarrosus*, garni de parties rapprochées.

83. Subéreux, *suberosus*, écorce extérieure molle, *Surface.* mais élastique.

84. Fendillé, *rimosus*, écorce extérieure se fendant spontanément.

z 4

85. Tuniqué, *tunicatus*, enveloppé de membranes.

86. Lisse, *lævis*, surface égale.

87. Strié, *striatus*, gravé de très-petites lignes.

88. Sillonné, *sulcatus*, creusé plus profondément.

89. Glabre, *glaber*, sans duvet et sans poils.

90. Rude, *scaber*, parsemé de points saillans et durs.

91. Muriqué, *muricatus*, parsemé de points subulés.

92. Tomenteux, *tomentosus*, recouvert de poils courts, très-serrés, formant un tissu drapé.

93. Villeux, *villosus*, couvert de poils mous.

94. Hérissé, *hispidus*, de soies roides.

95. Épineux, *spinosus*, armé d'épines.

96. Aiguillonné, *aculeatus*, armé de pointes ou d'aiguillons.

97. Cuisant, *urens*, parsemé de poils dont la piqûre est brûlante.

98. Stipulé, *stipulatus*, distinct par des stipules.

99. Membraneux, *membranaceus*, applati comme une feuille.

100. Bulbifère, *bulbiferus*, portant des bulbes.

Composition. 101. Énode, *enodis*, sans nœud.

102. Très-simple, *simplicissimus*, presque sans aucuns rameaux.

103. Simple, *simplex*, étendu insensiblement vers la pointe.

104. Articulé, *articulatus*, interrompu par des nœuds.

105. Prolifère, *prolifer*, ne donnant des rameaux que du centre du sommet.

106. Dichotome, *dichotomus*, toujours divisé de deux en deux.

107. Brachié, *brachiatus*, rameaux disposés en croix.

108. Sous-rameux, *sub-ramosus*, bien peu de rameaux latéraux.

109. Rameux, $\begin{cases} ramosus, \\ ramosissimus, \end{cases}$ rameaux plus ou moins nombreux.

110. Vergé, *virgatus*, ramuscules foibles, inégaux.

111. Paniculé, *paniculatus*, rameaux diversement subdivisés.

112. Fastigié, *fastigiatus*, rameaux d'égale hauteur.

113. Ouvert, *patens*, insertion des rameaux à angle aigu.

114. Divariqué, *divaricatus*, rameaux formant un angle obtus par leur écartement.

LES RAMEAUX sont les parties de la tige.

115. Alternes, *alterni*, s'élevant par degrés autour du tronc. Disposition.

116. Distiques, *distichi*, placés à différentes par-

ties du tronc, mais de deux en deux opposés.

117. Épars, *sparsi*, disposés sans ordre certain.

118. Rapprochés, *conferti*, plusieurs cachant presqu'entièrement le tronc.

119. Opposés, *oppositi*, placés par paires en sautoir.

120. Verticillés, *verticillati*, disposés en rayons autour du tronc, qui sert d'axe commun.

121. Élevés, *erecti*, s'élevant presque perpendiculairement.

122. Ramassés, *coarctati*, presque tombant vers le sommet.

123. Divergens, *divergentes*, s'écartant du tronc à angle droit.

124. Divariqués, *divaricati*, — à angles obtus.

125. Défléchis, *deflecti*, recourbés en dehors.

126. Réfléchis, *reflexi*, retombant perpendiculairement.

127. Rétrofléchis, *retroflexi*, réfléchis en arrière.

128. Supportés, *fulcrati*, munis de supports.

Hauteur de la tige,
Longue,
Courte,
Pendante.

§. III. Les feuilles sont les organes du mouvement et de la respiration.

I. Les feuilles peuvent se déterminer autrement que par leur structure.

129. Séminale, *seminale*, qui fut auparavant colytédon, et qui devient la première dans la plante. *Insertion à la plante.*

130. Radicale, *radicale*, fixée à la racine.

131. Caulinaire, *caulinum*, insérée à la tige.

132. Raméolée, *rameum*, — au rameau.

133. Axillaire, *axillare*, — sous la base du rameau.

134. Florale, *florale*, — proche la fleur.

135. Quant au nombre, il y en a 1, 2, 5, peu ou beaucoup.

136. Alternes, *folia alterna*, s'élevant par degrés autour du tronc. *Situation.*

137. Distiques, *disticha* (116).

138. Bifares, *bifaria*, fixées seulement sur deux côtés opposés du rameau.

139. Éparses, *sparsa*; rapprochées, *conferta*.

140. Imbriquées, *imbricata*, qui se recouvrent mutuellement et à moitié.

141. Fasciculées, *fasciculata*, s'élevant plusieurs d'un même point.

142. Binées, *bina*; ternées, *terna*; quaternées,

quaterna, &c. au nombre de deux, trois, quatre ou cinq à chaque articulation.

143. Confluentes, *confluentia*, se réunissant en-tr'elles à la base.

144. Approximées, *approximata*, se rapprochant les unes des autres.

145. Éloignées, *remota*. L'opposé du précédent.

146. Opposées, *opposita* (119).

147. Croisées, *decussata*, tellement disposées que quand on observe le sommet, elles forment quatre rangées.

148. Étoilées, *stellata*, plus de deux feuilles environnant la tige.

Direction. 149. Droite, *folium erectum* (44).

150. Resserrée, *strictum*, s'élevant perpendiculairement sans courbure.

151. Roide, *rigidum*, qui ne peut être fléchie.

152. Apprimée, *appressum*, appliquée contre le disque de la tige.

153. Ouverte, *patens*, fixée sur la tige à angle aigu.

154. Horizontale, *horizontale*, s'écartant de la tige en angle droit.

155. Montante, *assurgens*, élevée en arc, d'abord décliné, puis sommet redressé.

156. Infléchie, *inflexum*, arquée en haut vers le sommet.

157. Réclinée, *reclinatum*, fléchie en dehors,

pour que, le sommet montant, la base devienne un arc.

158. Récurvée, *recurvatum*, recourbée en dehors, pour que l'arc regarde en haut.

159. Roulée, *revolutum*, contournée en spire.

160. Pendante, *dependens*, regardant directement la terre.

161. Oblique, *obliquum*, regardant le ciel par sa base, et l'horizon par son sommet.

162. Retournée, *obversum*, côté supérieur regardant le midi ou le soleil, et non le ciel.

163. Verticale, *verticale*, contournée de manière que la région de la base soit plus étroite que celle du sommet.

164. Résupinée, *resupinatum*, la face supérieure étant devenue inférieure, et l'inférieure la supérieure.

165. Submergée, *submersum*, cachée sous la surface de l'eau.

166. Nageante, *natans*, placée sur la surface de l'eau.

167. Radicante, *radicans*, produisant des racines.

168. Pétiolée, *petiolatum*, pétiole inséré à sa base. *Insertion.*

169. Peltée, *peltatum*, pétiole inséré au disque de la feuille.

170. Sessile, *sessile*, fixée immédiatement à la tige, sans pétiole.

171. Adnée, *adnatum*, feuillet supérieur annexé à la base du rameau.

172. Connée, *coadunata*, réunies plusieurs en- tr'elles.

173. Décurrente, *decurrens*, base de la feuille se prolongeant sur la tige.

174. Amplexicaule, *amplexicaule*, qui environne la base de la tige.

175. Perfoliée, *perfoliatum*, base environnant transversalement la tige, sans se déchirer en devant.

176. Vaginante, *vaginans*, dont la base forme un tube qui enveloppe la tige.

Structure et figure. 177. Sous-orbiculaire, *sub-rotundum*, figure presqu'orbiculée.

178. Orbiculée, *orbiculatum*, périphérie arron- die (tous les diamètres égaux).

179. Ovée, *ovatum*, diamètre longitudinal plus long que le transversal, base circonscrite par un segment de cercle, et pointe étroite.

180. Ovale, *ovale*, oblongue, chaque extrémité également arrondie.

181. Parabolique, *parabolicum*, rondeur insensi- blement plus étroite vers le sommet.

182. Cunéiforme, *cuneiforme*, insensiblement rétrécie vers sa base.

183. Spatulée, *spatulatum*, obronde, base plus
 étroite, linéaire.

184. Arrondie, *rotundatum*, sans angles.

185. Lancéolée, *lanceolatum*, oblongue, chaque
 extrémité amincie.

186. Elliptique, *ellipticum*, lancéolée, de la largeur d'une feuille ovée.

187. Linéaire, *lineare*, même largeur par-tout.

188. Acéreuse, *acerosum*, linéaire persistante, à
 forme d'épingle.

189. Entière, *integrum*, indivise, et sans aucune *Angles.*
 sinuosité.

190. 3 et 4-angulaire, *3 et 4-angulare*, &c. à 3
 et 4 angles, &c.

191. Deltoïde, *deltoïdeum*, rhombe à 4 angles,
 dont les latéraux sont moins éloignés de la
 base que les 2 autres.

192. Rhomboïde, *rhombeum*, figure d'un rhombe.

193. Trapéziforme, *trapeziforme*, figurant un
 trapèze.

194. Cordée, *cordatum*, sous-ovée, base sinuée *Sinuosités.*
 profondément et sans angles postérieurs.

195. Réniforme, *reniforme*, presque ronde, base
 sinuée et sans angles postérieurs.

196. Lunulée, *lunatum*, obronde, base sinuée,
 angles postérieurs aigus.

197. Sagittée, *sagittatum*, triangulaire, angles postérieurs aigus, sinués.

198. Hastée, *hastatum*, sagittée, angles postérieurs-sinués et saillans sur les côtés.

199. Roncinée, *runcinatum*, pinnatifide, de manière que les lobes convexes en devant, sont transversalement en arrière. Ex. *léontodon*.

200. Panduriforme, *panduriforme*, oblongue, côtés rétrécis en bas.

201. Fendue, *fissum*, divisée par des sinus linéaires ; bords droits.

202. Lobée, *lobatum*, divisée jusqu'à moitié en parties distantes ; *bilobée, trilobée*, &c.

203. Bifide, trifide, *bifidum, trifidum*, selon le nombre des fissures.

204. Partagée, *partitum*, presque divisée jusqu'à la base en 3-4-5, &c.

205. Palmée, *palmatum*, divisée au-delà de sa moitié en lobes presqu'égaux.

206. Lyrée, *lyratum*, divisée transversalement en lanières, dont les inférieures plus petites sont aussi plus écartées.

207. Pinnatifide, *pinnatifidum*, divisée transversalement en lanières horizontales oblongues.

208. Sinuée, *sinuatum*, sinuosités dilatées et grandes.

209. Laciniée, *laciniatum*, divisée en parties différentes et indéterminées.

210.

210. Squarreuse, *squarrosum*, divisée en lacinies ou *lanières* élevées et non parallèles.

211. Très-entière, *integerrimum*, bord linéaire sans la moindre division. *Bord.*

212. Crénée, *crenatum*, bord divisé par des coupures qui ne regardent pas les extrémités.

213. Serretée, *serratum*, toutes les incisures dirigées vers l'extrémité.

214. Ciliée, *ciliatum*, bord muni de soies parallèles, disposées longitudinalement.

215. Dentée, *dentatum*, bord dont les échancrures sont saillantes et écartées.

216. Épineuse, *spinosum*, armée de piquans subulés.

217. Cartilagineuse, *cartilagineum*, bord presqu'osseux.

218. Rampante, *repandum*, bord flexueux et cependant applani.

219. Lacérée, *lacerum*, divisions variées et segmens difformes.

220. Érodée, *erosum*, sinuée ; sinuosités très-petites, obtuses et lacinies inégales.

221. Dédalée, *dædaleum*, flexueuse et lacérée.

222. Obtuse, *obtusum*, terminée entre un seg- *Sommet.* ment de cercle.

223. Émarginée, *emarginatum*, terminée par une crène.

A²

224. Émoussée, *retusum*, sinus obtus et peu profond au sommet.

225. Mordue, *præmorsum*, incisures du sommet
obtuses et inégales.

226. Tronquée, *truncatum*, sommité coupée par
une ligne transversale.

227. Aiguë, *acutum*, à angle aigu.

228. Cuspidée , *cuspidatum* , pointe sétacée et
roide.

229. Mucronée, *mucronatum*, pointe persistante.

230. Vrillée, *cirrhosum*, portant une vrille.

Surface. Le dessus regarde ordinairement le ciel, et le
dessous la terre.

231. Nue, *nudum*, sans soies ni poils.

232. Glabre, *glabrum*, sans duvet; lisse.

233. Luisante, *nitidum*.

234. Lucide, *lucidum*, comme transparente.

235. Colorée, *coloratum*, d'une autre couleur que
la verte.

236. Nerveuse, *nervosum*, par des vaisseaux très-
simples qui se portent de la base au sommet.

237. Trinerve, *trinerve*, trois nervures au-dessus
de la base. *Triplinerve*, trinervée.

238. Énervée, *enerve*, sans nervures.

239. Linéée, *lineatum*, nervures déprimées.

240. Striée, *striatum*, légèrement gravée de lignes parallèles.

241. Sillonnée, *sulcatum*, profondément gravée, &c.

242. Veineuse, *venosum*, diversement vasculaire.

243. Rugueuse, *rugosum*, couverte de rides.

244. Bullée, *bullatum*, face supérieure ridée par de petites éminences obtuses concaves à la face inférieure.

245. Lacuneuse, *lacunosum*, lacunes et vides remarquables.

246. Aveine, *avene*, sans veines.

247. Ponctuée, *punctatum*, parsemée de points creux.

248. Mamelonnée, *papillosum*, couverte de papilles charnues.

249. Papuleuse, *papulosum*, garnie de petites vésicules.

250. Visqueuse, *viscidum*, enduite d'une humeur visqueuse.

251. Villeuse, *villosum*, à poils mous.

252. Tomenteuse, *tomentosum*, tissue de poils entrelacés et non distincts.

253. Satinée, *sericeum*, couverte de poils affaissés et très-mous.

254. Laineuse, *lanatum*, revêtue d'une espèce de toile d'araignée (poils recourbés spontanément).

A a 2

255. Barbue, *barbatum*, garnie de poils parallèles.

256. Poilue, *pilosum*, dont les poils sont distincts et alongés.

257. Raboteuse, *scabrum*, hérissée de points saillans et rudes.

258. Hérissée, *hispidum*, soies roides.

259. Aiguillonnée, *aculeatum*, armée de pointes ou d'aiguillons.

260. Strigueuse, *strigosum*, aiguillons lancéolés et roides.

Expansion. 261. Plane, *planum*, surface égale.

262. Canaliculée, *canaliculatum*, creusée en dessus d'un sillon longitudinal et profond.

263. Concave, *concavum*, bord relevé et milieu déprimé.

264. Convexe, *convexum*, bord plus déprimé, milieu élevé.

265. Capuchon (en), *cucullatum*, côtés connivens vers la base, et dilatés au sommet.

266. Plicée, *plicatum*, disque alternativement flexueux au moyen de plis aigus.

267. Ondée, *undatum*, disque alternativement flexueux par des plis obtus.

268. Crêpue, *crispum*, bord tellement flexueux que le disque devient plus long que le rachis.

269. Membraneuse, *membranaceum*, substance Substance. propre de la feuille.

270. Scarieuse, *scariosum*, sèche, aride, sonore au toucher.

271. Gibbeuse, *gibbum*, surface convexe de chaque côté à l'aide d'une pulpe plus abondante.

272. Térète, *teres*, presque cylindrique.

273. Déprimée, *depressum*, pulpeuse ; disque plus applani que les côtés.

274. Comprimée, *compressum*, pulpeuse ; côtés plus applanis que le disque.

275. Carénée, *carinatum*, partie déclive du disque, saillante en longueur.

276. Compacte, *compactum*, substance solide.

277. Tubuleuse, *tubulosum*, concave ou vide intérieurement.

278. Pulpeuse, *pulposum*, formée d'une matière tenace.

279. Charnue, *carnosum*, remplie intérieurement d'une pulpe presque solide.

280. Triquètre, *triquetrum*, trois côtés longitudinaux dans une feuille subulée.

281. Double, *anceps*, deux angles saillans en longueur; disque plus convexe.

282. Lingulée, *lingulatum*, linéaire, charnue, convexe en dessous.

283. Ensiforme, *ensiforme*, double, atténuée insensiblement de la base au sommet.

284. Subulée, *subulatum*, linéaire à la base, atténuée au sommet.

285. Acinaciforme, *acinaciforme*, comprimée, charnue, un bord convexe étroit, l'autre plus droit, plus épais.

286. En doloir, *dolabriforme*, comprimée, sous-arrondie, gibbeuse en dehors, sommet aigu, térétiuscule en bas.

Etendue. 287. Très-courte et très-longue respectivement à la tige ou aux articulations.

Durée. 288. Tombante, *deciduum*, qui ne dure qu'un été.

289. Caduque, *caducum*, qui tombe bientôt, et qui ne passe pas l'été.

290. Persistante, *persistens*, qui survit à l'été.

291. Vivace, *perenne*, qui conserve sa verdure pendant quelques années.

292. Toujours verte, *sempervirens*, pendant toutes les saisons de l'année.

Composition. 293. Composée d'un pétiole qui porte plus d'une feuille.

294. Articulée, *articulatum*, feuille croissant sur le sommet d'une autre.

295. Conjuguée, *conjugatum*, pinnée seulement de deux folioles latérales.

296. Digitée, *digitatum*, pétiole simple soutenant des folioles à son sommet.

297. Binée, *binatum*, digitée, terminée par deux folioles. *Ternée, quaternée, quinée.*

298. Pédiaire, *pedatum*, pétiole bifide supportant plusieurs folioles par son côté interne seulement.

299. Ailée, *pinnatum*, pétiole simple, plusieurs folioles fixées sur ses côtés.

300. Bi-tri-quadrijuguée, *2-3-4-jugum*, pinnée, mais seulement avec 4 folioles.

301. Ailée avec une impaire, *cum impari pinnatum*, terminée par une seule foliole (impaire).

302. Ailée brusquement (*abrupte*), sans vrille et sans foliole terminale.

303. Vrillée, *cirrhosum*, terminée par une vrille.

304. *A feuilles opposées*, alternes, interrompues par de petites folioles.

305. *Décurrentes*, dont les folioles décourent sur le pétiole.

306. Bigéminée, *bigeminum*, pétiole dichotome dont le sommet donne attache à plusieurs folioles.

307. Biternée, *biternatum*, doublement ternée.

308. Bipinnée, *bipinnatum*, deux fois ailée.

309. Tergéminée, *tergeminum*, trois fois double. *3-surcomposées.*
310. Triternée, *triternatum*, trois fois ternée.

311. Tripinnée, *tripinnatum*, trois fois ailée. ·

§. IV. LES SUPPORTS sont des appuis propres à
     soutenir plus commodément une plante.

312. Le pétiole, *petiolus*, soutient la feuille.

313. La stipule, *stipula*, est une écaille qui se
     remarque à la base des pétioles naissans.

314. La vrille, *cirrhus*, est un lien filiforme, spi-
     ré, au moyen duquel une plante se fixe à un
     autre corps.

315. Le duvet, *pubes*, est tout le velouté d'une
     plante.

316. Les armes, *arma*, sont des pointes qui écar-
     tent les animaux et les empêchent de blesser
     une plante.

317. Bractée, *bractea*, feuille florale, par son
     aspect différente des autres feuilles.

318. Pédoncule, *pedunculus*, c'est ce qui sou-
     tient la fructification.

I. PÉTIOLE.

Figure. 319. Linéaire; ailé ou dilaté par les côtés (*alatus*).

320. Clavé, *clavatus*, épaissi vers son sommet.

321. Membraneux, *membranaceus*, à surface
     plane.

322. Térète, sémi-térète, triquètre, canaliculé.

Grandeur. 323. Très-court, n'atteignant pas encore une
     grande partie de la longueur de la feuille.

324. Court, n'étant pas de la même longueur.

325. Médiocre, de la longueur de la feuille.

326. Le long est celui qui la surpasse.

327. Le très-long la surpasse quelquefois.

328. Inséré, *insertus*, fixé perpendiculairement *Insertion.* au rameau.

329. Adné, décurrent, amplexicaule.

330. Appendiculé, *appendiculatus*, rameaux foliacés à la base.

331. Droit, ouvert, élevé, récurvé. *Direction.*

332. Glabre, aiguillonné, nu, articulé. *Surface.*

333. Spinescent, *spinescens*, endurci et piquant.

II. STIPULES.

334. Doubles, *geminæ*, deux à deux par paire.

335. Solitaires, *solitariæ*, simples, éparses.

336. Nulles, *nullæ*, s'il n'y en a point.

337. Latérales, *laterales*, placées sur les côtés.

338. Extrafoliacées, *extrafoliaceæ*, placées entre la feuille.

339. Intrafoliacées, *intrafoliaceæ*, au-dessus de la feuille.

340. Opposées aux feuilles, *oppositifoliæ*, placées sur le côté opposé de la feuille.

341. Caduques, et tombantes.

342. Persistantes, restantes après la défoliation.

343. Spinescentes, sessiles, adnées, décurrentes, vaginantes, subulées, lancéolées, sagittées, lunées, droites, écartées, réfléchies, très-entières, serretées, ciliées, dentées, fendues, très-courtes, médiocres et longues, si on considère leur longueur avec celle du pétiole.

III. VRILLE, *CIRRHUS*.

344. Axillaire, foliaire, *foliaris*, fixée à la feuille.
345. Pétiolaire, *petiolaris*, — au pétiole.
346. Pédonculaire, *peduncularis*, — au pédoncule.
347. Simple, *simplex*, indivise.
348. Trifide, multifide, divisée en trois ou plusieurs parties.
349. Roulée, *convolutus*, contournée en anneaux.
350. Révolutée, *revolutus*, spire retournée à moitié.

IV. DUVET, *PUBES*.

351. Poils, *pili*, conduits sétacés et excréteurs de la plante.
352. Laine, *lana*, poils courbés et épais.
353. Barbe, *barba*, poils parallèles.
354. Draperie, *tomentum*, poils tissus, à peine visibles.
355. Striges, *strigæ*, poils rigidiuscules et planiuscules.

356. Soies, *setæ*, poils rigidiuscules, térétius-
cules.

357. Simples, étendues longitudinalement.

358. Courbées en hameçon, *hamosæ*, adhérentes
facilement aux animaux.

359. Rameuses, *ramosæ*, sous-divisées en petits
rameaux.

560. Plumeuses, *plumosæ*, villeuses, composées.

361. Étoilées, *stellatæ*, disposées en sautoir.

562. Hameçons, *hami*, pointes acuminées, recourbées.

363. Poils doubles, glochides, *glochides*, pointes
multidentées en arrière du sommet.

364. Glandule, *glandula*, papille qui excrète une
humeur.

365. Utricule, *utriculus*, vaisseau gorgé de liqueur sécrétée.

366. Foliacé, pétiolaire, stipulaire.

367. Calycine, insérée au calice.

V. Armes, *arma*.

(*a*) 368. Piquans, *aculei*, pointe piquante
fixée seulement à l'écorce de la plante.

369. Droits, incurvés, recourbés.

(*b*) 570. Fourche, *furca*, piquans divisés en
deux. Bifide, trifide, &c.

(*c*) 371. Épine, *spina*, pointe formée par un
prolongement du bois.

572. Terminale, axillaire, calycine, foliaire, simple, divisée.

(*d*) 373. Stimulans, *stimuli*, piquans produisant des cuissons inflammatoires qui occasionnent des démangeaisons dans la partie blessée.

374. Piquans, brûlans.

VI. BRACTÉES, *BRACTEÆ*. (Feuilles)

375. Colorées, caduques, tombantes, persistantes.
576. *Nombre* 1-2-3-4, &c.
577. Chevelure, *coma*, bractées terminales d'une tige, d'une grandeur extraordinaire.
378. On peut encore rapporter aux bractées ce qui concerne les feuilles *séminales* et *tripinnées*.

VII. PÉDONCULE, *PEDUNCULUS*.

379. Partiel, *partialis*, portant quelques-unes des fleurs d'un pédoncule commun.
380. Commun, *communis*, à plusieurs fleurs.
581. Pédicelle, *pedicellus*, propre aux fleurs dans le pédoncule commun.
382. Radical, caulinaire, rameux, pétiolaire, cirrhifère, terminal, axillaire, opposé aux feuilles, latériflore.
383. Suprafoliacé, *suprafoliaceus*, placé sur la superficie d'une feuille.

584. Intra et extra foliacé, alterne, épars, opposé, verticillé.

585. Solitaire, double.

586. Ombelle sessile, plusieurs pédoncules partant d'un même centre par un égal contour.

587. Apprimé, droit, ouvert.

588. Courbé, sommet regardant la terre.

589. Résupiné, décliné, penché.

590. Flasque, *flaccidus*, foible, et entraîné par le propre poids de la fleur.

591. Ascendant, pendant, lâche, se portant en dehors avec sa feuille.

592. Serreté, flexueux, recourbé d'une fleur à l'autre.

593. Court, très-court, long, très-long.

594. D'après le nombre des fleurs, il est 1-2-3-et multiflore.

595. Térète, triquètre, tétragône.

596. Filiforme, épaisseur égale par-tout.

597. Atténué, perdant peu-à-peu son épaisseur vers le sommet.

598. Clavé, épaissi, *incrassatus*, devenant peu à peu plus gros au sommet.

599. Squammeux, nu, folié, bracté, genouillé, articulé.

§. V. L'INFLORESCENCE est la manière dont les fleurs sont fixées au pédoncule de la plante : elle a lieu par des modifications graduées.

400. Le poinçon, *spadix*, est le réceptacle du palmier ; il naît renfermé dans un ou plusieurs spathes, et il est divisé en rameaux qui fructifient.

401. La cime, *cyma*, est un réceptacle dans lequel les pédoncules communs partent d'un même point ; tandis que les partiels naissent de points différens ; il est alongé de manière que ces pédoncules forment un faisceau.

402. L'ombelle, *umbella*, est un réceptacle commun, alongé en pédoncules filiformes proportionnés, et partant d'un même centre.

403. Une fleur est agrégée, lorsque le réceptacle est dilaté, et les fleurons sous-pédonculés.

404. Elle est composée, lorsque le réceptacle dilaté est entier, et les fleurons sessiles.

405. Épi, *spica*, fleurs sessiles, alternes, et fixées sur un pédoncule commun.

406. Chaton, *amentum*, réceptacle commun, paléacé et luisant.

407. Cône, *strobilus*, amentacé, garni d'écailles endurcies.

408. Corymbe, *corymbus*, en épi, chaque fleur ayant un pédoncule propre, et d'une élévation proportionnelle.

409. Grappe, *racemus*, pédoncule muni de rameaux latéraux.

410. Panicule, *panicula*, fleurs éparses, pédoncules diversement divisés.

411. Bouquet, *thyrsus*, panicule rétrécie en forme ovale.

412. Faisceau, *fasciculus*, réunion de fleurs droites, parallèles, fastigiées, rapprochées.

413. Chapeau, *capitulum*, plusieurs fleurs réunies en globe.

414. Verticille, *verticillus*, tige embrassée par un anneau de plusieurs fleurs.

415. Latériflore, *lateriflora*, plusieurs fleurs fixées sur le même côté de la tige.

FLEURS.

416. Terminales, latérales, éparses, sessiles, pédonculées.

417. Fleur unique, *unicus*, plante qui ne donne qu'une fleur.

418. Solitaire, ternée.

419. Fleurs abondantes, *copiosi*, fleurs dont le nombre est indéterminé, situées ou au sommet de chaque rameau, ou à leurs articulations seulement.

420. Droites, penchées, pendantes, résupinées, verticales, horizontales.

VERTICILLE.

421. Sessile, sans pédicelles manifestes ; pédon-culé, nu.

422. Involucré, *involucratus*, muni d'un involucre. Bracté.

423. Serré, *confertus*, pédoncules rapprochés.

424. Distant, *distans*, pédoncules écartés.

CHAPEAU, *CAPITULUM*.

425. Presque rond, globeux, arrondi de toutes parts.

426. Dimidié, *dimidiatum*, arrondi d'une part, et applani de l'autre.

427. Feuillu, *foliosum*, fleurs entremêlées de feuilles ; nu, fasciculé.

ÉPI, *SPICA*.

428. Simple, sans divisions.

429. Composé, plusieurs épis fixés sur un même pédoncule.

430. Gloméré, *glomerata*, réunion de plusieurs épis.

431. Ové, ventru, *ventricosa*, renflé sur les cô-tés, cylindrique.

432. Interrompu, *interrupta*, petits épis alternes et distans.

433. Imbriqué, articulé, rameux ou diversement divisé, linéaire, cilié, foliacé.

434.

434. Chevelu, *comosa*, terminé par des folioles.

CORYMBE, *CORYMBUS*.

435. Simple, lorsque chaque fleur a son pédoncule propre.

436. Composé, lorsque chaque fleur est munie d'un pédicelle porté sur un pédoncule commun.

BOUQUET, *THYRSUS*. Nu, folié garni de feuilles.

GRAPPE, *RACEMUS*.

437. Simple, indivise.

438. Composée, divisée en plusieurs.

439. Unilatérale, *unilateralis*, dont toutes les fleurs ne sont que d'un côté.

440. *Secundus*, unilatérale, lorsque les fleurs sont penchées du même côté.

441. Pédée, conjuguée, droite, lâche, pendante, nue, foliée.

PANICULE, *PANICULA*.

V. Structure du tronc, p. 356.

§. VI. LA FRUCTIFICATION est la partie temporaire des végétaux employée à la génération.

442. Simple, lorsqu'il n'est besoin que d'un petit nombre de fleurs.

443. Composée, si plusieurs fleurons y concourent.

I. Le calice, *CALYX*, est la plus extérieure des parties intégrantes de la fleur.

444. Le périanthe, *perianthium*, est un calice contigu à la fructification.

445. Il est celui de la *fructification*, lorsqu'il renferme les étamines et le germe.

446. — De la *fleur*, s'il contient seulement les étamines.

447. — Du *fruit*, s'il contient le germe sans les étamines.

448. Le périanthe propre appartient à chaque fleur.

449. Il est monophylle, *monophyllum*, d'une seule feuille.

450. Di, tri, et tetraphyllum, de 2, 3, 4 feuilles.

451. Polyphylle, *polyphyllum*, de plusieurs feuilles.

452. A 2-5 fissures.

453. A 2-5 divisions, entier.

454. Sa figure est tubuleuse, ouverte, réfléchie, enflée ou vésiculaire ; globeuse, clavée ou en massue ; droite.

D'après ses proportions, il est :

455. Raccourci, *abbreviatum*, lorsqu'il n'est pas de la longueur du tube ; long, &c.

456. Si l'on considère son sommet, on l'observe

,obtus, aigu, épineux, aiguillonné, acuminé, ou tronqué par un seul denticule.

457. On le dit *égal*, quand toutes les échancrures
sont de la même grandeur et de la même
hauteur.

458. Inégal, lorsqu'on en trouve quelques-unes
plus petites.

459. A feuilles alternes plus courtes.

460. Labié, *labiatum*, échancrures irrégulières,
lambeaux écartés comme deux lèvres.

461. Le bord est ou très-entier, serreté ou cilié.

462. Il peut encore être relatif à la surface des
feuilles et à la situation du germe.

463. Dans ce dernier cas, on le dit supère, *superum*, si le germe est sous le réceptacle, ou
infère, *inferum*, s'il est au-dessus.

464. En considérant sa durée, il est caduc, s'il
tombe dès le premier développement de la
fleur; tombant, *deciduum*, s'il disparoît
avec la corolle; et persistant, *persistens*,
s'il est besoin que le fruit parvienne jusqu'à
maturité parfaite pour qu'il tombe.

465. On appelle *commun* tout périanthe qui contient un grand nombre de fleurs réunies.

466. Imbriqué, celui qui est formé de différentes
écailles super-imposées.

467. Squarreux, celui dont les écailles sont étalées.

468. Turbiné, celui qui est conique, mais tourné en spirale.

469. Caliculé, *caliculatum*, celui dont le calice est environné à sa base par un autre plus petit.

470. L'*involucre* est un calice éloigné de la fleur.

471. L'universel, *universale*, est au-dessous de l'ombelle générale.

472. Le partiel, *partiale*, situé au-dessous d'une ombelle partielle.

473. Le propre, *proprium*, est celui de chaque fleur.

474. Le mono-di-tri et tetraphyllum, à une, 2, 3 et 4 feuilles.

BALE, *GLUMA*, calice des graminées, formé de deux valves embrassantes.

Le Professeur Richard observe avec raison que ces plantes n'ont ni calice ni corolle ; et que les écailles de la bâle ne sont que des *bractées ou bractéoles embrassantes*, analogues à celles de plusieurs autres *monocotyledonnées*. V. Dict. élém. de Bot. par Bull. édit. de Richard, *in-8°*, au mot BALE.

475. Uniflore, *uniflora*, qui n'embrasse qu'une fleur.

476. Bi-multi-flore, *bi-multi-flora*, qui en renferme plusieurs.

477. Univalve, *univalvis*, à une seule écaille.

478. Bivalve, *bivalvis*, à deux écailles.

479. Multivalve, *multivalvis*, qui en a plus de deux. Colorée, glabre, hérissée.

L'ARÊTE, *ARISTA*, est ce filet grêle, sec, subulé, plus ou moins roide, fixé à la base, au dos ou au sommet des écailles ou des paillettes florales des graminées.

480. Mutique, *mutica*, sans piquant et obtuse à son sommet.

481. Terminale, *terminalis*, fixée au sommet de la bâle ou glocum.

482. Dorsale, *dorsalis*, imposée sur son côté extérieur.

483. Droite, *recta*, s'élevant perpendiculairement.

484. Torse, *tortilis*, torse comme une corde. Géniculée, récurvée.

CHATON, *AMENTUM*.

485. Écailleux, nu.

486. SPATHE, *SPATHA*, membrane adhérente à la tige, ouverte de bas en haut, et d'un seul côté; ordinairement d'une seule pièce.

487. Univalve, *univalvis*, ouvert d'un seul côté.

488. Dimidié, *dimidiata*, fructification enveloppée seulement par le côté inférieur.

489. Bivalve, *bivalvis*, fendu des deux côtés.

COIFFE, *CALYPTRA*. Enveloppe qui sert de
calice aux mousses, imposée sur l'anthère
en forme de capuchon.

490. Droite, *recta*, égale de toutes parts.

491. Oblique, *obliqua*, inclinée de l'un ou de
l'autre côté.

VOLVA, calice membraneux des fongus.

492. Rapproché, *approximata*, du chapeau.

493. Très-éloigné, *remotissima*, du chapeau.

II. COROLLE, *COROLLA*, c'est cette enveloppe de
la fleur, qui rarement nue, et presque toujours
recouverte par le calice, est une continuité du
liber.

494. LE PÉTALE, *PETALUM*, est cette partie de
la corolle divisée en plusieurs autres.

495. LE TUBE, *TUBUS*, est la partie inférieure
d'une corolle monopétale.

496. L'onglet, *unguis*, est la partie fixée au réceptacle, et qui termine intérieurement une
corolle polypétale.

497. On appelle limbe, *limbus*, la partie supérieure et dilatée d'une corolle monopétale.

498. La lame, *lamina*, est la partie supérieure d'une corolle polypétale.

499. Les pétales sont au nombre de 1, 2 et plus.

500. Les échancrures, *laciniæ*, ou lanières, sont au nombre de 2-5 dans les monopétales, rarement dans les polypétales.

501. Une corolle est égale, *œqualis*, lorsque toutes ses parties sont d'une figure, d'une grandeur et d'une proportion égales.

502. Régulière, *regularis*, synonymes.

503. Irrégulière, *irregularis*, le contraire des précédentes.

504. Inégale, *inæqualis*, lorsque toutes les parties, quoique proportionnées, ne se répondent pas par l'étendue.

505. Sa figure est globeuse, campanulée, *campanulata*; c'est-à-dire, ventrue et sans tube.

506. Infondibuliforme, *infundibuliformis*, conique, surmontée d'un tube.

507. Hypocratériforme, *hypocrateriformis*, plane et tubulée.

508. En roue, *rotata*, plane et sans tube.

509. Cyathiforme, *cyathiformis*, tube peu dilaté en haut.

510. Urcéolée, *urceolata*, sous-globeuse, gibbeuse, ouverte à son sommet.

511. Ringente, *ringens*, irrégulière et à deux lèvres écartées.

512. Le casque d'une corolle ringente est la lèvre supérieure, et souvent on prend pour lèvre inférieure d'une fleur ringente le mot lèvre pris simplement (1).

513. La gorge, *faux*, est l'écartement qui s'observe entre les lanières de la corolle, où se termine le tube (dans les monopétales).

514. Elle est fermée, *clausa*, lorsque de petites écailles se rapprochent en voûte.

515. Rétrécie, *coarctata*, plus étroite que le tube.

516. Couronnée, *coronata*, rétrécie par des éminences ou des tubercules.

517. Nue, *nuda*, égale ou plus ample que le tube.

518. La gueule, *rictus*, est l'espace qui sépare les deux lèvres.

519. Personnée, *personata*, ringente, mais fermée par une espèce de palais entre les lèvres.

520. En croix, *cruciata*, ouverte au moyen de 4 pétales égaux.

---

(1) Le C. Ventenat dit que Forster entend par corolle labiée, celle dont les lèvres sont rapprochées, et qu'il réserve le nom de *ringente*, à celle dont les deux lèvres sont écartées. Pour admettre cette distinction, il faudroit, selon ce botaniste célèbre, que Linnæus n'eût pas employé souvent le mot ringente, pour désigner des corolles labiées, dont les lèvres sont très-rapprochées, comme dans les mufliers. Jussieu, ajoute-t-il, n'a jamais employé, dans son *genera*, l'expression de corolle ringente. (*Voyez* Principes de Botanique, un vol. in-8°. p. 116.)

521. Ouverte, *patens*, lames tombant sur l'onglet à angle aigu.

522. Papillonnacée , *papilionacea*, irrégulière ; pétale inférieur cymbiforme (*carène, carina.*) Le supérieur montant (*étendard, vexillum*); côtés isolés (*les ailes, alæ*).

523. Rosacée, *rosacea*, pétales concaves disposés en anneau, ondulée, plicée, révolutée.

524. Contournée, *torta*, inclinée d'un côté.

525. Ses *bords* sont crénés, serretés, ciliés.

526. Sa *surface* est villeuse, tomenteuse, soyeuse, poilue, aigrettée, imberbe, barbue, &c.

527. Relativement à ses proportions avec le calice, elle est très-longue, très-courte, &c.

528. Sa *situation* est ou supère ou infère.

529. Eu égard à sa durée, on la nomme caduque, si elle ne persiste que jusqu'au développement de la fleur, pour tomber ensuite.

530. Tombante, si elle disparoît avec la fleur.

531. Persistante, si elle persiste jusqu'à la maturité du fruit ;

532. Et marcescente, si, en persistant, elle se dessèche.

533. Une corolle composée , *composita*, est for- *Composition.* mée de plusieurs fleurons entre un périanthe commun et au-dessus d'un réceptacle commun.

534. Ligulée, *ligulata*, dont les petites corolles

des fleurons sont planes vers le côté extérieur.

535. Tubuleuse, *tubulosa*, toutes les petites corolles des fleurons tubuleuses et presqu'égales.

536. Radiée, *radiata*, corolle du disque tubuleuse; et celles de la circonférence difformes
et ligulées.

537. *La couleur d'une corolle* peut être blanche,
pourprée, violacée, bleue, verte, jaune,
orangée, rouge, noire, brune, d'un blanc
jaunâtre, d'hyacinthe, d'un jaune pâle, sa-
franée, très-noire, fuligineuse, spadicée et
ocracée ; et de tous ces mots, on en fait des
composés. Ainsi on dit : Couleur d'un blanc
et d'un pourpré de *rose ;* d'un vert et d'un
pourpre *olivacé ;* &c.

538. Le NECTAIRE, *NECTARIUM*, est cette partie
propre qui porte le miel de la fleur.

539. Propre, *proprium*, distinct des pétales et des
autres parties.

540. Éperonné, *calcaratum*, se terminant en tube
incurvé, fermé à son sommet.

541. Singulier, *singulare*, d'une structure différente de celle des autres parties de la fleur.

542. En couronne, *coronans*, formant une couronne foliacée dans la corolle.

543. Pétalin, *petalinum*, inséré au pétale.

544. Calycinal, *calycinum*, inséré au calice.

545. Staminal, *stamineum*, inséré aux anthères ou à leurs filamens.

546. Pistillacé, *pistillaceum*, fixé au germe.

547. Réceptaculacé, *receptaculaceum*, — au réceptacle.

III. L'ÉTAMINE, *STAMEN*, est l'organe dans lequel se prépare la poussière fécondante.

548. Le filament, *filamentum*, est la partie qui élève l'anthère, ou à laquelle celle-ci est adnée. (Organe génital mâle.)

549. Le *nombre* varie depuis 1-1000, d'où la base des classes du systême.

550. Si l'on considère sa *figure*, on le trouvera capillaire, *capillare*, de l'épaisseur d'un cheveu.

551. Applani, *planum*, parallèle, d'une égale surface, cunéiforme.

552. Spiral, montant comme une spire; subulé. Émarginé, réfléchi, à 2-3-9 lanières; légèrement denté.

553. Mutilé, *mutilatum*, ne formant que le rudiment d'un filament.

554. Castré, *castratum*, dépourvu d'anthères, ou n'en portant qu'une stérile.

555. Son *insertion* peut être opposée au calice; c'est-à-dire, à ses folioles ou segmens.

Alterne,

A la corolle, (*corolline.*)

Au calice, (*calicine.*)

Au réceptacle, (*réceptaculacée.*)

Au nectaire, (*nectarine.*)

Au style, (*gynandre.*)

556. Lorsque les filamens conservent entr'eux la même longueur, on les dit égaux.

557. Inégaux, dans le cas contraire.

558. Ils sont connés, *connata*, s'ils sont réunis en faisceau.

559. Très-longs, s'ils excèdent la longueur de la corolle.

560. Très-courts, s'ils sont beaucoup plus courts qu'elle.

561. De la longueur de la corolle, lorsque la proportion est égale.

562. De la longueur du calice, &c.

563. Leur *surface* est velue ou villeuse, poilue, &c.

564. Leur *structure*, nectarifère, membraneuse.

565. Quant à leur direction, ils sont dressés, ouverts, armés, connivens, réfléchis, déclinés, infléchis, flasques, relevés, montans, récurvés, incurvés, &c.

566. L'ANTHÈRE, *ANTHERA*, est cette partie de la fleur qui représente une petite bourse remplie de poussière qui s'échappe lorsqu'elle est en maturité.

567. Le *nombre* est relatif aux filamens.

568. Elle est *simple*, si elle existe seule sur un filament.

569. Elle est *composée*, si deux, trois, cinq, n'ont qu'un seul filament qui les supporte.

570. On appelle leur *figure*, oblongue, globeuse, sagittée, angulée, 4-angulée, cornue et bicornue; linéaire, aiguë, acutiuscule, cordée, ovée, hastée, bilobée, réniforme, bifide, bipartie, ronde, arêtée, *aristata*, lorsque le sommet se termine par une arête; terminée par une soie, ou par un bec filiforme, *rostrata*, tronquée, obtuse, émarginée, acuminée, fourchue.

571. Dressée, roide, ouverte, élevée, infléchie, *Direction* penchée, déclinée, pendante, incurvée, connivente, spirée.

572. Sessile, versatile, *versatilis*, incombante, *Insertion*. (attachée sur le milieu du filet, *Linn.*) mais non roide.

573. Adnée, distinctes, *distinctœ antherœ*, séparées les unes des autres.

574. Connées, *connatœ*, plusieurs réunies en une.

575. Cylindracées, *cylindraceœ*, en cylindre ou tube égal.

576. Tubulées; enchaînées, *concatenatœ*, en anneau.

577. Cohérentes, *cohærentes*, par leur base oú leur sommet.

578. Latérales, totalement unies au filament par un côté.

Substance. 579. Anthère membranacée , déprimée, velue , comprimée, convexe, plane, sillonnée transversalement ou longitudinalement, subulée.

580. Bilamellée, *bilamellata*, à double membrane.

Étendue. 581. Anthère plus longue ou plus courte que les filamens.

582. — que la corolle.

583. De la longueur de la corolle, du filament, &c.

584. Égale, inégale.

585. Très-longue, beaucoup plus que les filamens.

586. Très-courte, plus que les filamens.

Lieu. 587. Anthère recouverte par une écaille velue de la voûte qu'on observe dans les plantes à feuilles rudes.

588. Incluse, *inclusa*, située entre la gorge.

589. Nue, *nuda*, ni recouverte, ni incluse.

Loges et ouverture, *loculi et apertura.*

590. Anthère uni-loculaire, bi-loculaire, &c. bivalve.

591. Didyme, *didyma*, si, comme dans la mercuriale, le bouleau et le buis, elle est for-

mée de deux globes rapprochés l'un contre l'autre.

592. Stérile, *sterilis*, dépourvue de poussière.

593. Déflorée, *deflorata*, dont la poussière fécondante s'est échappée avant l'évolution de la fleur.

594. Féconde, *fœcunda*, gonflée par la poussière, s'ouvrant et se déchirant de bas en haut dans l'*epimedium*, latéralement dans le *leucoium*, et, par le sommet, dans les *solanum*.

595. Sur le sommet, le côté ou la base des filamens. *Situation.*

596. Sur la corolle, le nectaire, le pistil ou le réceptacle.

597. La poussière fécondante, *pollen*, est la réunion de petits globules dans lesquels est contenu le fluide spermatique. Exposés à l'humidité, ils se rompent diversement, et éjaculent une liqueur immiscible à l'eau, et seule propre à féconder le germe.

(*Voyez* les Expér. de B. Jussieu, de Duhamel et de Bulliard.)

Le globe qui contient immédiatement le fluide est échiné, perforé, didyme, en roue, denté, angulé, réniforme. Ex. *philira convoluta*.

598. IV. Le pistil est l'organe adhérent au fruit, pour la réception de la poussière (organe génital femelle).

599. Le *germe* est la partie inférieure du pistil; il renferme les embryons des semences, de même que les organes qui concourent à leur nutrition.

On en compte depuis 1-5, et davantage.

600. Sa figure le montre arrondi, ové, oblong, turbiné, conique, linéaire, cordé, globeux, fendu, 2-3-4-fide, 2-3-4-parti; angulé, tétragône, didyme, comprimé, aigu, rostré, tubulé.

Surface. 601. Rude, velue, imbriquée.

Insertion. 602. Le germe est infère, *inferum*, s'il est enfoui dans le calice de manière à faire corps avec lui en tout ou en partie, comme dans la fleur du pommier, du leucoïum : il est supère, *superum*, lorsqu'élevé au-dessus du calice il n'adhère nullement à cet organe. Ex. les fleurs du cerisier.

Ventenat dit que toutes les fois que le germe est multiple, il n'est jamais inférieur, et il ajoute :

« D'après la définition du germe supérieur et » du germe inférieur, on doit conclure que le » germe est réellement inférieur dans les circons-
» tances

» tances où les Botanistes l'appellent semi-infé-
» rieur, comme dans le tamnus. La position du
» genre seroit plus facile à reconnoître pour ceux
» qui commencent l'étude de la Botanique, si, à
» l'expression de germe supérieur, on substituoit
» celle de germe libre, et si, à celle de germe
» inférieur, semi-inférieur, qui annoncent éga-
» lement le germe engagé en tout ou en partie dans
» le calice, on substituoit celle de germe adhérent.
» En adoptant ce changement, on emploieroit des
» expressions dont le sens seroit fixe et déter-
» miné ». (*Principes de Botan.* pag. 129-30.)

603. Le pistil est ou pédicellé, ou sessile; et son
    étendue peut être moindre que celle de la
    corolle, ou de la longueur des étamines, du
    calice, du nectaire.

604. Le *style* est ce filet qui supporte le stigmate
    et l'éloigne du germe. Le nombre varie de-
    puis 1-12 et plus. Dans le systême sexuel, il
    sert de base aux ordres. Si on le compare aux
    étamines, il est très-long, très-court, de la
    même longueur, et plus ou moins épais.

605. On le divise en style simple, 2-3-4-5-fide,
    dichotôme, &c.

606. D'après sa figure, en cylindrique ou térète,
    et tubuleux; filiforme, capillaire, clavé,
    subulé, ailé, tétragône, ensiforme, pubes-
    cent, villeux.

607. Sa *situation* et sa *direction* sont toujours comparables avec les étamines.

608. Ainsi il est dressé, ouvert, arqué, connivent, réfléchi, décliné, infléchi, flasque, relevé, montant, récurvé, incurvé, spiral, &c.

609. Souvent il termine l'ovaire ou le germe, d'autres fois il lui est supérieur ou inférieur; et dans les polyandres périgynes de Juss., qui sont les icosandres de Linné, dont le germe est multiple, les styles sont latéraux.

610. Quant à sa *durée*, le style est tombant, si sa chute a lieu après la fécondation; et persistant, s'il subsiste après la fécondation et surmonte le fruit, comme dans les *géraines*, &c.

611. Le *stigmate* forme le sommet du pistil; il est constamment humide.

612. On en compte 1, 2, 3, 4, 5, et plus.
    Il est simple, fendu, 2-3- et multifide, parti 2-6, lobé, 2-6 et multilobé.

613. Sa figure est capitée, ou en tête, s'il est terminé par une espèce de globe, globeuse, conique, ovée, obtuse, tronquée, obliquement déprimée, émarginée, plane, réniforme, orbiculée, peltée, coroniforme, cruciforme, étoilée, oncinée, ou à sommet recourbé en crochet.

614. Elle est encore canaliculée, concave, ombi-

liquée, *stigma umbilicatum*, surface concave orbiculée.

615. Plissée et rayonnée, *radiatum*, remarquable
par des stries disposées en rayons divergens
du centre à la circonférence; angulée, striée,
plumeuse, pubescente, filiforme, capillaire,
roulée, inclinée à gauche, barbue, imberbe.

616. Son étendue se détermine d'après sa compa-
raison avec le style.

617. D'après son expansion, le stigmate se trouve
frangé et crêpu, foliacé, en capuchon.

618. Il est aussi persistant ou marcescent.

V. 619. PÉRICARPE. C'est cet organe de la plante
renfermant les semences, et qu'il dépose
lorsqu'elles sont en maturité.

620. La *capsule* est un péricarpe creux qui s'ouvre d'une manière déterminée.

621. Sa *figure* est turbinée, enflée, globeuse, didyme.

622. Scrotiforme, *scrotiformis*, capsule élevée
par deux nodosités.

623. Cylindrique, colomnaire, ovée, arrondie,
oblongue, obcordée, obtuse, acuminée,
ventrue ou oblongue et très-convexe, comprimée, membraneuse, triquètre, tétragône;
à 3-4 sillons, à 3-4 lobes.

624. Couronnée, *coronata*, folioles disposées en
couronnes par leur sommet.

625. Articulée, coriace, *coriacea*, dure comme du cuir.

626. Charnue, *carnosa*, structure ressemblant à de la chair.

627. Ligneuse, *lignosa*.

628. La valvule, *valvula*, est la paroi qui recouvre extérieurement le fruit, et d'après le nombre de ces valvules, les capsules sont 2-valves, 3-valves, 4-valves, &c.

629. La *loge*, *loculamentum*, est un espace distinct et creux pour recevoir les semences. Les capsules sont, d'après leur nombre, 2-3-4 loculaires, &c.

630. La cloison, *dissepimentum*, est la paroi qui divise l'intérieur d'un péricarpe en plusieurs loges. Les siliques en sont des exemples.

631. Capsule bicapsulaire, du nombre des capsules.

632. Biloculaire, — deux loges.

633. Tricoque, *tricocca*, capsules à trois nœuds saillans, dont l'intérieur présente trois loges distinctes.

Didyme.

634. Silique, *siliqua*, péricarpe à deux valves, semences attachées le long des deux sutures opposées, ou réunion des valves.

635. Comprimée; toruleuse, *torulosa*, alternativement renflée et rétrécie; articulée.

636. La cloison d'une silique est parallèle, lorsque, par sa longueur et son diamètre transversal, elle s'approche des valvules.

637. Elle est transversale, si les valvules rétrécies deviennent concaves.

638. La silicule, *silicula*, est arrondie ; son sommet est muni d'un style souvent aussi long qu'elle.

639. La silique (dans le sens le plus strict) est très-longue, et à peine munie d'aucun style remarquable.

640. Le légume, *legumen*, est un péricarpe bivalve ayant ses semences fixées à un côté de la suture seulement.

641. Rond, ové, oblong, linéaire, rhomboïdal, *Figure.* lunulé, obtus, acuminé, émoussé, mucroné, veiné et réticulé, variqueux, strié, velu, tuberculé, rude, applani, membraneux, feuillé.

642. Diaphane, *diaphanum*, transmettant les rayons.

643. Coriace, gibbeux, térète, lumineux, térétiuscule, cylindrique, ailé, comprimé.

644. Noueux, *nodosum*, parsemé de nodosités.

645. Enflé, *turgidum*, mais non creux comme une vessie.

646. Moniliforme, *moniliforme*, dont les saillies sont disposées sur une même ligne.

647. Farci, *farctum*, d'une substance pulpeuse ou charnue.

648. Pulpeux, charnu, ligneux, subulé.

649. En faulx, *falcatum*, comprimé, subulé, et recourbé, sessile, pédicellé, droit, serré, roide, montant, incurvé, arqué, réfléchi, infléchi, révolu.

650. Par son *étendue*, le légume est :

$$
\left.
\begin{array}{l}
\text{Très-long,}\\
\text{Long,}\\
\text{Très-grand,}\\
\text{Très-petit,}\\
\text{Très-large,}
\end{array}
\right\}
\text{respectivement à la corolle.}
$$

Structure. 651. Articulé ; à une et deux loges, disposées longitudinalement à l'intérieur.

652. Évalve, sans valve aucune ; bivalve.

653. Enfin, divisé et distinct en dedans par plusieurs loges transversales.

654. Le follicule, *folliculus*, est un péricarpe sec, univalve, qui s'ouvre longitudinalement d'un seul côté, comme dans le laurier rose, l'asclépias ; et les semences ne lui sont point adhérentes.

655. Le drupe, *drupa*, est un péricarpe charnu, sans valve, renfermant un noyau. Le fruit du prunier, du cerisier, du noyer, de l'amandier, &c. en sont des exemples nombreux.

656. Il est succulent, *succulenta*, s'il contient beaucoup de sucs.

657. Il est sec, *sicca*, s'il n'en contient aucun.

658. La pomme, *pomum*, est un péricarpe charnu sans valves, qui environne une capsule divisée en plusieurs loges membraneuses qui contiennent des semences appelées pepins, dont l'enveloppe est coriace, comme la poire, la pomme.

659. Elle est oblongue, ovée, sous-arrondie, sous-globeuse; à plusieurs loges.

660. La baie, *bacca*, péricarpe mou dans sa maturité, sans valves; pulpe succulente renfermant une ou plusieurs semences à nu; comme dans le raisin et la groseille. Quelquefois ce péricarpe est, comme dans la framboise, la mûre, formé par plusieurs petites baies rassemblées et portées par un réceptacle commun.

661. Le cône, *strobilus*, péricarpe formé d'un même chaton et de plusieurs écailles endurcies, sous chacune desquelles on trouve une ou deux semences anguleuses, et ordinairement garnies d'une membrane ou d'une espèce d'aile, comme dans le sapin.

662. La figure du cône et des écailles est encore à décrire.

VI. Semence, *semen*, rudiment d'une nouvelle plante.

663. On en compte 1-2-12 et plus.

664. Elles sont arrondies, ovées, oblongues, scro-biformes, filiformes, turbinées, clavées, an-gulées, cyliudriques, triquètres, en épingle, térètes, elliptiques, lunulées, cordées, réni-formes, orbiculées, globeuses, arillées, pla-nes, arrondies d'un côté et planes de l'autre, arrondies d'un côté et anguleuses de l'autre, comprimées, gibbeuses, ailées, acuminées, obtuses, rostrées, redressées, à bords mem-braneux, émarginées, caudées, carénées.

665. Elles sont à 2-3 et plusieurs loges.

666. Leur *surface* est luisante, glabre, rude, ru-gueuse, striée, sillonnée, hérissée, velue, laineuse, tuniquée, *tunicata superficies*.

667. Leur *substance* est fongueuse, charnue, pa-léacée, coriace, en baie, cartilagineuse, osseuse.

668. L'ombilic, *hilum*, hile, est la cicatrice exté-rieure d'une semence qui résulte de son atta-che dans le fruit.

669. L'embryon, *corculum*, est le principe d'une nouvelle plante dans une semence.

670. La plumule, *plumula*, est cette partie écail-leuse et montante de l'embryon.

671. La radicule, *rostellum*, est le rudiment de la racine ; c'est la partie inférieure et extérieure de l'embryon.

672. La couronne, *corona*, termine la semence en haut en forme de petit calice.

673. L'aigrette, *pappus*, couronne pennacée, ou poilue, voltigeante.

674. Stipitée, *stipitatus*, élevée et unie à la semence au moyen d'un fil.

675. Capillaire, *capillaris*.

676. Plumeuse, *plumosus*, formée de poils pennés.

677. Queue, *cauda*, fil terminant la semence.

678. Hameçon, *hamus*, poil qui la fixe sur les animaux.

679. Calicule, *caliculus*, enveloppe propre de la semence.

680. Noix, *nux*, semence recouverte d'une enveloppe osseuse.

681. A deux, trois loges, &c.

682. Noyau, *nucleus*, semence renfermée dans une noix.

683. Arille, *arillus*, tunique propre extérieure de la semence, dont la chute est spontanée.

684. Aile, *ala*, membrane fixée à la semence, et qui la rend propre à être emportée par le vent.

685. Propagine, *propago*, semence décortiquée des mousses.

VII. RÉCEPTACLE, *RECEPTACULUM*, base sur laquelle sont attachées les parties de la fructification.

686. *De la fructification*, commun à la fleur et au fruit.

687. *De la fleur*, base sur laquelle les parties de la fleur sont fixées sans le germe.

688. *Du fruit*, base pour le fruit, et éloignée du réceptacle de la fleur.

689. *Propre*, contenant seulement les parties d'une fructification. Exemple, la rose, l'œillet, &c.

690. *Commun*, contenant plusieurs fleurs et leur fruit.

691. Ponctué, *punctatum*, garni de points creusés; poilu.

692. Paléacé, *paleaceum*, garni d'espèces de paillettes, comme dans les soleils.

693. Nu, plan, convexe, conique, térète, atténué vers le sommet, subulé.

694. *Fleur composée*, réceptacle entier, dilaté, fleurons sessiles.

695. Agrégée, *aggregatus*, réceptacle dilaté, fleurons sous-pétiolés.

696. Ombelle, *umbella*, réceptacle dont le centre est commun, et alongé en pédoncules filiformes proportionnés.

697. Simple, tous les pédoncules élevés sur un même réceptacle.

698. Composée, tous les pédoncules surmontés d'autres ombellules.

699. Les pédoncules des fleurs de la carotte, &c. partent tous d'un même point, d'où ils divergent ensuite comme les rayons d'un parasol : l'ensemble se nomme ombelle générale, *universalis*. L'extrémité d'un rayon de l'ombelle générale forme encore un assemblage de petits rayons figurés de même, et que l'on nomme partielle, *partialis*, ou ombellule. D'où il résulte que l'ombelle composée rassemble ces deux dernières espèces.

700. Prolifère, *prolifera*, ombelle plus que décomposée. Concave, fastigiée, convexe, dressée, penchée.

701. La cime, *cima*. L'*hieracium cimosum* a ses fleurs portées sur des pédoncules fastigiés; les inférieurs partent du même centre, les supérieurs divergent; d'où vient le nom de *fleurs en cime*.

702. Bractéifère, et nue.

703. Rachis, *rachis*, rafle. Axe ou support commun de plusieurs fleurs disposées en long, et particulièrement en épi.

704. Spadix, *spadix*, pédoncule simple ou rameux renfermé dans un spathe, et qui porte

les fleurs. Le réceptacle du palmier en est
un exemple.

705. Uniflore, multiflore, simple, rameux.

III. PORT, *HABITUS.*

706. §. I. LA GEMMATION, *GEMMATIO*, est le
principe de la plante, ou son abri avant son
développement.

I. 707. LE BULBE, *BULBUS*, est un corps tendre,
succulent, de figure arrondie, ou ovale,
formé de tuniques concentriques, et terminé
inférieurement par une portion charnue qui
donne les racines.

708. Solide, charnu en dedans, et non divisé.

709. Tuniqué, bulbe formé de plusieurs couches
qui se recouvrent. Écailleux, caulinaire.

II. 710. BOUTON, *GEMMA*, abri de la plante formé
par le principe des feuilles futures.

711. Par son origine, il est pétiolaire, stipulaire,
cortical, s'il est formé d'écailles, de stipules,
de pétioles ou de feuilles.

712. Eu égard à ce qu'il renferme, il est foliaire,
floral; commun, s'il ne contient que des
feuilles, des fleurs, ou l'une et l'autre à-la-
fois.

§. II. VERNATION ou foliation, arrangement respectif des rudimens des feuilles dans le bouton.

713. Conduplicative, *conduplicativa*, côtés des feuilles rapprochées parallèlement.

714. Convolutive, *convolutiva*, rudimens des feuilles, roulés en cylindre ou en cornet, et se recouvrant mutuellement.

715. Involutive, *involutiva*, côtés tournés de part et d'autre en spirale vers le dessus de la feuille.

716. Révolutive, *revolutiva*, côtés tournés en spirale vers la face interne.

717. Imbricative, *imbricativa*, rudimens des feuilles disposés en étoile, et tombant alternativement les uns sur les autres.

718. Équitante, *equitans*, se réunissant par les bords dans une situation opposée, de manière que l'une renferme l'autre.

719. Obvolutive, *obvolutiva*, bords rapprochés en dessus, de sorte qu'un côté distingue l'autre feuille.

720. Plicative, *plicata*, feuilles représentant différens plis.

721. Circinale, *circinalis*, feuille rétrécie en spire transversale, en sorte que le sommet se porte vers le centre. Les fougères en sont des exemples.

§. III. ÆSTIVATION, *ÆSTIVATIO*.

Roulée, imbriquée, condoublée, valvée, iné-quivalvée.

§. IV. On entend par *torsion* la direction des parties vers un côté ; elle est conforme, difforme, à droite, à gauche, réciproque, résupinée, lorsque la lèvre supérieure de la corolle regarde la terre, et l'inférieure le ciel.

Roulée transversalement, *circinale*.

§. V. La *variation* signifie le changement d'une plante, produit par une cause accidentelle dépendante elle-même du *climat*, du *sol*, de la *couleur*, du *vent*, de la *culture*.

La *couleur* d'une fleur varie du rouge au blanc, du bleu au blanc, du jaune au blanc, du blanc au pourpre, du bleu au jaune, et du rouge au bleu.

Celle des *feuilles* peut être tachetée de blanc.

Celle des *semences*, mêlée de taches noires et blanches.

Celle de la *racine*, violette et marbrée, &c.

La *grandeur*
de la plante,
de la racine,
de la fleur,
des feuilles,
du fruit,

} dépend du lieu, du sol, du climat et de la culture.

Les plantes varient encore sous les rapports de la *pubescence*, qui comprend :

Les poils, le duvet, les soies, les glandes, les piquans, &c.

Sous les rapports de l'*âge*, on entend parler des feuilles, de la tige et de l'écorce.

Les tiges, considérées *extérieurement*, sont plissées, lorsque les rameaux sont tellement entortillés, qu'ils représentent un nid semblable au *plica polonica*.

En *faisceau*, lorsque plusieurs tiges sont réunies en une large, comprimée, fasciculée.

Les feuilles considérées de même, sont larges, *latifolia*, lorsqu'il naît des plantes laciniées et petites, plusieurs folioles et des lanières.

Elles sont petites, *tenuifolia*, lorsque de larges feuilles sont fendues en lanières et en folioles étroites.

Les supports sont émoussés, *mutica*, lorsque les épines, le duvet et les aiguillons laissent la tige ou les autres parties mutilées.

Les parties internes de la fructification sont :

Mutilées, lorsque la fleur ne consiste pas dans la formation de la corolle, mais dans la perfection du fruit et des semences.

Grandiflores, lorsque les corolles ont une grandeur extraordinaire.

Multipliées, lorsque la corolle est formée d'une triple, quadruple série de pétales, et les étamines parfaites.

Pleines, si les pétales augmentent aux dépens des étamines, ou si les étamines dégénèrent en pétales.

Prolifères, si une fleur naît entre une autre (souvent pleine).

Feuillues, lorsqu'elles sont accompagnées de beaucoup de feuillages.

Crêtées, *cristata*.

Vivipares, dont les rudimens du germe s'accroissent en feuilles.

Bulbigères, le rudiment du germe croissant en un bulbe.

§. VI. ORGANES GÉNITAUX DES PLANTES, *SPONSALIA*.

La *fleur mâle* contient seulement les anthères ;

La *fleur femelle*, les stigmates ;

L'*hermaphrodite*, les anthères et les stigmates ;

L'*androgyne* s'entend des plantes qui contiennent les mâles et les femelles.

Monoëcie.

§. VII. LA SÉMINATION, *SEMINATIO*, est la dispersion des semences sur la terre après leur maturité.

Elle s'opère, par la force de l'air, par les vents impétueux,

impétueux, par les flots et les vagues de la mer, le cours des fleuves, à l'aide des torrens formés par la pluie : il est en outre plusieurs animaux qui les dispersent. Mais cette sémination est aidée, par une *queue* laineuse de la semence, par une *aile* membraneuse, une *aigrette* plumeuse et poilue, afin que les semences puissent voltiger plus facilement, en augmentant ainsi de volume et non de pesanteur.

Souvent cette sémination est encore aidée par un *hameçon* acuminé, recourbé; par un *gluten* dont la graine est enduite; enfin, par une certaine incurvation, afin que les semences puissent de cette manière adhérer aux animaux, et être dispersées dans d'autres lieux.

Il existe encore un avantage dans la *baccation* du péricarpe, dont la pulpe aide la sémination.

Dans son *inflation*, parce que le volume la rend plus légère.

Dans sa *viscosité*, qui la fixe aux animaux.

Dans son *élasticité*, qui fait qu'en se brisant avec une certaine force, les semences sont poussées au loin.

§. VIII. La PLACENTATION est la disposition des cotylédons avant ou pendant la germination.

Les plantes DICOTYLÉDONES sont celles dont les semences ont deux cotylédons, comme on l'observe dans le haricot et dans plusieurs autres végétaux.

On donne le nom de *cotylédons* à deux corps charnus, convexes à l'extérieur, et appliqués l'un contre l'autre à l'intérieur, et ne se tenant réellement que par un point commun.

Les plantes ACOTYLÉDONES sont celles qui n'ont pas de cotylédons, comme les champignons. On rapporte ici les *monocotylédones*, parce qu'elles ne sont pas de la même nature que les cotylédones; car elles ne persistent pas dans la semence.

Les plantes *propaginées* sont les mousses;
— *perforées*, les graminées;
— *unilatérales*, les palmiers;
— réduites, *reductœ*, les oignons.

POLYCOTYLÉDONES.

Selon Ventenat, il n'existe pas de plantes polycotylédones. A. L. Jussieu a observé que, dans le pin et les autres conifères, regardés par quelques Botanistes comme polycotylédones, l'embryon étoit simplement à deux lobes partagés en découpures linéaires qui imitent un verticille polyphylle. *Principes de Bot.* p. 151 (1).

---

(1) Dantur paucissimæ plantæ *polycotyledones* immeritò dictæ, quarum semina duobus instruuntur lobis multipartitis ac palmatis verticillum simul mentientibus ut in pino infrà observatur. Class. 15, ord. 5, p. 411, 415. (LÉVEILLÉ.)

IV. STATION, *STATIO.*

§. I. CLIMAT.

| Sous les rapports de longitude et de latitude des lieux; | Boréal, Oriental, Austral, Occidental, Indien. | Sous le rapport de l'élévation au-dessus de la surface de la mer; | Marin, De la Méditerranée, Des Alpes. |

§. II. SOL. (*Voyez* p. 41.)

§. III. TERRE.

L'humus est formé de végétaux et d'animaux putréfiés, *dædala.*

L'argile est une terre à base alumineuse, *plastica.*

La *craie,* formée de mollusques et de vers, *absorbens.*

Le *sable, arena,* d'eau et d'acide de spath, *dura.*

Parasitique, de particules réunies dans les creux d'arbres, sur les rochers, &c.

V. LE TEMPS.

§. I. LA GERMINATION est le temps où les semences confiées à la terre en sortent, lorsque les cotylédons sont développés.

Elle se compte par jours, par mois, par un ou deux ans.

§. II. LA FEUILLAISON, *FRONDESCENTIA.* C'est
le temps où chaque espèce de plante se revêt de
ses premières feuilles.

Le printemps, *vernatio*, est l'époque de leur
développement.

Il est précoce, égal, tardif.

L'automne, *autumnatio*, est l'époque de la
chute des feuilles.

Elle est précoce, lente, tardive.

§. III. LE CALENDRIER, *CALENDARIUM*, *flores.*

Le *printemps* est l'époque de la germination,
où les plantes confiées au sein de la terre s'élèvent
en cotylédons, dans chaque climat particulier.

C'est aussi le temps de la feuillaison et celui de
la fleuraison.

L'*été* est le temps de la grossification, où après
la fleuraison le germe devient volumineux.

Lors de la *maturité*, le fruit ne croît plus; il
commence à mûrir.

On appelle *moisson* la récolte des fruits mûrs.

L'*automne* est l'époque de l'exfoliation, où les
plantes peuvent être facilement transplantées d'un
sol dans un autre. C'est dans cette saison qu'a lieu
la chute des feuilles, la congélation dans les régions boréales et antarctiques, qui réduit d'abord
l'eau en glace.

L'*hiver* est cette saison qui indique la nécessité de préserver du froid les plantes bisannuelles et vivaces.

La *glace* annonce le fort de l'hiver.

La *regélation* annonce le retour du soleil qui adoucit le froid, et qui est remplacé par une nouvelle gelée.

§. IV. L'HORLOGE de Flore, *HOROLOGIUM Floræ.*

Les *veilles* sont les heures du jour où les fleurs sont constantes à s'ouvrir, à s'épanouir et à se fermer.

On les nomme *météoriques*, si l'heure de leur épanouissement n'est pas exactement la même; s'il a lieu plutôt ou plus tard en raison de l'ombre, de l'air humide ou sec, et de la plus ou moins grande pression de l'atmosphère.

Les *tropiques* appartiennent aux fleurs qui s'ouvrent le matin et se ferment le soir, et dont l'heure de l'épanouissement et de la réclusion s'accélère en proportion du jour, *et vice versá.*

Les veilles *équinoxiales* s'observent dans les plantes dont l'heure de l'épanouissement et de la réclusion est fixe, constante, et indépendante de l'accroissement ou du décroissement des jours.

On distingue les heures, en celles de l'ouverture et en celles de la réclusion.

§. V. LE SOMMEIL, *SOMNUS*, est cet état des plantes, où les feuilles, où les fleurs sont rappro-chées, sur-tout la nuit.

Il est connivent, enfermant, défendant, condu-plicant, roulant, divergent, dépendant, renver-sant, imbriquant.

§. VI. Eu égard à leur DURÉE, les plantes sont :

Caduques, sensibles, *sensiles ;* perpétuelles, *perpetui.*

Les fleurs sont éphémères, *ephemeri ;* de trois jours, *tridui;* et d'un mois, *menstrui.*

Les fruits sont précoces, tardifs, annuels.

VI. QUALITÉ, *QUALITAS*.

§. I. L'ODEUR affecte les nerfs olfactifs. Elle ressemble à celle de l'ambroisie, de la fraise, des aromates, du bouc : elle est orgastique, nido-reuse, insupportable, nauséabonde, vireuse.

§. II. LA SAVEUR, *SAPOR*, affecte les fibrilles de la langue. Aqueuse, sèche, acide, amère, grasse, styptique, douce, âcre, muqueuse, salée.

§. III. LA COULEUR est la réflexion des rayons du soleil sur la surface de la plante ou d'une par-tie, et variée eu raison de cette surface.

Elle est *blanche*, si tous les rayons sont réfléchis;

Noire, s'ils sont absorbés.

Pourpre,	Très-réfractée, elle devient :
	Violette, si elle tient le milieu entre les couleurs pourpre et bleue, et si
Bleue,	elle résulte de leur mélange.
	Verte, qui est le milieu entre le bleu
Jaune,	et le jaune.
	Orangée, entre le jaune et le rouge.
Rouge,	Nullement réfractée.

Toutes les autres couleurs dépendent de six principales, de leur intensité, de leur saturation et de leur expansion.

Les *principales* sont :	L'*intense* ou *vive*,	La *couleur sa-turée* ou *aus-tère*,	*Etendue* et *foible*,
Le blanc,	Est nivée (*ni-veus*).	Est nette (*can-didus*).	Laiteuse (*lac-teus*).
Le noir,	Obscure (*fur-vus*).	Forte (*ater*).	Fuligineuse.
Le pourpre,	Hyacinthine.	Hysginie. Azurée (*cya-neus*).	Rosée (*roseus*).
Le bleu,	Sapphirine.	Safranée (*cro-ceus*).	Céleste.
Le jaune,	Flave (*flavus*).		Sulfurée (*sul-phureus*).
Et le rouge.	Écarlate (*coc-cineus*).	Sanguine, san-guineus.	Miniée (*minia-tus*).

Couleurs résultantes du mélange des principales.

Violette,	Chalybée.	Ianthine (*ian-thinus*).	Améthyste (*amethystinus*).
Verte,	Smaragdine, (*smaragdinus*).	Glauque.	Vert de poi-reau (*prasinus*).
Orangée,	Flammée.	Fauve.	Paillée (*gil-vus*).
Cendrée,	Nicane.	Plombée.	Livide.
Brune.	Spadicée.	Baie (*badius*).	Ocracée.

Il seroit inutile de faire une plus longue énumération ; car il est difficile de trouver un nom propre à désigner chacune de ces couleurs.

§. III. Tact, *Tactus*.

Humide, aride, tomenteux, luisant, succulent (*succosus*), scarieux, charnu, membraneux, visqueux, rude.

§. IV. Étendue, *mensura*, linéaire, de la longueur de la lunule depuis la racine de l'ongle jusqu'à l'onglet lui-même.

Onguiculaire, *unguicularis*, de la longueur de l'onglet.

Pollicaire, *pollicaris*, de la longueur de la dernière articulation du pouce.

Palmaire, *palmaris*, de l'étendue transversale de la main.

Spithamale, *spithamalis*, de la longueur de l'espace compris entre le pouce et l'indicateur étendus (7 à 8 pouces).

Dodrantale, *dodrantalis*, — entre le pouce et le sommet du petit doigt étendus.

Pédale, *pedalis*, depuis la courbure du coude jusqu'à la base du gros orteil.

Orgyale, *orgyalis*, de la longueur de l'homme.

VII. USAGE, *USUS*.

§. I. NATUREL. Économie de la nature ; sa manière d'être, sympathique ou antipathique.

PAN, des mammaux domestiques phytiphages.

PANDORE, *PANDORA*, des insectes.

§. II. ARTIFICIEL.

De cuisine, CULINAIRE; racines, légumes, fruits.

Officinal, simples ou préparés.

Le prix et le lieu.

Médical, propriétés, usages.

Économique, instrumental, pastoral; teinture et culture.

> Les moissons,
>
> Marché,
>
> Officinal,
>
> Pépinière, fruitier.
>
> Pomone,
>
> Pâturages.

VIII. CARACTÈRES DES CLASSES

1. *Monandrie*..... étamine 1.
2. *Diandrie*....... .... 2.
3. *Triandrie*...... .... 3.
4. *Tétrandrie*..... .... 4.
5. *Pentandrie*..... .... 5. toutes égales dans une fleur hermaphrodite.
6. *Hexandrie*..... .... 6.
7. *Heptandrie*..... .... 7.
8. *Octandrie*...... .... 8.
9. *Ennéandrie*.... .... 9.
10. *Décandrie*...... .... 10.

11. *Dodécandrie*, 12-19 étamines dans une fleur hermaphrodite.

12. *Icosandrie*, 20 étamines communément, souvent plus, adnées au côté interne du calice (*et non au réceptacle*).

13. *Polyandrie*, étamines 20-1000, insérées au réceptacle, et dans la même fleur avec le pistil.

14. *Didynamie*, étamines 4, dont deux rapprochées plus longues, dans une fleur hermaphrodite, *ringente*.

15. *Tétradynamie*, étamines 6, dont quatre plus longues, et deux opposées plus courtes, dans une fleur hermaphrodite cruciée, péricarpe *siliqueux* ou *siliculeux*, *nectaire* souvent supporté par de courts filamens.

16. *Monadelphie*, étamines dont les filamens sont rapprochés en un seul corps, dans une fleur *pentapétale*, mais cohérente par ses filamens réunis, réceptacle souvent *colomnairé*, semences *réniformes*.

17. *Diadelphie*, étamines 10, réunies en deux corps (simple et neuf) dans une fleur papilionacée, péricarpe légumineux.

18. *Polyadelphie*, étamines réunies par leurs filamens en trois ou plusieurs corps, *hyperica*.

19. *Syngénésie*, fleurs à plusieurs étamines réunies en forme de cylindre par leurs anthères, dans les fleurs composées, flosculeuses ou tubuleuses, dans les ligulées ou radiées, et dans quelques simples ; fleurs hermaphrodites situées dans la même fleur, avec d'autres mâles ou femelles.

(*a*) *Polygamie égale*, formée de plusieurs fleurons munis de leurs étamines et de leurs pistils : ce sont les fleurs *flosculeuses*.

1. Sémi-flosculeuses ou ligulées.
2. Capitées, en tête.
3. Discoïdes.

(*b*) *Polygamie fausse*, fleurons hermaphrodites occupant le disque, bord environné de fleurons femelles, mais sans étamines.

(c) *Polygamie superflue*, fleurons du disque hermaphrodites, munis de stigmates,
et portant les semences ; fleurs *femelles
radiées* du *rayon*, *séminifères*.

Discoïdes,
Sémi-flosculeuses,
Radiées.

Polygamie frustranée, fleurons du disque
hermaphrodites, stigmatés et séminifères ;
fleurons du rayon astygmatés et sans semences.

Polygamie nécessaire, fleurons du disque
hermaphrodites, sans stigmates non séminifères ; fleurons femelles du rayon parfaitement séminifères.

Polygamie séparée, plusieurs calices flori-
fères séparés, agrégés par un calice commun pour former une seule fleur.

Monogamie, fleuron hermaphrodite, syn-
génésiste et simple.

20. *Gynandrie*, étamines situées sur le pistil, et
non dans le réceptacle.

21. *Monoëcie*, fleurs mâles et femelles sur la
même plante, mais dans diverses fleurs.

22. *Dioëcie*, fleurs mâles et femelles séparées sur
différens individus. Ex. *salix, cannabis*.

23. *Polygamie*, fleurs hermaphrodites et fleurs

unisexuelles mâles ou femelles sur le même
individu.

1. *Monoëcie*, sur la même plante.
2. *Dioëcie*, sur des plantes différentes mâles
   ou femelles.
3. *Trioëcie*, fleurs mâles d'une part, femelles
   de l'autre, et hermaphrodites dans une
   troisième.

24. *Cryptogamie*, fleurs situées entre le fruit;
tantôt singulièrement cachées, tantôt à peine
visibles sur les parties génitales, comme dans
les fougères, les mousses, les algues et les
champignons.

EXPOSITION de la Méthode naturelle de A. L. JUSSIEU, Professeur de Botanique au Muséum d'Histoire naturelle.

Tout ce que nous allons dire du travail de Jussieu, n'est autre qu'un extrait de l'Introduction à
l'Histoire des Plantes, mis en tête de son *Genera
Plantarum*. Nous ne ferons pas ici l'exposé des
efforts nombreux des plus célèbres Botanistes pour
parvenir au but qu'a si heureusement atteint celui
dont la France s'honore ; car tout le monde connoît les travaux de Tournefort, ceux de Linnée et
les familles d'Adanson. Il nous suffira de dire que
Linnée avoit entrevu l'existence de cette méthode
naturelle ; qu'il l'avoit cherchée en vain, et

qu'Adanson a tâché de vaincre toutes les difficultés
en publiant ses familles des plantes. Bernard de
Jussieu est le premier qui ait envisagé un tel travail sous un point de vue véritablement philosophique ; il est parvenu, avec le temps, à réunir les
matériaux propres à élever un édifice solide et durable ; ces matériaux habilement retouchés et
coordonnés par A. L. Jussieu, ont donné à cet
immense travail un accroissement considérable,
une perfection nouvelle, qu'il est facile de reconnoître dans l'ouvrage même si connu et si recherché des savans.

« L'embryon (*corculum*), dit le *Professeur
Richard*, est la partie interne de toute graine
parfaite, qui, n'ayant aucune cohésion avec le
tégument propre de celle-ci, est tellement con-
formée, que, de ses deux extrémités dissemblables,
l'une est toujours indivise, et l'autre tantôt indivise ou simple, tantôt diversement fendue ou composée. La première de ces extrémités est formée
par la *radicule* (*radicula*), ainsi appelée parce
qu'elle est le principe d'une racine que la germination peut développer ; la seconde est constituée
par le *cotylédon* (*cotyledo*), unique ou opposi-
tivement géminé, dont la base interne donne naissance à la plumule (*plumula*), qui n'est pas toujours sensible avant la germination, par laquelle
elle se développe en sens contraire à celui de la
radicule.

» On donne le nom de *lobes* ou de *cotylédons* à cette autre extrémité de la graine qui est la partie la plus volumineuse de l'embryon : elle est formée de deux corps charnus, convexes à l'extérieur, appliqués l'un sur l'autre par leur surface intérieure. Ils n'ont de connexions que dans un seul point latéral ou terminal ; la plumule dont il vient d'être parlé, est comme emboîtée entre ces deux lobes ou cotylédons, et la radicule les termine à l'extérieur.

» Il est beaucoup de plantes dont l'embryon est dépourvu de lobes : les champignons, les mousses, les fougères en sont des exemples ; on en trouve aussi qui n'ont qu'un seul lobe ou cotylédon ; les palmiers, les graminées, les liliacées sont dans ce cas ; mais dans le plus grand nombre des végétaux, il existe deux cotylédons. D'après ces connoissances préliminaires, on voit donc déjà que l'on peut ranger dans trois tribus principales toutes les plantes, telles qu'elles soient. La première contiendra les *acotylédones*, la seconde les *monocotylédones*, et la troisième les *dicotylédones*. Les observations de Jussieu, de Ventenat et de beaucoup d'autres Botanistes modernes, constatent la non-existence des *polycotylédones*.

» La position relative des étamines et des pistils fournit à l'observateur un second moyen de diviser les plantes, et de resserrer davantage celles qui ont entr'elles un air de famille et de ressemblance.

L'insertion des étamines est sujette à trois différences qui dépendent de leur situation relativement au pistil. On appellera donc étamines
épigynes, toutes celles qui sont portées sur le
pistil ; *hypogynes*, celles placées sous cet organe ; enfin, *périgynes*, celles qui sont insérées
sur le calice environnant le pistil. Ces trois insertions très-distinctes, ne sont jamais confondues dans le même ordre. L'insertion est constamment *épigyne* dans les ombellifères, &c.; *hypogyne* dans les crucifères, les graminées, &c. ; *périgyne* dans les légumineuses, les liliacées, &c. ».

Il résulte de tout ce qui vient d'être dit, que les
plantes *acotylédones* ne forment qu'une seule
classe, puisqu'elles ne peuvent pas être divisées
d'après les organes sexuels qui ne sont pas apparens. Les *monocotylédones*, qui n'ont jamais de
corolle, se divisent en trois classes, en raison des
trois insertions dont nous avons parlé. Il en est de
même des *dicotylédones*. Tout ceci forme sept
classes bien distinctes, et établies d'après des caractères uniformes et invariables.

Les acotylédones et les monocotylédones restent
telles que nous les avons exposées. Il n'en est pas
de même des dicotylédones, qu'on divise encore
d'après l'absence ou la présence de la corolle qui
n'existe jamais dans les plantes qui constituent les
quatre premières classes. Les plantes dicotylédones
apétales suivent immédiatement les monocotylédones ,

dones, et on les divise en raison de leurs étamines qui sont épigynes, périgynes ou hypogynes. Les dicotylédones monopétales viennent après. Dans celles-ci, les étamines sont presque toujours épipétales (1); et, dans ce cas, on considère l'insertion de la corolle, qui est épigyne, périgyne ou hypogyne. Mais comme dans les dicotylédones monopétales, la corolle épigyne renferme des étamines réunies par leurs anthères, ou des étamines dont les anthères sont libres, il est facile de croire que cette tribu donne nécessairement naissance à quatre classes distinctes. Considérées relativement aux trois insertions, les dicotylédones polypétales fournissent encore trois classes ; savoir, les épigynes, les périgynes et les hypogynes.

Cet ensemble forme donc déjà quatorze classes, qui sont les acotylédones, 1; monocotylédones, 3; dicotylédones apétales, 3; dicotylédones monopétales, 4; et dicotylédones polypétales, 3 = 14 ; une quinzième contient toutes les plantes diclines, qui, comme le dit Jussieu, ne peuvent être soumises à la loi des insertions, puisque les organes

(1) Dans les plantes dicotylédones, on trouve des étamines placées immédiatement sur un des trois points du pistil ; ou médiatement sur la corolle qui, dans ce cas, répond à l'un de ces trois points. D'où les expressions, d'*insertion immédiate*, et d'*insertion médiate ou épipétale.*

sexuels sont séparés, et résident dans différentes
fleurs.

MÉTHODE NATURELLE.

Acotylédones. . . . . classe 1

Monocotylédones . . . . {
Étamines hypogynes . . , . . . 2
périgynes. 3
épigynes 4

Apétales. . . . {
Étamines épigynes 5
périgynes 6
hypogynes 7

Dicotylédones {

Monopétales. . {
Corolle hypogyne. 8
périgyne. 9
Épigyne {
anthères réunies. . 10
anthères distinctes. 11

Polypétales . . {
Étamines épigynes. 12
hypogynes. 13
périgynes 14

Diclines irrégulières.. 15

On a vu, jusqu'ici, que les caractères essentiels
et invariables, dont la valeur est plus grande que
celle de tous les autres, devoient, de toute nécessité, servir à déterminer les classes. Celles-ci devant être subdivisées en ordres et sections, il faut
chercher d'autres caractères qui tiennent le premier rang après ceux dont nous nous sommes
servis. L'existence ou l'absence du périsperme,
du calice et de la corolle, considérée comme ne

portant pas les étamines, ou comme polypétale ; la
situation réciproque du calice et du pistil, et enfin
la nature du périsperme lorsqu'il existe , nous
fournissent ces caractères secondaires. Les premières subdivisions sont donc fondées sur le rapport qui existe entre la corolle staminifère et sa
structure, en tant qu'elle est considérée comme
monopétale, polypétale ou nulle. Si , ce dont on
ne peut plus douter, il est démontré que , dans
toute une famille, le vrai périsperme est ordinairement de même nature, il doit aussi être prouvé
qu'il doit caractériser les divisions du troisième
ordre. Jussieu a tiré le plus grand parti de ces rap-
prochemens heureux dans ses diverses polypétales,
dans ses apétales périgynes , et dans ses apétales
diclines ou irrégulières. La distribution des familles est faite d'après la structure intérieure de la
graine. Son état est plus ou moins sinueux, dans
les polypétales périgynes sur-tout. Les ordres dont
le périsperme est le plus farineux, sont les premiers ; ainsi de suite.

Nous n'en dirons pas davantage sur cette méthode que l'on doit chercher à connoître dans la
source même. Pour cela, nous croyons donc devoir renvoyer le lecteur même à l'ouvrage de l'auteur, qui l'a exposée d'une manière si claire, et
aux *Principes de Botanique* du citoyen Ventenat, qui est un des auteurs que nous sachions avoir

le mieux fait passer dans notre langue les détails d'une méthode aussi utile que difficile à bien saisir au premier abord.

F I N.

TABLE DES ARTICLES

contenus dans cet ouvrage.